废水的催化还原处理技术
——原理及应用

马鲁铭 著

科学出版社

北京

内 容 简 介

本书从工业废水中毒害有机物难以被化学氧化却较易被化学还原的共性出发,从硝基芳香烃类、偶氮类、高氯代烃和芳香烃类化合物的难生物降解性入手,阐述了催化还原处理技术的原理、应用及最新发展状况,书中还给出了实际运行效果理想的工程应用实例。全书分为三篇:第1篇为基础篇,论述了催化内电解法还原转化毒害有机物的理论基础及原理,并以典型毒害有机物系列为对象,阐述催化内电解法电化学还原的可行性与还原转化规律。第2篇为工艺篇,论述了催化铁内电解法处理技术与工艺,介绍工艺的构成,处理化工、印染等行业废水的工艺流程,以及实际工程应用情况。第3篇为发展篇,论述了催化铁内电解法除还原作用以外的功能拓展,介绍了催化铁法与生物法耦合的两种脱氮除磷工艺、曝气催化铁混凝工艺以及利用催化铁其他特点处理废水的工艺;并利用镀阴极手段,描述了催化铁内电解反应电极表面微观变化,为工艺开发提供了理论依据;最后展望了催化铁内电解法的发展。

本书可作为水处理领域的科研人员、工程技术人员的参考读物,也可作为高等院校相关专业本科生、研究生教学参考书。

图书在版编目(CIP)数据

废水的催化还原处理技术:原理及应用/马鲁铭著.—北京:科学出版社,2008
  ISBN 978-7-03-022147-6

Ⅰ.废… Ⅱ.马 …Ⅲ.废水处理 Ⅳ.X703

中国版本图书馆 CIP 数据核字(2008)第 076560 号

责任编辑:朱 丽 王国华 / 责任校对:刘亚琦
责任印制:钱玉芬 / 封面设计:王 浩

科 学 出 版 社出版
北京东黄城根北街16号
邮政编码:100717
http://www.sciencep.com

铭浩彩色印装有限公司印刷
科学出版社发行 各地新华书店经销

*

2008 年 8 月第 一 版 开本:B5(720×1000)
2011 年 11 月第二次印刷 印张:21
印数:2 501—3 500 字数:406 000

定价:58.00 元
(如有印装质量问题,我社负责调换)

序

    在废水治理领域，生物处理始终是主导工艺，废水中有机污染物的处理，除分离方法外只能依靠生物氧化或化学氧化使之彻底降解为无机物，因此氧化方法一直被人们所关注，但工业废水中的毒害有机物和难降解有机物，往往难以氧化，而大部分相对容易化学还原，并且还原产物对微生物的毒害作用降低、可生物降解性提高。城市污染控制国家工程研究中心在长期研究工业废水处理的过程中逐渐清晰了这一认识，特别是 2002 年课题获得国家"863 计划"资助后，课题组对催化还原方法进行了全面系统的研究，更为可喜的是该方法在生产中得到了大规模的推广应用，为成为系列化、规范化的技术奠定了扎实的基础，初步形成了催化还原的技术体系和理论构架。

    马鲁铭教授作为"863 计划"课题的负责人，全面总结了课题组多年的研究成果，编写了该书，内容包括催化还原技术所依赖的电化学基础，若干催化内电解体系对多系列毒害有机物的转化，催化铁内电解工艺的构成及对典型工业废水的处理，催化铁内电解法的工程实践，以及由催化铁内电解拓展的混凝沉淀工艺、耦合的脱氮除磷工艺等。相信该书的这些内容，不仅会对排水工程界的工程技术人员有所帮助，而且对水污染控制的研究人员也有参考价值。当然，作为废水处理的新领域，尽管工程应用已取得了肯定的效果，但在研究工作中，特别是涉及基础的研究，尚有不完善和欠缺的部分，希望读者和同行专家给予批评指正。

高廷耀

2008 年 4 月

前　言

在水污染控制领域的实践中,常见的棘手问题是难降解工业废水的处理。这不仅是个技术问题,而且涉及废水处理的总体规划,即工业废水从工厂污水处理站,到工业园区和城市污水处理厂重复使用生物处理方法的效果和合理性。人们不禁要问:含有难降解和毒害有机物的工业废水是否适宜生物法处理?这些污染物质是否会"穿透"处理系统?由此,人们希望在工业废水处理方面能有与生物处理法在功能上相互弥补的技术。目前,对于水量大、水质复杂的工业废水(如化工园区废水),除化学混凝外,缺乏实用的物理化学处理方法。尽管研究成果表明,高级氧化方法对难降解和毒害有机物有良好的处理效果,但一般情况下该方法仅适用于小水量、高浓度的工业废水。因此,开发经济可行、能与生物方法互补与耦合的物理化学处理工艺,对工业废水处理具有重要的意义。

我一直从事生物处理工艺研究,接触到很多难降解工业废水处理难题,并逐渐认识到工业废水中毒害有机物的一些共性:如硝基芳香烃类、偶氮类、高氯烃和芳香烃类化合物,它们难以化学氧化,却较易化学还原,且还原转化后的产物对微生物的毒性和抑制性大大减弱,可生物降解性提高;同时发现内电解方法可以产生良好的电化学还原效果。2002年主持承担了国家"863计划"——高级催化还原技术与设备,由此开始了催化还原技术研究与开发的新阶段。

课题组研究工作最早是从催化铁内电解方法作为生物预处理工艺开始的,在处理化工区综合废水的过程中,发现该工艺不仅达到了转化工业废水中的毒害有机物、提高废水可生化性的目的,而且起到了化学除磷和强化生物脱氮的效果。随后,开展了催化还原方法还原转化毒害有机物(氯代有机物、硝基苯类、偶氮类等)的系列基础研究,并利用电化学工作站和X射线衍射等手段,尝试弄清有机物在电极表面的电化学行为。针对不同行业废水,开发出多种形式的催化内电解工艺,并尝试与生物处理方法结合,形成了催化铁与生物方法耦合的两种脱氮除磷工艺。利用催化铁工艺形成铁离子的特点,拓展应用范围,形成曝气催化铁、催化铁去除表面活性剂等多种工艺。最令我们欣慰的是:催化铁内电解法得到了大规模的工程运用,且实际运行效果十分理想。由此,形成了本书的基本内容和框架,即本书分为三篇:第1篇为基础篇,论述了催化内电解法还原转化毒害有机物的理论基础及原理,并以典型毒害有机物系列为对象,阐述催化内电解法电化学还原的可行性与还原转化规律。第2篇为工艺篇,论述了催化铁内电解法处理技术与工艺,介绍工艺的构成,处理化工、印染等行业废水的工艺流程,以及实际工程应用情况。第

3 篇为发展篇,论述了催化铁内电解法除还原作用以外的功能拓展,介绍了催化铁与生物方法耦合的两种脱氮除磷工艺、曝气催化铁工艺以及利用催化铁其他特点处理废水的工艺;利用镀阴极手段,描述了催化铁内电解反应电极表面微观变化,为工艺开发提供了理论依据;最后展望了催化铁内电解法的发展。

本书所称催化还原处理技术指带有宏观阴极的内电解技术,由于传统的内电解技术没有强调还原作用对转化毒害有机物的贡献,忽视了阴极电极的电化学催化作用,所以采用本书名以区分。

本书内容是课题组全体师生辛勤劳动的成果,绝大部分来自课题组的研究生学位论文和博士后出站报告。作者对六年来各位研究生做出的创造性劳动表示由衷的感谢,他们是:吴德礼、王红武、樊金红、支霞辉、黄理辉、涂传青、葛利云、丁志刚、赖世华、刘剑、叶张荣、冯俊丽、肖华、刘剑平、罗亮、卢毅明、石晶、张艳、金璇、孙必鑫、闵乐、曾小勇。在执行国家"863 计划"(项目编号 2002AA601270)课题过程中,高廷耀先生给予了我们关键性的指导,徐文英、周荣丰、张善发、陈玲等老师也做出了重要的贡献,在此一并表示感谢。最后,还要感谢李国建老师对本书的校对和樊金红、王红武、吴德礼所做的文字工作。

课题组在催化还原领域继续进行着研究工作,目前除国家"863 计划"外,还得到了教育部、上海市科学技术委员会、江苏省科技厅的资助,研究已取得了有价值的成果,如催化还原技术转化环境激素类物质、催化铁与水解酸化方法耦合等,由于篇幅所限,这些成果没能一一介绍。限于作者业务水平和精力的原因,本书肯定存在不少缺点和错误,恳请读者予以批评指正。

作　者

2008 年 4 月

目　录

序

前言

第1篇　内电解还原转化毒害有机物基础研究

第1章　毒害有机物主要类别及内电解还原法 ………………………………… 3

　1.1　毒害有机物主要类别及还原方法 ………………………………… 3

　　1.1.1　毒害有机物主要类别 ………………………………… 3

　　1.1.2　同系有机物毒害和抑制性规律 ………………………………… 5

　　1.1.3　毒害有机物还原产物及可生化性 ………………………………… 7

　　1.1.4　毒害有机物的还原方法 ………………………………… 12

　1.2　内电解法处理污水的机理 ………………………………… 17

　　1.2.1　内电解法的发展 ………………………………… 17

　　1.2.2　阴极电化学催化作用的理论基础 ………………………………… 18

　　1.2.3　铜电极催化效果的实验验证研究 ………………………………… 20

　　1.2.4　催化内电解法与传统内电解法性能的比较 ………………………………… 25

第2章　内电解反应还原有机物脱氯脱硝基 ………………………………… 29

　2.1　内电解法用于氯代有机物脱氯 ………………………………… 29

　　2.1.1　金属催化还原体系的制备和表征 ………………………………… 29

　　2.1.2　氯代有机物脱氯效果 ………………………………… 31

　　2.1.3　氯代有机物的动力学方程 ………………………………… 33

　　2.1.4　氯代有机物脱氯反应机理 ………………………………… 36

　　2.1.5　脱氯规律 ………………………………… 39

　2.2　内电解法用于硝基苯类物质脱硝基 ………………………………… 42

第3章　内电解反应还原染料有机物脱色 ………………………………… 46

　3.1　催化铁内电解对偶氮染料有机物转化的效果及电化学分析 ………………………………… 46

　3.2　酸性偶氮染料的降解研究 ………………………………… 47

　　3.2.1　四种酸性偶氮染料的脱色降解 ………………………………… 47

　　3.2.2　四种酸性偶氮染料的降解产物分析 ………………………………… 49

　3.3　活性染料的降解研究 ………………………………… 51

　　3.3.1　三种活性偶氮染料的脱色降解 ………………………………… 52

　　　3.3.2　三种活性偶氮染料的降解产物分析 ···················· 53
　　3.4　阳离子偶氮染料的降解研究···································· 54
　　　3.4.1　三种阳离子偶氮染料的脱色降解 ······················ 55
　　　3.4.2　三种阳离子偶氮染料的降解产物分析 ··················· 55
　　3.5　其他类染料的降解研究···································· 56
　　　3.5.1　直接大红 4BS 的脱色效果 ··························· 57
　　　3.5.2　中性深黄 GL 的脱色效果 ··························· 57
　　　3.5.3　直接大红 4BS 和中性深黄 GL 的降解产物分析 ········· 57
　　3.6　12 种染料物质脱色效率与电化学特性比较 ················· 58
　　3.7　催化铁内电解对含有染料废水的脱色和 COD 去除效果 ······· 59
　　3.8　混凝与还原作用对染料废水脱色的贡献··················· 60
　　3.9　催化铁内电解法对染料废水脱色效果的影响因素分析··········· 62
　　　3.9.1　试验方法······································· 62
　　　3.9.2　影响因素的正交试验设计 ··························· 63
　　　3.9.3　单因素试验 ···································· 64
第 4 章　有机物还原特性及催化铁内电解反应影响因素 ··········· 67
　　4.1　循环伏安分析法在废水内电解处理领域的应用··············· 67
　　　4.1.1　循环伏安分析法的原理 ··························· 67
　　　4.1.2　阴极材料对内电解法还原效果的影响 ··················· 68
　　　4.1.3　不同性质的偶氮染料在铜电极上的电还原特性 ··········· 71
　　4.2　催化铁内电解材料的制备与表征··························· 76
　　4.3　催化铁内电解反应的影响因素··························· 79
　　　4.3.1　多种催化铁内电解体系性能的对比 ··················· 79
　　　4.3.2　反应动力学研究与影响因素 ··························· 80
　　4.4　催化铁内电解体系性能的稳定性··························· 88
　　　4.4.1　催化铁内电解体系反应性能 ··························· 88
　　　4.4.2　催化铁内电解体系的表面特征分析 ··················· 89
　　　4.4.3　溶液 pH 和溶解态铁浓度的变化 ··················· 91
　　4.5　催化铁内电解还原反应机理··························· 92
　　　4.5.1　含 Fe(Ⅱ)化合物的还原作用 ··················· 93
　　　4.5.2　微观原电池的作用 ···································· 95
　　　4.5.3　双金属原电池的作用 ···································· 95
第 5 章　毒害有机物电解还原法 ···································· 99
　　5.1　偶氮染料物质的电解还原··························· 99
　　　5.1.1　直接电解法还原偶氮染料 ··························· 99

　　　5.1.2　分极室电解法还原偶氮染料 ……………………………… 101
　5.2　电解还原的影响因素 ……………………………………………… 103
　　　5.2.1　电流密度的影响 ……………………………………………… 103
　　　5.2.2　极水比的影响 ………………………………………………… 104
　　　5.2.3　极板间距的影响 ……………………………………………… 105
　　　5.2.4　电解质的影响 ………………………………………………… 107
　　　5.2.5　溶液 pH 的影响 ……………………………………………… 108
　5.3　电解还原反应的电流效率 ………………………………………… 109
　　　5.3.1　有机物电解还原的电流效率 ………………………………… 110
　　　5.3.2　有机物电解还原的电流效率计算 …………………………… 110
　5.4　电解还原降解硝基芳香族化合物的机理 ………………………… 114
　　　5.4.1　阴极直接还原 ………………………………………………… 114
　　　5.4.2　阴极间接还原 ………………………………………………… 116

第6章　催化铝内电解法 ………………………………………………… 118
　6.1　催化铝内电解反应影响因素 ……………………………………… 118
　　　6.1.1　催化铝内电解实验体系 ……………………………………… 118
　　　6.1.2　初始浓度 ……………………………………………………… 119
　　　6.1.3　pH …………………………………………………………… 119
　　　6.1.4　反应温度 ……………………………………………………… 121
　　　6.1.5　电解质浓度 …………………………………………………… 122
　　　6.1.6　Cu 与 Al 质量比 …………………………………………… 122
　　　6.1.7　溶解氧 ………………………………………………………… 123
　6.2　催化铝内电解法处理活性艳红废水机理研究 …………………… 124
　　　6.2.1　电化学还原 …………………………………………………… 124
　　　6.2.2　铝离子的絮凝作用 …………………………………………… 126
　　　6.2.3　单质铝的直接还原作用 ……………………………………… 127
　　　6.2.4　还原反应与反应产物 ………………………………………… 127
　　　6.2.5　絮凝作用与还原作用的关系 ………………………………… 128
　　　6.2.6　反应过程中 Al 在溶液中的存在形式及其消耗量 ………… 129
　6.3　催化铝内电解法处理活性艳红废水时钝化现象的研究 ………… 132
　　　6.3.1　不同 pH 条件下催化铝内电解系统批次运行效果 ……… 132
　　　6.3.2　钝化机理 ……………………………………………………… 133
　　　6.3.3　催化铝内电解系统的活化 …………………………………… 136
　6.4　用催化铝内电解系统处理实际印染废水 ………………………… 137
　　　6.4.1　催化铝内电解方法转化染料效果 …………………………… 137

6.4.2　催化铝内电解处理印染废水 ··· 138

第 2 篇　催化铁内电解法处理技术与工艺

第 7 章　催化铁内电解生物预处理方法 ··· 143

7.1　上海市某化学工业区污水水质概况 ··· 144

7.2　试验工艺的设计 ··· 144

　7.2.1　预处理段 ·· 144

　7.2.2　生化段 ·· 145

7.3　连续流试验结果及其分析 ·· 145

　7.3.1　COD 和 BOD 的去除 ··· 145

　7.3.2　预处理工艺对 pH 的影响 ··· 146

　7.3.3　生物脱氮效果及氨氮的去除 ··· 147

7.4　中试结果及其分析 ·· 148

　7.4.1　中试有机碳(COD、BOD)的去除 ··· 149

　7.4.2　生物脱氮效果及氨氮的去除 ··· 149

7.5　其他污染指标的去除及运行中重要的影响因素 ································· 150

　7.5.1　预处理降低色度效果 ··· 150

　7.5.2　预处理工艺对磷、硝基苯的去除 ··· 150

　7.5.3　铁离子的作用 ··· 151

第 8 章　化工区综合化工废水生物预处理工程 ······································ 152

8.1　上海某工业区污水处理厂工艺概述 ··· 152

8.2　催化铁内电解预处理生产性试验 ··· 154

8.3　废水中氨氮对催化材料铜消耗的影响 ··· 158

8.4　催化铁内电解法工程实践及生产运行效果 ······································ 161

　8.4.1　基本情况 ·· 161

　8.4.2　处理效果的现场测试研究 ··· 163

　8.4.3　工程投入运行后长期处理效果 ··· 164

　8.4.4　运行情况总评 ··· 165

第 9 章　印染废水的脱色及生物预处理工艺 ·· 168

9.1　概况 ··· 168

9.2　催化铁内电解法连续流小试研究 ··· 168

　9.2.1　催化铁内电解工艺无氧运行方式研究 ··· 169

　9.2.2　催化铁内电解工艺有氧运行方式研究 ··· 170

9.3　催化铁内电解工艺预处理中试试验研究 ··· 172

　9.3.1　试验内容 ·· 173

　　9.3.2　试验结果 ……………………………………………… 174

　　9.3.3　试验结果分析 ……………………………………… 175

第10章　生物法/催化铁内电解法处理精细化工废水 ………… 177

　10.1　催化铁内电解预处理工艺 ……………………………… 177

　10.2　生物法/催化铁内电解法 ………………………………… 183

　　10.2.1　工艺流程的改进与开发 …………………………… 183

　　10.2.2　悬浮填料段污泥中的铁含量 ……………………… 184

　　10.2.3　催化铁内电解段对 COD 的去除效果 …………… 184

　　10.2.4　催化铁内电解对色度的去除效果 ………………… 185

　　10.2.5　催化铁内电解处理后 pH 的变化情况 …………… 185

　10.3　两工艺流程运行效果对比 ……………………………… 186

　　10.3.1　COD 和 BOD_5 去除效果的对比 ………………… 186

　　10.3.2　氨氮去除效果的对比 ……………………………… 186

　　10.3.3　色度去除效果的对比 ……………………………… 187

　　10.3.4　问题与讨论 ………………………………………… 187

第3篇　催化铁内电解方法拓展

第11章　催化铁法与生物法耦合短程脱氮硝化反硝化工艺 …… 191

　11.1　耦合短程脱氮工艺影响因素的控制研究 ……………… 191

　　11.1.1　耦合生物反应器启动 ……………………………… 191

　　11.1.2　生物耦合短程脱氮的影响因素 …………………… 193

　11.2　耦合反应器中污泥生物学特性 ………………………… 209

　　11.2.1　生物铁活性污泥微生物量 ………………………… 209

　　11.2.2　生物耦合工艺改善污泥沉降和压缩性能 ………… 209

　11.3　污泥生物学形态的研究 ………………………………… 210

　　11.3.1　硝化菌与亚硝化菌种的鉴定 ……………………… 210

　　11.3.2　扫描电镜图片 ……………………………………… 211

　11.4　单质铁对脱氮的影响 …………………………………… 212

　　11.4.1　单质铁与氨氮直接发生化学反应的可能性 ……… 212

　　11.4.2　不同 pH 条件下还原铁粉和铁刨花对硝酸盐的去除 … 212

　11.5　耦合反应器同时反硝化 ………………………………… 213

第12章　催化铁内电解法去除废水中阴离子表面活性剂 ……… 215

　12.1　LAS 废水处理技术研究现状 …………………………… 215

　12.2　催化铁内电解法处理 LAS 废水可行性研究 ………… 217

　　12.2.1　催化铁内电解法处理 LAS 效果研究 …………… 218

12.2.2 催化铁内电解法机理研究 ……………………………… 218

12.3 铁离子对 LAS 混凝去除过程 ……………………………… 220

12.3.1 Fe^{3+} 的凝聚作用和 LAS 溶液胶团化过程 …………… 220

12.3.2 铁盐对 LAS 的去除 ……………………………… 221

12.3.3 催化铁系统对 LAS 的去除作用 ………………… 224

12.4 催化铁内电解法处理 LAS 影响因素研究 ……………… 226

12.4.1 LAS 浓度的影响 ……………………………… 226

12.4.2 溶液初始 pH 的影响 ……………………………… 227

12.5 催化铁内电解法处理多种表面活性剂 ……………………… 229

第 13 章 催化铁预处理各类其他工业废水的可行性 ……………… 233

13.1 制药类综合工业废水 ……………………………… 233

13.1.1 中试废水来源和性质 ……………………………… 233

13.1.2 连续流试验流程和研究内容 ……………………… 234

13.1.3 催化铁预处理段处理效果 ……………………… 235

13.1.4 预处理对后续生物处理的效果 ……………… 236

13.2 含铬废水 ……………………………………………… 238

13.2.1 试验材料及方法 ……………………………… 238

13.2.2 序批式试验结果 ……………………………… 238

13.2.3 连续流试验结果 ……………………………… 239

13.3 多种工业废水的预处理试验 ……………………… 239

13.3.1 石化混合废水 ……………………………… 239

13.3.2 炼油废水 ……………………………… 239

13.3.3 煤气废水 ……………………………… 239

13.3.4 钢铁厂焦化废水 ……………………………… 240

13.3.5 造纸厂白液废水 ……………………………… 240

13.3.6 印刷废水 ……………………………… 240

13.3.7 染色针织废水 ……………………………… 240

第 14 章 曝气催化铁混凝工艺 ……………………………… 242

14.1 曝气催化铁法的发展 ……………………………… 242

14.2 曝气催化铁预处理实际工业废水 ……………………… 242

14.2.1 有机物去除机理 ……………………………… 243

14.2.2 磷酸盐去除 ……………………………… 245

14.2.3 pH 变化情况 ……………………………… 246

14.2.4 处理效率的影响因素 ……………………… 248

14.2.5 反应动力学 ……………………………… 250

14.2.6　铁消耗的影响因素 ················· 251

14.2.7　反应器中污泥的积累量 ·············· 252

14.3　曝气催化铁法处理低浓度城市废水 ·············· 253

14.3.1　曝气催化铁工艺的可行性研究 ··········· 253

14.3.2　中试试验装置 ·················· 254

14.3.3　中试结果与讨论 ················· 255

14.3.4　曝气催化铁工艺的影响因素研究 ········· 258

第15章　镀阴极内电解法及其固定床反应器的研究 ·········· 260

15.1　Cu/Fe 内电解法反应表面的研究 ·············· 260

15.1.1　试验原理与方法 ················· 260

15.1.2　铜丝/铁双金属体系反应表面的研究 ········ 261

15.1.3　铁镀铜双金属体系反应表面的研究 ········ 264

15.2　镀铜催化铁内电解法应用研究 ··············· 265

15.2.1　镀铜电极最佳镀铜率的选择 ············ 266

15.2.2　三种还原体系脱色效果比较 ············ 273

15.2.3　共存离子对镀铜双金属体系的影响研究 ······ 279

15.3　新型固定反应床的开发 ·················· 282

15.3.1　新型固定反应床的设计 ·············· 282

15.3.2　序批试验 ···················· 283

15.3.3　连续流试验 ··················· 285

15.3.4　两种催化铁体系的效果对比 ············ 289

15.4　化学置换镀铜的研究 ··················· 295

15.4.1　镀铜基础配方的改进 ··············· 295

15.4.2　镀铜改进配方的遴选 ··············· 298

15.4.3　最佳镀铜时间的确定 ··············· 299

第16章　有关催化铁内电解法的相关研究与发展展望 ········· 301

16.1　替代阴极内电解法 ···················· 301

16.1.1　材料及镀铜主要工艺步骤 ············· 301

16.1.2　塑料镀铜阴极内电解法处理效果 ·········· 302

16.2　催化铁内电解法对生物处理胞外聚合物的影响 ········ 302

16.2.1　催化铁内电解法作为生物预处理对活性污泥 ESP 的影响 ··· 303

16.2.2　催化铁内电解法与生物法直接耦合反应器中微生物 ESP ··· 304

16.2.3　铁内电解与短程硝化反硝化 SBR 工艺耦合对 EPS 的影响 ··· 306

16.3　水体修复中催化铁除磷固磷方法的研究 ··········· 310

16.3.1　催化铁除磷方法影响因素的研究 ·········· 311

16.3.2　催化铁方法在水体中的实施形式 ································· 311

16.3.3　催化铁固磷技术及应用 ································· 312

16.4　催化 Cu/Fe、Pd/Fe 组合体系去除水源水微量有害有机物的研究 ······ 312

16.4.1　组合催化铁体系电化学反应影响因素的研究 ················· 313

16.4.2　催化 Cu/Fe、Pd/Fe 组合体系配方及工艺形式 ·············· 314

16.4.3　组合体系单质铁消耗与铁在水中形态的研究 ················· 314

16.4.4　组合体系的钝化和中毒问题及其控制的研究 ················· 314

参考文献 ··· 316

第1篇　内电解还原转化毒害有机物基础研究

第1章 毒害有机物主要类别及内电解还原法

1.1 毒害有机物主要类别及还原方法

1.1.1 毒害有机物主要类别

随着工业的发展,人类生产与生活中使用和产生的化学污染物数量迅速增加,污染物质通过各种途径进入水体,危害人体健康,尤其是部分人工合成有机物的危害更大。据检测,在世界饮用水中发现 765 种有机物,其中 117 种被认为或者怀疑为具有"三致"(致癌、致畸、致突变)作用。鉴于此,美国、欧盟(EU)、世界卫生组织(WHO)、日本和中国先后提出了水(体)中"优先控制污染物名单"。

1977 年美国环境保护署根据有机物的毒性、生物降解性以及在水体中出现的概率等因素,从 7 万种污染物中筛选出 65 类 129 种优先控制的污染物(US preferred controlled pollutant in water),其中有机化合物有 114 种,占 88.4%。这些优先控制的污染物包括 21 种杀虫剂、26 种卤代脂肪烃、8 种多氯联苯、11 种酚、7 种亚硝酸及其他化合物。

1989 年 4 月我国国家环境保护局提出了适合中国国情的"水中优先控制污染物"(China preferred controlled pollutant in water) 名单,俗称"黑名单"(black list),包括 14 类 68 种有毒化学污染物,其中 58 种有机毒物,主要为挥发性氯代烃、苯系物、氯代苯类、酚类、硝基苯类、苯胺类、多环芳烃类、酞酸酯类、农药类等。

毒害有机物具有共同特性:难降解、毒性大、残留时间长(Smith et al., 2002;王连生, 2004),能够通过食物链富集,产生"三致"作用,对人类健康产生长远的危害。目前研究较多的主要有以下几类:

1. 有机氯农药

有机氯农药(OCPs)是一类广谱、高效的低毒类农药,化学性质稳定,一般不溶于脂肪、脂类或有机溶剂。分为两大类:一类为氯代苯及其衍生物,如六六六(HCH)、滴滴涕(DDT)等;另一类为氯化脂环类(萘、茚)制剂,如狄氏剂、艾氏剂、异狄氏剂、氯丹、七氯、毒杀芬等。有机氯农药的化学结构和毒性大小虽各不相同,但理化性质基本相似,如挥发性低、化学性质稳定、不易分解、残留期长。DDT、艾氏剂、氯丹、狄氏剂、异狄氏剂、七氯、灭蚁灵和毒杀芬 8 种农药被列入持久性有机污染物的斯德哥尔摩公约名单。HCH 属于美国环境保护署确定的 129 种优先控制的污染物。

2. 氯苯和多氯联苯

氯代单环芳烃对人体健康危害很大。六氯苯是一种持久性有机污染物（POPs），具有长期残留性、生物蓄积性、半挥发性和高毒性。目前研究表明，1,2,4-三氯苯（1,2,4-TCB）不仅会损伤肝、肾和甲状腺，而且具有潜在的"三致"作用（杜青平等，2007）。

多氯联苯（PCBs）是一组具有广泛应用价值的氯代芳烃化合物，目前已在商品中鉴定出 130 种同系物异构体单体，其中大多数为非平面化合物。多氯联苯含氯原子愈多，愈易在人和动物体的脂肪组织和器官中蓄积，愈不易排泄，毒性就愈大。国际癌症研究中心已将多氯联苯列为人体致癌物质（Kannan et al., 1998; Kim et al., 1998）。

3. 卤代脂肪烃

氯代脂肪烃是一类具有广泛代表性的污染物，尤其在地下水中污染较为严重。氯代脂肪烃的种类繁多，主要是低碳烷烃中氢被氯取代后生成的一氯或者多氯代产物。氯代脂肪烃是重要的化工原料、有机合成单体和有机溶剂，在化工、医药、制革、电子等行业被广泛应用，对人体健康和环境形成潜在危害。

4. 酚类

酚类化合物种类繁多，有苯酚、甲酚、氨基酚、硝基酚、萘酚、氯酚等。美国环境保护署优先控制污染物表中有 11 种苯酚和甲酚：苯酚、2-氯苯酚、2,4-二氯苯酚、2,4,6-三氯苯酚、五氯苯酚、2-硝基苯酚、4-硝基苯酚、2,4-二硝基苯酚、2,4-二甲基苯酚、4,6-二硝基-对甲苯酚、3-甲基-4-氯苯酚。其中 3 种即苯酚、2-氯苯酚和 2,4-二氯苯酚易残留于水中；而其他 8 种易存在于底泥中。五氯苯酚和 2,4-二甲基酚易被生物积累。

5. 多环芳烃

国际癌研究中心（IARC）1976 年列出的 94 种对实验动物致癌的化合物中有 15 种属于多环芳烃（PAHs）。美国环境保护署颁布的污染物测定标准方法 610 中的 16 种 PAHs，包括萘（Nap）、苊烯（Acpy）、苊（Ace）、芴（Flu）、菲（Phe）、蒽（Ant）、荧蒽（Flua）、芘（Pyr）、苯并[a]蒽（BaA）、䓛（Chr）、苯并[b]荧蒽（BbF）、苯并[k]荧蒽（BkF）、苯并[a]芘（BaP）、茚并[1,2,3-cd]芘（IcdP）、二苯并[a,h]蒽（DahA）、苯并[ghi]苝。有致癌作用的多环芳烃多为四到六环的稠环化合物。

1.1.2　同系有机物毒害和抑制性规律

1. 有机氯农药和多氯联苯

有机氯农药自 20 世纪 70 年代初在全球范围内陆续被禁用。有机氯农药和多氯联苯不易分解且具有一定挥发性和强脂溶性,能通过食物链在生物体(包括人体)中富集,对生态系统和人类健康造成威胁。它们有四个显著特性:

1) 持久性/长期残留性

有机氯农药对于自然条件下的生物代谢、光降解和化学分解等具有很强的抵抗力,一旦排放到环境中,它们可以在环境介质中存留数年到数十年甚至更长的时间(刘现明等,2001)。

2) 生物蓄积性

分子结构中含有氯原子,具有低水溶性、高脂溶性的特征,因而能在脂肪组织中发生生物蓄积,从而导致持久性有机污染物从周围媒介物质富集到生物体内,并通过食物链的生物放大作用达到中毒浓度。

3) 半挥发性

能从水体或土壤中以蒸气形式进入大气环境并吸附在大气颗粒物上,在大气环境中远距离迁移(张天彬等,2005)。

4) 高毒性

毒理作用主要表现在影响神经系统、内分泌系统和生殖系统,侵害肝脏、肾脏(门百兴等,2003;张伟玲等,2003;郁亚娟等,2004;张祖麟等,2003)。近年的研究表明:它们在动物体内的代谢产物影响动物体正常生理活动,属"环境激素"(文峰等,2005;葛冬梅,2007;李兰廷等,2004;张亨,2001;杨小敏等,2006)。

2. 卤代脂肪烃

一般认为:氯代脂肪烃的毒性官能团是氯原子(Rorjie et al.,1997;Eriksson et al.,1992;Eriksson et al.,1993)。氯仿结构特殊,经氧化可生成剧毒光气类化合物。含氯乙烯子结构的分子毒性较高,可能是由于烯烃的 p 键与氯原子的 p 键共轭,氯原子的反应性能增强,多烯烃、环烯烃也有类似的毒性增活作用。氯原子数增加,可增加反应机会,使分子毒性增强。分子体积随碳原子数增加而变大,分子体积过大将不利于毒性物分子与目标分子接触发生反应,从而毒性降低。

已有大量关于卤代脂肪烃毒害作用的研究。例如,1,1,1-三氯乙烷、1,2,3-三氯丙烷影响中枢神经系统,损伤心、肝、肾、等重要脏器。

3. 单环芳香族化合物

5 种氯苯类有机物(氯苯,邻、间、对二氯苯,1,2,4-三氯苯)对活性污泥种泥都有抑制作用，氯代程度越高，抑制作用越大，尤其是对二氯苯和 1,2,4-三氯苯。由于氯苯、邻二氯苯、间二氯苯的降解速率极低，在正常的活性污泥法运行中，绝大部分可穿透整个二级处理系统；由于二氯苯和 1,2,4-三氯苯的抑制作用，可对活性污泥法产生不利影响（瞿福平等，1997）。

4. 酚类

我国环境优先污染物黑名单里列出了 7 种酚类物质，就包括 2-氯酚、2,4-二氯酚、2,4,6-三氯酚和五氯酚等毒性很高的物质。这些物质对任何生物体都具有毒害作用，属于"三致"（致畸、致癌、致突变）物质，而且其毒性随着含氯度的增加而明显提高（胡俊等，2005）。

五氯酚（PCP）可引起人和动物的急性或慢性中毒，具有致癌、致畸、致突变作用。氯代苯酚类化合物的毒性规律为：毒性随分子氯取代基数增多而增强，随分子最高占据轨道能的增高而增强（徐文国等，2005）。部分同系有机物对微生物的抑制规律见表 1.1。

表 1.1　部分同系有机物对微生物的抑制规律

	酚类	胺类	苯类
抑制性增强 ↑	五氯酚	乙酰苯胺	2,4-二硝基甲苯
	2,4-二硝基酚	二乙基苯胺	邻二氯苯
	2,4-二氯酚	间硝基苯胺	对硝基甲苯
	3,5-二甲酚	N,N-二甲基苯胺	二甲苯
	硝基酚(邻、间、对)	苯胺	对二氯苯
	甲酚(邻、间、对)	苯	乙苯
	二苯酚(邻、间、对)		苯
	苯酚		
	苯		

苯酚邻位上的氢被取代所生成化合物对底泥氨氧化活性的抑制作用强弱按取代基排序为：—Cl＞—CH₃≈—NO₂＞—H＞—OH＞—NH₂。苯酚对位上的氢被取代时则为：—Cl＞—NH₂≈—H≈—OH＞—NO₂。当氢被单个—Cl 或—CH₃取代后，毒性增强，增加—Cl 或—CH₃的个数则会使抑制作用削弱。酚的取代化合物对底泥氨氧化活性的抑制作用强弱与该化合物的酸性呈负相关关系，即 pKₐ越小，对底泥氨氧化活性的抑制作用越明显（董春宏等，2004）。

5. 多环芳烃类

多环芳烃一般可分为两大类，即孤立多环芳烃和稠合多环芳烃，后者对人类的威胁较大。稠合多环芳烃是苯环间互相以两个以上碳原子结合而成的多环芳烃体系。具有环境意义的是从两个环(萘)到七个环(蔻)的化合物,如萘、蒽、菲、苯并[a]蒽、二苯并[a,h]蒽、苯并[a]芘和蔻。多环芳烃的可溶性随苯环数量的增多而减弱,挥发性也是随苯环数量的增多而降低。一般双环和三环多环芳烃易被生物降解,而四环、五环和六环多环芳烃却很难被生物降解。多环芳烃的毒性主要表现为:强的致癌、致畸、致突变(Menzie et al. , 1992);对微生物生长有强抑制作用(Calder et al. , 1976);多环芳烃经紫外线照射后毒性更大。

1.1.3　毒害有机物还原产物及可生化性

1. 影响有机物生物降解性能的参数

在废水生物处理实践中,根据微生物对有机物的降解能力和有机物对微生物的毒害或抑制作用,可把有机物分为 4 大类:第Ⅰ类,易降解的有机物,且无毒害或抑制作用;第Ⅱ类,可降解有机物,但有毒害或抑制作用;第Ⅲ类,难降解有机物,但无毒害或抑制作用;第Ⅳ类,难降解有机物,并有毒害或抑制作用。评价废水中有机物的生物降解性和毒害或抑制性的方法有多种,但常用的仅有几种方法。

每一种有机物的宏观性质都是由其微观结构所决定的。因此有机物结构-活性定量关系研究(quantitative structure activity relationship, QSAR)可以用来定量描述有机分子结构与活性(反应活性和生物活性)的关系。钱易等(2000)运用QSAR 和神经网络的方法实现了对芳香族化合物的生物可降解性很好的预测性。张超杰等(2005)认为生物降解性能可表示为疏水性参数、电性参数和空间参数的函数。

1) 疏水性参数

用来描述有机物在生物组织与水相间的分配行为,常用辛醇/水分配系数 P_{ow}来表示。有机物辛醇/水分配系数愈大,分子愈易穿过细胞膜到达酶活性中心。张超杰等(2005)通过试验发现氟苯酚的好氧生物降解性能顺序为对氟苯酚＞间氟苯酚＞邻氟苯酚,这一结果与有 P_{ow} 很好的相关性。

2) 电性参数

通常对于具有不同取代基的一系列物质,常用电性取代基参数来描述不同取代基对有机物产生的电性影响(如 Hemmentt 取代基参数)。对于需要描述物质整体电性效应的情况,则通常采用电性全分子参数来描述(如偶极距)。例如,对氯代芳香化合物而言,氯原子强烈的吸电子性使芳环上电子云密度降低,于是在好氧条件下氧化酶很难从苯环上获取电子,当氯原子的取代个数越多时,苯环上的电子云密度就越低,氧化就越困难,体现出的生化降解性就越低(顾夏声等,1997)。

3) 空间参数

空间参数包括体积参数和形状参数两大类。张超杰等(2005)进行了氟苯酚好氧生物降解性能及其与化学结构的相关性研究,针对受试物为具有相同苯环核心,不同取代基位置的分子,选择分子连接性指数作为空间参数。发现空间参数与氟苯酚好氧生物降解性能有较好的相关性。

2. 有机物可生化性能的评价指标(张志杰等,1999;吴群河,1998;刘志刚,2007;刘永淞,1995)

确定污水的可生化性,对污水处理工艺的选择及污水治理规划的制定具有重要意义。长期以来,人们习惯采用 BOD_5 与 COD 作为废水有机污染的综合指标,两者都反映废水中有机物在氧化分解时所耗用的氧量。BOD_5 是有机物在微生物作用下氧化分解所需的氧量,它代表废水中可被生物降解的有机物;COD 是有机物在化学氧化剂作用下氧化分解所需的氧量,它代表废水中可被化学氧化剂分解的有机物,当采用重铬酸钾为氧化剂时,近似认为 COD 测定值代表了废水中全部有机物。

1) BOD_5 比值法

BOD_5/COD_{Cr}:这是国内普遍采用的衡量污水可生化性的指标,当其值大于 0.3 时,污水可考虑用生物方法处理。用此法评价废水的可生化性比较粗糙,要想得出准确的结论,还应辅助以生物处理的模型实验或耗氧速率法来加以评价。使用此方法时,可参照表 1.2 所列数据。

表 1.2　废水可生化性评价参考数据

BOD_5/COD_{Cr}	>0.45	0.3~0.45	0.2~0.3	<0.2
可生化性	较好	可以	较难	不宜

BOD_5/TOD:国外用 BOD_5/TOD 及 BOD_5/TOC 比值作指标,韩玮(2004)认为比值>0.6 时污水是可生化的,比值<0.2 及比值<0.3 时污水是不可能生物处理的。在采用 BOD_5/TOD 值评价废水可生化性时,推荐采用表 1.3 所列标准。

表 1.3　废水可生化性评价参考数据

BOD_5/TOD_{Cr}	<0.2	0.2~0.4	>0.4
可生化性	难生化	可生化	易生化

BOD_5 的测定受水样中毒物和抑制性物质浓度的影响,在微生物受到初步抑制的情况下与微生物量也有很大的关系,因此对于众多工业废水 BOD_5 的测定难有相关性,所以该方法在实际应用中受到限制。

2) 耗氧速率和相对耗氧速率

生化呼吸线是以时间为横坐标、耗氧量为纵坐标的一条曲线。生化呼吸线在内源呼吸线之上,说明该废水可生化处理;生化呼吸线位于内源呼吸线之下,说明该废水不可生化处理,废水对生物有抑制作用;生化呼吸线与内呼吸线重合,说明该废水不可生物降解,但对生物也无抑制作用。根据相对耗氧速率(水样的耗氧速率/内源呼吸耗氧速率)随基质浓度的变化绘制的曲线,叫做相对耗氧速率曲线,如图1.1(荣丽丽,2007)描绘了四类不同废水的相对耗氧速率曲线。利用相对耗氧速率曲线,我们可以初步判断该类废水是否可以被微生物所降解。

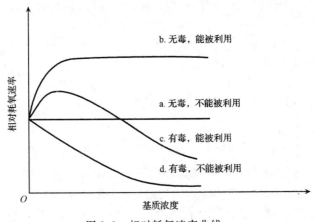

图1.1　相对耗氧速率曲线

测定耗氧速率的方法迅速、简单,但毕竟仅是微生物对废水短期的作用,往往不能很好地表示废水长期生化处理的效果。对于实际工业废水,生物系统中对微生物的自然筛选、废水对微生物的驯化,都对废水的处理产生重要的作用。因此该方法在实际应用中也受到限制。

3) 脱氢酶活性法(秦冰等,2004)

有机物的生化降解,实质是在微生物多种酶催化下的氧化还原反应。有机物的氧化过程中,脱氢酶是作用在代谢物上的首个酶,能够激活某些氢原子,并被受氢体移去从而将有机物氧化,是微生物获得能量的必需酶。脱氢酶参与有机物氧化整个过程,由活的生物体所产生。因此,脱氢酶活性很大程度上表示生物细胞对作为基质的有机物降解能力,因而成为考察有机物生物降解性能的重要指标。

脱氢酶活性可以通过加入人工受氢体的办法进行检测。通常用于检测脱氢酶活性的人工受氢体包括氧化三苯基四氮唑(TTC)、刃天青、亚甲基蓝以及对碘硝基四唑紫(INT)等。

最常用的是TTC-脱氢酶活性法。利用无色物质——TTC作为外源受氢体,当把这种外源受氢体引入生化反应中时,经脱氢酶活化的氢原子将被受氢体接受,成为红色的三苯基甲月替(TF)。脱氢酶活性越高,活化的氢离子就越多,TTC转化成TF的量就越多,红色的色度越深。通过比色法,测定485 nm下的光密度变化,可对脱氢酶活性的定量分析。由此表征所测试有机物的可生化性与抑制微生物活性的程度。

该方法与上述两种方法有类似的缺陷：不能反映有机物作为基质长期驯化微生物的情况，也不能确切反映不同微生物对该有机物降解能力的差异。

4）模拟试验评定法

该方法原理简单，即通过小型模型装置，模拟实际生物处理流程，控制相同的水力停留时间、有机负荷、泥龄，经一段时间连续运行，得到对含有某种有机物的废水生化处理效果。

该方法结果可靠，避免了上述各方法的缺陷，可以为实际工艺流程提供设计或运行参数，是不可取代的试验研究方法。

3. 毒害有机物还原预处理提高可生化性

1）氯代有机物

吴德礼以废铁刨花为还原剂，并添加催化剂和极化材料对四氯化碳（CCl_4）和四氯乙烷（$C_2H_2Cl_4$）进行还原脱氯，发现 CCl_4 的还原产物主要是二氯甲烷，而 1，1，2，2-四氯乙烷的主要反应产物是二氯乙烯（吴德礼等，2005a）。实验证明：Cu/Fe 催化还原处理含氯有机物是很有效的，可以很快地将高氯化度的氯代烷烃还原脱氯为低氯化度的有机物，甚至如果在低浓度下，延长处理时间可以将其彻底脱氯。乌锡康等（1989）认为当 CCl_4 浓度达到 40 mg/L 时，对好氧降解微生物有抑制作用，好氧降解可在 7 天时间内去除 87% 的四氯化碳。但通过 BOD 测试表明，其所测 CCl_4 的 BOD_5 仅为理论需氧量的 0%。而 CCl_4 的还原产物 CH_2Cl_2 在好氧条件下，在 6 小时至 7 天的期间可以完全生物降解。由此证明化学还原方法也可以作为一种预处理手段，将难降解有机物还原为易降解有机物，如 CH_2Cl_2 的 BOD_5/COD 值明显高于 CCl_4。周荣丰等（2005c）利用 Cu/Fe 二相金属体系对氯代甲烷进行了还原脱氯研究，通过 GC/MS 分析，CCl_4 会顺序地脱氯为 $CHCl_3$、CH_2Cl_2 和 CH_3Cl 等。试验表明氯代烷烃在 Fe/Cu 二相金属体系中能够很快地还原脱氯，由高氯化度的有机物还原为低氯化度的有机物，降低氯代有机物的毒性，或者是使其易于生物降解。

谢凝子等（2005）采用 Pd/Fe 双金属体系对 1，2，4-三氯苯（1，2，4-TCB）进行了快速催化还原脱氯的研究，发现 TCB 在催化脱氯的过程中先脱氯成为二氯苯（DCB），再依次脱氯为氯苯和苯。从反应过程中的产物可看出：在 TCB 的还原脱氯过程中氯原子是逐个从苯环上脱除的，且对位上的氯原子较邻位的容易脱除。Slater 等（2002）用 Fe^0 对三氯乙烯还原也得到了较好的脱氯效果。

关于氯代芳香化合物的生物降解性差异，在微生物作用下，许多氯代芳香化合物都能进行不同程度的降解，但由于氯代程度及氯代位置的不同，其生物降解性也存在明显的差异。业已发现，3-氯苯甲酸、3-氯邻二酚、4-氯邻二酚、3，5-二氯邻二酚等都能够作为纯培养时微生物生长的碳源和能源,被彻底降解为二氧化碳和水,释放出无机的氯离子;另一些化合物,如 4-氯联苯、1-对氯苯基-1-苯乙烷等,在它们分子结构中,未被氯取代的苯环被开环裂解,产生乙醛和丙酮酸,可用于微生物的生长,而被氯取代的苯环则生成末端产物 4-氯苯甲酸,所以这类化合物在纯培养中虽然也可作为生长基质,但只能被部分降解。另有一些化合物,在纯培养中根本不能作为微生物的生长基质,如一些多氯联苯。但它们在共基质混合培养条件下,主要借其他生长基质的诱导,产生使它们结构改变的酶系统,以及利用其他共存微生物的协同作用,产生降解。王菊思等(1995)的研究表明:在好氧生物降解试验条件下,苯甲酸类、苯酚类(只含羟基)和甲苯是较容易生物降解的;苯和苯的同系物是可生物降解的;苯磺酸类和含氮芳香化合物均是难降解的。被试化合物的生物降解性与其化学组成、结构有着密切的关系,随着苯环上取代基数量的增加,取代基链的加长,生物降解难度加大。

2) 硝基类有机物

嵇雅颖等(1998)采用 Fe^{2+}/Fe^{3+} 系统,在碱性条件下将邻、对硝基苯胺还原成邻、对苯二胺,再在酸性条件下,利用反应生成的 Fe^{3+} 将邻、对苯二胺氧化成水溶性较小的醌类化合物,并利用 Fe^{3+} 絮凝吸附作用。经该系统处理后,邻基苯胺的 BOD_5/COD_{Cr} 由 0.015 增至 0.16,对硝基苯胺的 BOD_5/COD_{Cr} 由 0.003 增至 0.21,达到降低该废水毒性、提高 BOD_5/COD_{Cr} 值的目的。

樊金红等(2005a,b)在传统的铁内电解反应器中加入铜屑,对硝基苯废水进行预处理,可以使废水中的硝基苯转化为苯胺,从而提高废水的可生化性。研究发现,在中性和弱碱性条件下,催化铁内电解法对硝基苯废水的处理效果明显优于铁屑内电解法。硝基苯高浓度时会对降解微生物产生抑制作用,如当浓度为 330 mg/L 时,BOD 值即为零。在实验室中对苯胺进行生物降解试验,如用活性污泥法进行好氧降解,去除率一般可达到 90%～100%(3～28 天),且一般所用菌种均不需要进行专门的驯化过程。

陈宜菲等(2005)和陈少瑾等(2006)采用 Fe^0 在常温常压下还原土壤中甲基、氯代硝基苯混合物,其主要产物是苯胺,同时还检测到微量的亚硝基苯、甲基苯二氮烯、氯苯二氮烯等分解和缩合中间产物。也研究了在常温常压下土壤中硝基苯(NB)在 Fe^0 作用下的还原反应,Fe^0 能将硝基苯苯环上的硝基转化为胺基,从而达到降低毒性、增加可生化性目的。

3) 偶氮类有机物

根据美国 C. I. (Color Index)统计,目前已有的数万种染料中偶氮染料品种约占 80%,是数量最多的。在发达国家未限制偶氮类染料的使用之前,偶氮染料占染料总产量的一半以上。偶氮染料不但具有特定的颜色,而且分子结构复杂,生物可降解性很低,大多数具有潜在毒性。

刘剑平等(2004,2005)用 Cu/Fe 内电解法处理偶氮染料,测定了它们在铜电极表面还原的还原电位(表 1.4)。理论上,Cu/Fe 内电解体系在水中形成的原电池可以形成 0.777 V 电势差(Fe^0/Fe^{2+} 标准电极电位是 -0.44 V,Cu^0/Cu^{2+} 标准电极电位是 0.337 V),完全可能还原降解偶氮染料。

研究表明:酸性染料和活性染料的还原降解产物主要是含有不同取代基的苯胺和萘胺类有机物,中间产物为氢化偶氮类物质。它们在铜电极都有明显的循环伏安还原峰,酸性条件下峰值负移。偶氮染料用 Cu/Fe 内电解法降解处理的效果为:直接染料>活性染料≈酸性染料>中性染料>阳离子染料。偶氮染料的降解机理主要是电化学还原和化学还原。Cu/Fe 内电解法适用的 pH 范围可以从酸性、中性到碱性。

偶氮化合物中的偶氮键具有吸电子性,不易好氧降解。相反,偶氮键被还原断裂,生成芳香胺后容易发生氧化反应,能够被好氧微生物所降解。有研究表明:偶氮化合物废水还原预处理前后 BOD_5/COD_{Cr} 值从 0.025 ~ 0.03 提高到 0.41~0.59。

表 1.4　偶氮染料在铜电极表面还原的峰电位

序号	染料名称	相对分子质量	最大吸收波长/nm	还原电位/V		
				酸性	中性	碱性
1	酸性橙Ⅱ	350	485	-1.05	-0.45	$-0.3, -0.7$
2	酸性黑 10B	536	619	-1.1	$-0.23, -0.68$	$-0.3, -0.7$
3	酸性大红 GR	556	484	-1.1	-0.7	-0.6
4	阳离子蓝 X-GRRL	371	614	-1.05	-0.7	-0.8
5	阳离子嫩黄	404	414	-1.1	-0.8	-0.8
6	阳离子红 GRL	493	536	-1.15	-0.6	-0.7
7	活性艳红 X-3B	602	542	-1.1	-0.4	$-0.22, -0.63$
8	活性黄 X-RG	705	390	-1.1	-0.62	$-0.2, -0.75$
9	活性艳红 M-8B	838	546	-1.1	-0.48	$-0.23, -0.7$
10	中性深黄 GL	926	436	-1.1	-0.55	-0.65
11	直接大红 4BS	925	484	-1.1	-0.5	$-0.3, -0.75$

裴婕等(2004)采用 Fe^0 和纳米级 Fe^0 对两种偶氮染料(酸性紫红 B 和活性艳红 X-3B)进行催化还原处理,计算了两种体系的反应速率常数和反应活化能。认为催化还原处理是染料废水脱色的重要方法,还原后偶氮染料的 N=N 双键断裂,生成芳香胺,增强了废水的可生化性,有利于后续处理。

1.1.4　毒害有机物的还原方法

将毒害有机物还原处理,是希望找到给电子能力很强的物质,造成一个还原环境,使其还原毒害有机物,将转化成无毒无害的有机物,明显提高其可生化性能。

目前在对于有毒有机物的处理主要采用了氧化的方法,比如,光催化氧化、超声波臭氧法、高温焚烧等。而用还原的方法处理有毒有机物的报道和研究较少,研究主要也是集中在硝基苯类的还原和卤代烃的脱氯还原。

1. 化学还原法

化学还原法指利用化学药剂来还原有毒、难降解有机物。常见的化学还原药剂有零价金属、氢气,以及其他一些具有还原性的物质。

零价金属是当前研究最多的化学还原剂。目前主要用到的零价金属有铁、铝、镁、锌和锡等,在众多零价金属中利用零价铁及其化合物还原去除卤代有机物和多氯联苯的研究最多。元素铁的化学性质活泼,电极电位为 $E^\circ(Fe^{2+}/Fe)=-0.144\ V$,它具有还原能力,可将在金属活动顺序表中排于其后的金属置换出来而沉积在铁的表面,还可将氧化性较强的离子或化合物及某些有机物还原。研究表明,许多其他的金属,尤其是锌和锡,能比铁更迅速地转变卤代有机化合物(Wang et al., 1997)。零价铁还原脱氯降解有机氯化物的机理有如下三种:

(1) 金属直接发生反应。零价铁表面的电子转移到有机氯化物使之脱氯。

$$Fe^0 - 2e \longrightarrow Fe^{2+} \qquad \qquad ①$$

$$RCl + 2e + H^+ \longrightarrow RH + Cl^- \qquad \qquad ②$$

所以总的反应式为

$$Fe^0 + RCl + H^+ \longrightarrow Fe^{2+} + RH + Cl^- \qquad \qquad ③$$

对于反应①,其标准电极电位为 $E^\circ = -0.144\ V$,而对于反应②,其标准电极电位在中性条件下范围为 $+0.5\sim+1.5\ V$(Matheson et al., 1994),所以反应③是完全可以发生的(吴德礼等,2005b)。

(2) 铁腐蚀的直接产物 Fe^{2+}。Fe^{2+} 具有还原能力,它可使得一部分氯代烃脱氯,不过这一反应进行得很慢。

$$Fe^{2+} + RCl + H^+ \longrightarrow Fe^{3+} + RH + Cl^-$$

(3) 氢气可使有机氯化物还原,在厌氧状态下,H_2O 可作为电子接受体,存在下面反应

$$2H_2O + 2e \longrightarrow H_2 + 2OH^-$$

$$Fe^0 + 2H_2O \longrightarrow Fe^{2+} + H_2 + 2OH^-$$

零价金属具有较强的还原作用,加速了多氯联苯的分解。

国内外已大量利用零价金属的还原性来去除氯代污染物质和硫化合物的报道。据报道用金属还原法处理含 $CHCl_3$ 及 $CHBr_3$ 废水,可使其含量从 $242\ mg/L$ 降至 $5\ mg/L$ 以下,C_2HCl_3、C_2Cl_4、$C_2H_3Cl_3$ 可以从 $250\ mg/L$ 降至 $5\ mg/L$,而氯苯因去除了氯原子而形成了毒性较小的环己醇(Sweeny, 1981)。乌锡康等

(1989)在《有机水污染治理技术》一书中提到:用铁粉催化分解去除硫化合物效果甚好。例如,纤维素厂废水中含甲硫醇 2750 mg/L、二甲二硫醚 1800 mg/L、二甲硫醚 1585 mg/L、硫离子 860 mg/L 及少量的松节油,可用细铁粉在室温下接触1 h 而破坏,去除率几乎为 100%。铁粉用量为 10 mg/L,铁粉可循环使用 4 次而不用再生。为了减少催化剂的用量,废水的 pH 可用 NaOH 调节至 7.0~7.5。也可用 Raney Ni(或 Co、Fe)来处理相同的废水,在 66℃连续搅拌 1~3 h,去除率为 98%~99%,Ni、Co、Fe 的用量分别为 500 mg/L、250 mg/L 及 100 mg/L,催化剂可回收并多次回用。

氢化还原有机物也是一种常见的方法,如用氢气还原 PCBs,此法最开始以钯碳作催化剂,甲酸铵为电子给予体,低温、常压下使 PCBs 脱氯生成联苯,脱氯效率达 98%~100%。还有人在 Pd/C(钯碳)催化剂中加入三乙胺,即在 Pd/C-Et$_3$N 系统下,催化活性会大大加强,PCBs 脱氯在常温常压下可发生,在 15 min 内完全脱氯,无有毒副产物。若无三乙胺,经过 1 h 几乎不发生脱氯,24 h 后仅仅 60% 发生。此法安全可靠,简单易操作,产物单一,成本低,所有试剂和溶剂可回用,适用于工业降解 PCBs(李森,2004)。

其他化学药剂还原如:氯化苦(硝基三氯甲烷)的生产废水,其中含有 $Ca(ClO)_2$ 2000 mg/L、氯化苦 80 mg/L。过量的 $Ca(ClO)_2$ 用 $FeSO_4$ 在 90~95℃、pH 为 11~11.5 下去除。3 h 后,硝基化合物还原成 CH_3NH_2 及三氨基酚($FeSO_4+Fe$),硝基的还原率约 81%。形成的甲胺可在 5~6℃用 $NaNO_2+HCl$ 处理使之成为甲醇,反应时间为 2~2.5 h,甲醇及三氨基酚再用 $Ca(ClO)_2$ 氧化后即可排放。

2. 电化学还原

电化学法包括外电流电解和双金属体系的原电池反应。该方法主要是利用形成电流的活性极强的电子来还原有毒有机物。

外电流直接电解法已有较长的时间。目前外电流电解还原有毒有机物的主要方向是卤代有机物的脱卤。Aishah 等(2007)研究了有机溶剂中用电化学方法使氯苯还原脱氯。发现用乙腈作有机溶剂、铂作阴极、锌作阳极,温度为 0℃,电流密度为 60 mA/cm^2 是其最佳电解条件,可以使氯苯完全脱氯。但是同样条件下对 1,3-二氯代苯、1,2,4-三氯代苯的还原降解效果很差,若在溶剂中添加萘作为中间媒体,能加速氯代苯的还原脱氯且使 1,3-二氯代苯和 1,2,4-三氯代苯完全还原氯。研究进一步发现,在萘存在的条件下,降解反应的时间会比无萘存在时缩短一半。

国内也有相关的电解氯代烃还原脱氯的相关报道:徐文英等(2005)采用铜电极,辅助电极为 Pt,参比电极为饱和甘汞电极(SCE)作为工作电极研究了氯代烃的脱氯规律。研究发现三氯甲烷在-0.58 V 处有一还原峰，表明在铜电极表面发生了三氯甲烷阴极还原反应。铜电极作阴极在-0.58 V 恒电位电解，产物为二氯甲烷。四氯化碳在-0.54 V 和-1.10 V 处出现还原峰，分别用恒电位电解，电解的产物为三氯甲烷和二氯甲烷峰，表明在铜电极表面发生了四氯化碳阴极还原反应。1,1,2,2-四氯乙烷能在铜表面脱氯，还原生成三氯乙烷和二氯乙烯。由此得出氯代烃电解还原脱氯德规律：① 很多氯代烃在铜电极表面都有还原电位，即它们能在铜电极表面获电子被直接还原；② 随着氯原子数量的增加，由于吸电子能力的增强，氯代烃在铜电极上被还原的能力增强；③ 氯代烷烃比氯代芳烃易于被还原，因为共轭效应使氯代芳烃中的氯原子电负性大幅度降低，氯代芳烃不易在铜电极上被直接还原；④ 氯原子对酚的影响和氯原子与羟基在环上的相对位置有关，羟基使苯环的电子云密度增大，但邻位上增加的电子云密度幅度没有对位上的大，所以邻氯苯酚得电子还原比对氯苯酚容易一些，而且化合物本身的酸性使邻氯苯酚更易于在铜电极上还原。

　　双金属体系法又称内电解法，以通过构成原电池加强负极金属的还原能力。常见的金属体系有 Cu/Al 体系、Cu/Fe 体系等，铁碳法实际上是利用 Fe/C 构成的原电池体系，国内外学者对此都进行了大量的研究。

　　樊金红等（2005c）用 Cu/Fe 构成的原电池还原降解硝基苯，硝基苯可在铜电极上得到电子直接发生还原反应。用循环伏安法发现在-0.58 V 和-1.32 V 下有较强还原峰。分别控制阴极电位进行电解，实验发现电解的产物分别为羟基苯胺和苯胺。苯胺相对于硝基苯更容易生物降解，较多微生物都可以把苯胺直接作为碳源来利用。还原为羟基苯胺和羟基苯胺进一步还原为苯胺的过程。其降解机理如下：

1）消去反应

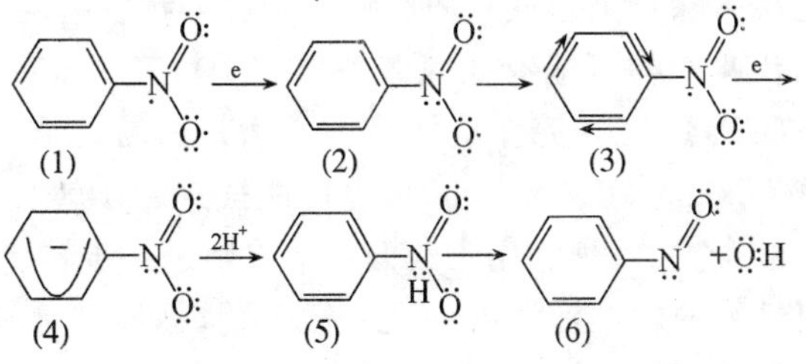

2）加成反应

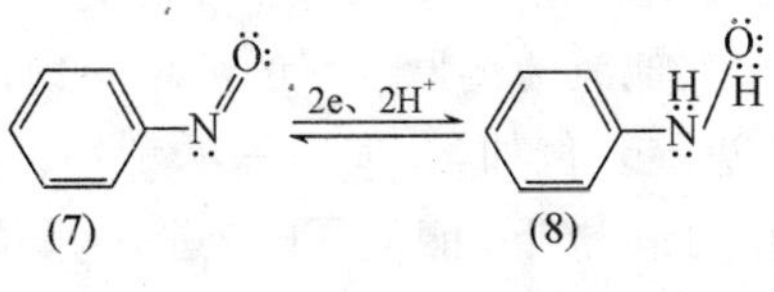

3）取代反应

$$
\underset{(9)}{\text{[C}_6\text{H}_5]-\overset{H}{\underset{H}{N}}/\overset{\ddot{O}:}{\underset{H}{H}}} \xrightarrow{2e,2H^+} \underset{(10)}{\text{[C}_6\text{H}_5]-\overset{H}{\underset{H}{N}}:H + H:\overset{\ddot{O}:}{\underset{H}{}}}
$$

酸性大红被 Cu/Fe 内电解处理时，直接在铜阴极表面得到电子还原，生成氢化偶氮物，发色团偶氮双键被还原生成了苯和萘的相关衍生物。酸性大红在酸性、中性和碱性下经 2.5 h 的 Cu/Fe 内电解法处理均能达到满意的脱色效果，脱色率可达 95% 以上，COD_{Cr} 减少 50% 左右，提高反应温度可以改善酸性大红废水的处理效果（刘剑平等，2005）。

Lien 等（2002）对 Cu/Al 的还原作用进行了研究。认为与单独使用 Al 或 Cu 相比，Cu/Al 的联合使用，明显地增强了对卤代甲烷的去除效果。Cu/Al 之所以有如此高的效率，是因为形成了原电池，发生了电池腐蚀。在 Cu/Al 体系中，通过原电池产生的电流造成很强的还原性环境。Cu/Al 原电池的电势度约为 2.0 V，比其他双金属体系强得多（Pd/Fe 金属体系为 1.4 V）。Cu/Al 的双金属结构通过促进 Al 的腐蚀加强了 Al 的还原脱氯的还原性能。研究还发现，在 pH＝8.4 时，Cu/Al 还原降解 CCl_4，28% 转化为氯仿及氯甲烷类物质，72% 可能转化为不含氯的一氧化碳产物。

3. 生物还原法

微生物根据其与分子氧的关系，将微生物分为好氧微生物、兼性厌氧微生物和厌氧微生物。厌氧微生物中好多（如产甲烷菌等）都可以利用有机物作为电子受体，使有机物还原。生物还原法正是基于这点提出来的。

研究表明（吴唯民等，1995），在厌氧条件下，厌氧微生物能将五氯苯酚（PCP）苯环上的氯代基逐次去除直至形成苯酚。苯酚则被分解成甲烷和二氯化碳。PCP 还原性脱氯的中间代谢产物可能有四氯苯酚（TeCP）、三氯苯酚（TCP）、二氯苯酚（DCP）和一氯苯酚（CP）。PCP 完全脱氯后的产物是苯酚。苯酚能被有些共营养乙酸菌降解为乙酸（Zhang et al.，1990）；也可能被进一步转化为苯甲酸，然后由产乙酸菌转化为乙酸，乙酸再被利用乙酸的产甲烷菌进一步转化为甲烷。

具有还原脱氯性能的颗粒污泥内的主要微生物，据鉴别为利用乙酸盐的产甲烷菌（以 methanothrix 为主）、利用氢的产甲烷菌（以 methanobacterium 为主）、利用丙酸和丁酸的共营产乙酸菌和利用糖类（葡萄糖和乳酸）的发酵产酸菌。迄今为止未能分离可进行 PCP 和其他氯酚还原脱氯的纯培养物。最近几年，美国在分离脱氯厌氧菌研究方面取得进展。例如，分离出一株利用丙酮酸为碳源生长的硫酸盐还原菌，在氯代苯甲酸的刺激下，能对 PCP 进行邻位脱氯生成 2,4,6-TCP（Mohn et al.，1992）。

希瓦氏菌属在腐殖质存在的厌氧条件下对偶氮具有很好的还原效果。许志诚等(2006)以希瓦氏菌属的 3 个代表种为研究对象,研究了在厌氧条件下腐殖质的存在对偶氮还原的影响。实验结果表明:三个代表菌株在厌氧条件下都有高效的偶氮还原和腐殖质还原功能,1 mmol/L 偶氮染料在 24 h 内完全脱色,并且偶氮还原与电子供体氧化存在着紧密的偶联关系。Sethunathan 等(1969)报道说用一株菌株可以使 ^{14}C-丙体六六六发生降解还原,产生脱氯产物 γ-五氯环己烷;Freedman 等(1989)研究发现在厌氧产甲烷条件下,微生物可以使 PCE 和 TCE 脱氯还原成生物可降解的物质。通过放射性示踪剂[^{14}C]PCE 示踪显示 PCE 被降解为乙烯。

4. 其他类还原法

主要包括各项技术的耦合等,如超声波分解和零价铁还原联合技术。研究了超声波分解和零价铁联合促进降解废水中的苯胺和硝基苯,结果表明,超声波的存在促进了零价铁对硝基苯的还原。超声波降解硝基苯的一级反应常数 k_{US} 是 1.8×10^{-3} min^{-1},当有零价铁存在时,反应速率将快很多(Hung et al. , 2000)。

1.2　内电解法处理污水的机理

1.2.1　内电解法的发展

国内外研究最多、较为成熟的化学还原工艺是铁碳内电解法。铁碳内电解法基于电化学中的原电池原理,产生三个作用:①电极反应;②电极区的反应(电解产物对污染物的氧化还原作用)使废水中显色有机物的发色基团和助色基团破裂或转化,达到废水脱色的目的,同时使废水的组成向易于生化的方向转变;③铁离子的混凝作用。内电解反应生成的新生态的 Fe^{2+} 及其水合物具有较强的吸附-絮凝活性,特别是在后续加碱调 pH 的工艺中生成 $Fe(OH)_2$ 和 $Fe(OH)_3$ 絮状物,发生混凝吸附作用,能使废水中微小的分散颗粒以及脱稳胶体形成絮体沉淀,降低色度,净化废水。

我国从 20 世纪 80 年代起开展铁碳内电解领域的研究,近几年来发展较快,相继利用该技术治理印染废水、染料废水、电镀废水、含表面活性剂废水、含油废水、含砷含氟废水及其他各类有机化工废水。

铁碳内电解法的作用机理主要有:

1) 电化学作用

铁碳微电解基于原电池作用,金属阳极直接与阴极材料直接浸没在电解质溶液中,发生电化学反应。其电极反应如下:

阳极(Fe):　　　$Fe \longrightarrow Fe^{2+} + 2e$　　　　$E^{\circ} = -0.44$ V

阴极:酸性条件　　$2H^+ + 2e \longrightarrow 2[H] \longrightarrow H_2$　　$E^\Theta(H^+/H_2) = 0\ V$

酸性充氧条件　　$O_2 + 4H^+ + 4e \longrightarrow 2H_2O$　　　　$E^\Theta(O_2) = 1.23\ V$

中性充氧条件　　$O_2 + 2H_2O + 4e \longrightarrow 4OH^-$　　　　$E^\Theta = 0.40\ V$

由阴极反应可见,在酸性充氧的条件下,两者的电位差较大,腐蚀反应进行得最快。阴极反应消耗了大量的 H^+ 会提高溶液的 pH,所以通常铁碳法在酸性条件下使用。

2) 氢的还原作用

电化学反应中产生的新生态[H]具有较大的化学活性,能破坏物质的发色结构(如偶氮键)等,使废水中某些有机物的发色基团和助色基团破裂,大分子分裂解为小分子,达到脱色的目的,同时使废水有机物向易于生化的方向转变。

3) 铁的还原作用

铁是还原金属,酸性条件下能使一些大分子发色有机物降解为无色或淡色的低分子物质,具有脱色作用,同时也提高了废水的可生化性,为后续生化处理创造了条件。

同济大学城市污染控制国家工程研究中心"十五"期间承担的国家 863 计划课题"高级催化还原技术与设备",于 2005 年 12 月完成验收。其中催化铁内电解方法,是利用废铁刨花作还原剂,电化学催化还原废水中的具有拉电子基团的有机物,提高其可生化性。原理是:单质铁与其他金属组成原电池,通过扩大两极电位差,发挥阴极的电化学催化作用,提高单质铁的还原能力。实验证明,该方法对染料废水、印染废水、造纸废水、化工废水等工业废水中难降解有机污染物的去除有较好的效果。

催化铁内电解方法通过构成原电池,在阴极催化下,加速阳极金属的氧化,且避免被分子氧的氧化。因此,作为电子受体的有机物比例大大增加,增强了还原效果。与铁碳法不同的是,称之为催化铁内电解法的铁与其他金属组成的双金属方法,发挥阴极金属的电催化作用。作为阴极金属的有铜、银、钯、锡等。

1.2.2　阴极电化学催化作用的理论基础

利用原电池原理还原废水中的有机污染物,阳极金属作为还原剂除要求金属性活泼、不产生钝化外,还必须价廉、无毒性、对生化处理有益,目前应用最多的就是铁刨花。

作为阴极,主要考察它的电催化功能,即电化学反应中的催化作用

阳极反应(一):　　　　　　　$M_1 \longrightarrow M_1^{n+} + ne$

阴极反应(+):　　　　　　　$Y + e \longrightarrow Y^-$

Y 又称去极化剂,是氧化剂,电极电位比较高。

内电解的催化作用在理论上可用以下公式表达:

$$\ln I_{corr} = \frac{E_{e,c} - E_{e,a}}{\beta_a + \beta_c} + \frac{\beta_a}{\beta_a + \beta_c}\ln A_1 I_{0,a} + \frac{\beta_c}{\beta_a + \beta_c}\ln A_2 I_{0,c}$$

式中：I_{corr} 为腐蚀电流；$E_{e,a}$ 为阳极上被氧化物质的平衡电位；$E_{e,c}$ 为阴极上被还原物质的平衡电位；β_a 为被氧化物质阳极反应塔菲尔（Tafel）斜率；β_c 为被还原物质阴极反应塔菲尔斜率；$I_{0,a}$ 为被氧化物质阳极反应交换电流密度；$I_{0,c}$ 为被还原物质阴极反应交换电流密度；A_1、A_2 为与交换电流密度相关的系数。

根据上面公式，可从理论上与实践上解释阴极的电催化作用（曹楚南，1994；李荻，1999；陈国华和王光信，2003）。

1. 热力学机理

式中热力学参数项有：$E_{e,c} - E_{e,a}$。这里的 $E_{e,a}$ 是阳极上被氧化物质的平衡电位，$E_{e,c}$ 是阴极去极化剂（如废水中的污染物硝基苯、卤代物）的平衡电位。实际上 $E_{e,c}$ 应该是阴极金属和去极化剂平衡电位的平均值，显然作为阴极材料的金属其平衡电位越高，$E_{e,c}$ 也越大，腐蚀电流 I_{corr} 也越大，自然去极化剂 Y 还原也多。所以采用电极电位比较高的电极材料作阴极有利于去极剂 Y 的还原。

2. 动力学机理

动力学参数是交换电流密度 I_0 和塔菲尔斜率（塔菲尔系数）b 或 β。前者反映电极反应的难易程度，后者反映改变双电层中的电场强度对于反应速率的影响。测量 I_0 和 β 可用塔菲尔曲线。

I_0 和 β 共同作用的结果可用过电位表示

$$\eta = a \pm b\lg|I| = \alpha \pm \beta\ln|I|$$

$$a = -\frac{RT}{\alpha nF}\lg I_0 \quad b = \frac{RT}{\alpha nF} \quad \text{（塔菲尔公式）}$$

I_0 越大，η 越小；β 越大，η 越大。过电位是电化学反应过程中为克服电化学阻抗而产生的电压降，η 不像纯电阻电路那样有电压与电流成正比例的关系，它是与电流密度的对数呈线性关系。在相同的电流密度下，η 越大，表明反应物质越难在电极上得失电子，需要花越多的电压去克服它。

$I_{0,c}$、β_c 是去极化剂 Y 阴极反应的交换电流密度和塔菲尔斜率，在不同的电极材料上它们的大小不同，体现了电极材料的催化作用。

为了直观地反映 η 大小，可用循环伏安法（cyclic voltammetry）在相同的反应物浓度、相同的扫描速度下，得到还原峰（初始过电位）。还原峰出现得越早，初始过电位越小。用不同的电极，同样的反应物做循环伏安扫描，可以从初始过电位的大小判断该物质在这些电极上反应的难易程度（I_0 和 β 共同作用）。

在我们一系列研究中，都可以看到硝基类、卤代类、偶氮染料等毒害有机物在碳电极上无还原峰或初始过电位很大,而在铜电极上有峰,且初始过电位较小。这说明了铜材料的电催化作用。

在传统的铁碳法中,碳作为阴极。该方法并没有明确单质铁对毒害有机物的还原作用,对阴极对有机物的电催化作用也没有进行深入的研究。

催化铁内电解法将单质铜(或银、钯)作为阴极,其依据是它的电催化作用。废水中的活性偶氮染料不易用混凝方法去除,生化处理又难以降解,是色度较大、危害较强的显色有机物;硝基苯类化合物是精细化工废水中常出现的、对微生物强烈抑制和毒害作用的有机污染物,化学氧化方法难以降解;废水中的六价铬是典型的重金属污染,通常使用还原方法降低其毒性,并通过化学沉淀反应使其从水中去除。以这三种污染物为代表,考察它们在铜电极上的还原特性及不同阴极电极的电化学催化作用。

1.2.3　铜电极催化效果的实验验证研究

1. 酸性大红在铜电极上的还原特性

由图 1.2 可见,酸性大红在铜电极上有明显的还原峰,在碱性条件下在

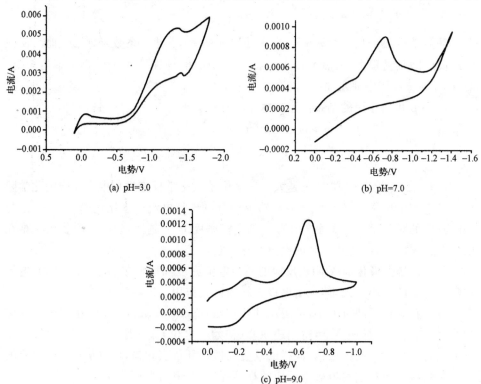

图 1.2　酸性大红 GR 在铜电极上的循环伏安图(扫描速率＝0.2 V/s)

−0.26 V和−0.676 V 处有两个还原峰,在中性条件下也有较高的还原峰,并在酸性条件下峰电位负移,这表明酸性大红 GR 在中性和碱性时比在酸性时更容易在铜电极表面发生电化学还原。

如图 1.3 所示,酸性大红 GR 在碳电极上在酸性条件下有一个还原峰,而在中性和碱性条件下则没有还原峰,与连续流试验中发现的铁碳法在酸性条件下处理效果好于在碱性条件下的现象相吻合。相对于碳,酸性大红 GR 更容易在铜电极上还原(特别是在中性和碱性条件下)。说明了铜的加入强化了内电解阴极过程的能力,起到了电催化的作用,电化学反应的效率得到进一步的提高。

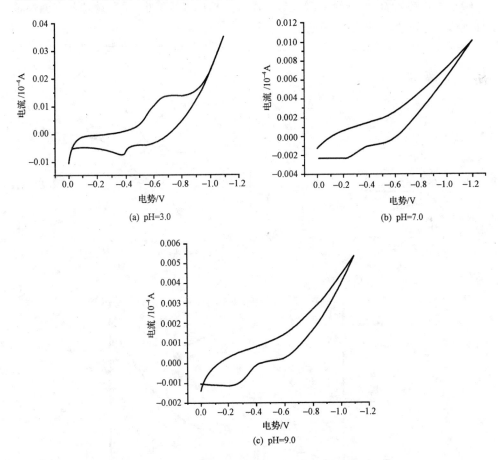

图 1.3　酸性大红 GR 在碳电极上的循环伏安图(扫描速率＝0.1 V/s)

酸性大红在铜电极上的电还原特性也可以从腐蚀电位和电极电位的测定和内电解法降解染料的研究以及其他的催化铁内电解降解可行性的研究中得到印证。

2. 硝基苯在铜电极上的还原特性

使用铜作为阴极电极,由图1.4硝基苯的循环伏安扫描图可见:在中性条件下,扫描至−0.4 V时,还原电流开始逐渐增大,在−0.67 V出现硝基苯的还原峰;在酸性条件下,硝基苯的还原峰正移至−0.42 V,说明硝基苯在酸性条件下(pH=3.0)更易被还原,同时峰电流值也有所增加,说明还原速率更快;在碱性条件下硝基苯的循环伏安扫描图中硝基苯的还原峰在−0.53 V,说明硝基苯在碱性条件下(pH=11.0)比中性条件下(pH=7.0)较易被还原,比酸性条件下(pH=3.0)还原性能要差,但是峰电流值与中性条件相比有所减小,说明硝基苯在碱性条件下(pH=11.0)的还原速率最慢。

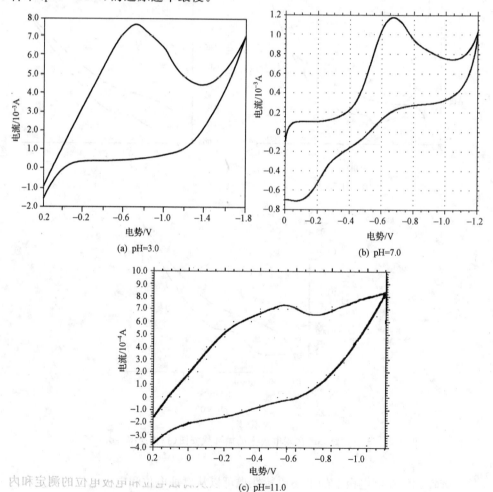

(a) pH=3.0   (b) pH=7.0

(c) pH=11.0

图1.4 硝基苯溶液在铜电极上的循环伏安图(扫描速率=0.1 V/s)

　　采用不同阴极电极进行了对比实验,图 1.5 表示 pH 为 7.5 时 100 mg/L 的硝基苯溶液在铜和石墨电极上的循环伏安曲线。为避免 Cu 电极被氧化,最高扫描电位定为 0.2 V。如图 1.5(a) 所示,在铜电极上,循环伏安曲线分别在 −0.58 V 和 −1.32 V 处出现了硝基苯的还原峰,水的还原峰在最后,表明硝基苯优先得到电子被还原。而在石墨电极上,循环伏安曲线上没有出现硝基苯的还原峰,水的还原峰电位正移,表明硝基苯在石墨电极上不能被直接还原,而水的还原较之铜电极更容易一些。

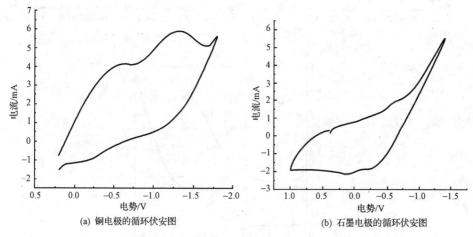

(a) 铜电极的循环伏安图　　　　　　　　　(b) 石墨电极的循环伏安图

图 1.5　100 mg/L 硝基苯水溶液在不同电极上的循环伏安曲线

(pH=7.5,扫描速率=4 V/s)

　　为了确定 −1.32 V 处还原峰所对应的阴极反应,再以铜作阴极,将上述硝基苯溶液于 −1.32 V 下电解,得到的电解产物即为苯胺,可见该还原峰确是中间产物还原为苯胺的反应。虽然亚硝基苯和羟基苯胺均可能是硝基苯在铜电极上还原反应的中间产物,但亚硝基苯不能离析,因而它会在比硝基苯还原更正的电位下被还原。因此,硝基苯还原为苯胺的稳定中间产物应为羟基苯胺,也就是说,−0.58 V 左右出现的还原峰是硝基苯还原成羟基苯胺的反应。

3. Cr 在铜电极上的还原特性

　　采用高纯水配制浓度为 30 mg/L 的 Cr(Ⅵ) 废水,加入 0.01 mol/L 无水硫酸钠作为支持电解质,分别以自制铜电极和石墨电极作为工作电极,控制扫描速度为 1 V/s,在常温下进行六价铬溶液的循环伏安扫描研究,结果见图 1.6 和图 1.7。

　　如图 1.6 所示,由较正的电势开始作阴极扫描,六价铬在铜电极上出现了明显的还原峰,且它们的电位比析氢电位更正,表明六价铬能在铜电极上被还原,铜起到电化学催化作用,将六价铬的还原峰提前,使反应比水的析氢还原更容易发生。

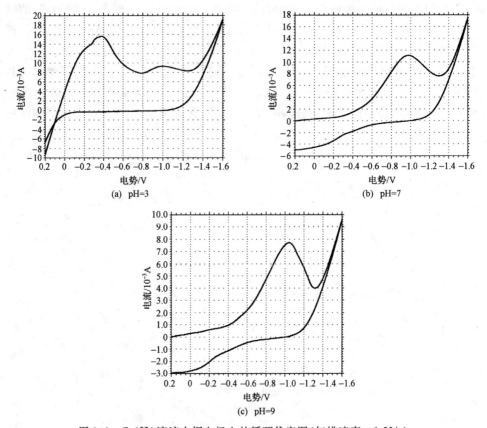

图 1.6　Cr(Ⅵ)溶液在铜电极上的循环伏安图(扫描速率＝1 V/s)

在强酸性条件下,六价铬有两个还原峰,表明溶液中 $Cr_2O_7^{2-}$、$HCrO_4^{2-}$ 同时存在,并先后被还原。而当 pH 较高时,六价铬主要以 CrO_4^{2-} 形式存在,且当溶液的 pH 由中性过渡到弱碱性时,CrO_4^{2-} 的还原电位略向负方向移动,峰电流减小,说明 pH 对反应具有重要性。而在相同的扫描电位下,六价铬在石墨电极上没有还原峰,而且氢的还原峰也不明显,说明铜电极与石墨电极相比,具有表面催化作用,其结果是将六价铬的还原峰提前,使反应更易于发生。

反应如下:

$$Cr_2O_7^{2-} + 14H^+ + 6e \Longrightarrow 2Cr^{3+} + 7H_2O$$
$$CrO_4^{2-} + 8H^+ + 3e \Longrightarrow Cr^{3+} + 4H_2O$$

图 1.6 和图 1.7 初步说明,铜作为内电解法的重要组分,具有以下作用:与铁组成宏观电池,发生电极反应,提供反应界面,促使 Cr(Ⅵ)直接在其表面发生还原反应,具有表面催化作用;电解产物 Fe^{2+} 与 Cr(Ⅵ)在水相发生间接化学还原,促使阳极氧化反应进行,从而提高了电化学反应速率。但废水的实际处理效果还与金

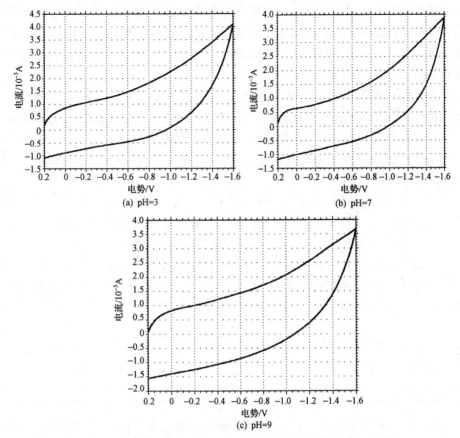

图 1.7　Cr(Ⅵ)溶液在石墨电极上的循环伏安图(扫描速率＝1 V/s)

属表面的氧化膜、反应物质在溶液中的扩散过程等各种因素有关。

催化铁内电解法处理 Cr(Ⅵ)废水过程中,随着反应的不断进行,OH^-浓度进一步升高,必然有一定量的 Cr^{3+}、Fe^{3+} 形成氢氧化物沉淀。

$$CrO_4^{2-} + 4H_2O + 3e \Longrightarrow Cr(OH)_3 \downarrow + 5OH^-$$
$$Cr^{3+} + 3OH^- \Longrightarrow Cr(OH)_3 \downarrow$$
$$Fe^{3+} + 3OH^- \Longrightarrow Fe(OH)_3 \downarrow$$

而当反应后溶液的 pH＞4 时,Cr(Ⅲ)和 Fe^{3+} 也可能形成复杂的氢氧络合物,反应如下:

$$xCr^{3+} + (1-x)Fe^{3+} + 3H_2O \Longrightarrow Cr_xFe_{1-x}(OH)_3 + 3H^+$$
$$xCr^{3+} + (1-x)Fe^{3+} + 2H_2O \Longrightarrow Cr_xFe_{1-x}OOH + 3H^+$$

1.2.4　催化内电解法与传统内电解法性能的比较

内电解法处理工业废水是基于电化学中的原电池反应。将金属阳极和阴极材料直接接触在一起浸没于含有电解质废水中,由此发生电化学反应而形成原电池,金属阳极被腐蚀而消耗。原电池又可分为微观原电池和宏观原电池,前者是指在金属表面由于存在许多极微小的电极而形成的电池,后者是指由肉眼可见到的电极所构成的"大电池"。

铸铁是铁和碳的合金,即由纯铁和 Fe_3C 及一些杂质组成。Fe_3C 和其他杂质颗粒以极小颗粒的形式分散在铸铁内,由于它们的电极电势比铁低,当处在电解质溶液中时就形成了无数个微小原电池,在其表面就有电流在成千上万个细小的电池内流动,铁作为阳极被腐蚀而消耗,当体系中有活性炭等宏观阴极材料存在时,又可组成宏观原电池。

通过上述电池反应可以产生铁离子,产生量的多寡在一定程度上反映了体系的还原能力,而产生的铁离子经水解反应生成各类羟基化合物,可混凝去除水中的有机物。本节比较催化铁内电解法与单质铁、铁碳内电解法的处理效果。

金属铁是整个试验过程中的主要材料,铁的选择对于反应效果有着很重要的影响,为严格试验结果的可比性,本试验中使用的所有铁刨花均为同一种型号的钢铁,型号为 38CrMoAl,其化学元素组成分析见表 1.5。

表 1.5　铁刨花主要化学元素组成(%)

元素	Fe	C	Si	Mn	Cr	Mo	Al	P	S
组成	>95	0.35~0.42	0.2~0.45	0.3~0.6	1.35~1.65	0.15~0.25	0.70~1.10	<0.035	<0.035

铁刨花来源于金属机械加工厂,使用前用清水充分洗涤,去除表面杂质,将其装入反应瓶中,并压实,其堆积密度一般在 0.5 kg/L 左右。

比表面积分析:经使用 Tristar-3000 型表面积和孔分析仪,根据 N_2 吸附 BET 方程分析测定铁刨花的比表面积为 0.302 m^2/g,无明显的孔存在。

XRD 分析:经日本产 D/max-rB X 射线衍射仪分析,铁刨花中主要为铁单质,另外还有少量的磁铁矿、赤铁矿和磁赤铁矿等。干燥后铁刨花表面以赤铁矿为主,而水浸泡后铁刨花表面以磁铁矿为主。

铜:催化铁内电解试验使用工业纯铜(俗称"紫铜"),要求其中铜的纯度在 99%以上,以铜刨花为原料,用清水充分洗涤时,去除表面杂质。

活性炭:采用颗粒活性炭,曝气条件下用清水充分洗涤,去除表面杂质。

试验废水:取自上海市某化工区污水处理厂均质池出水。废水水质:pH 为 6~7,COD 在 400 mg/L 左右,色度为 8~256 倍。废水中含有一定量的染料废水。

实验采用序批式。在确定的反应条件下,将定量的铁刨花与铜刨花按一定比例均匀混合,置于间歇流反应器中,加入定量 1000 mL 生产废水,调节不同 pH,搅拌反应一定时间后测定上清液的 COD 值;在相同试验条件下,分别采用相同比例的铁刨花与活性炭、单纯铁刨花进行对比试验。改变试验条件,进行曝气,再进行对比试验。以 COD 去除率为指标,比较三种内电解法的处理效果。

试验条件:原水 COD 为 468 mg/L,反应时间 60 min,室温 20℃。试验结果见表 1.6 和图 1.8。

表 1.6 对比试验结果一览表

方法	pH=2		pH=5		pH=7		pH=9		pH=12	
	COD	η	COD	η	COD	η	COD	η	COD	η
Fe+X	348	25.6	339	27.6	343	26.7	349	25.4	348	25.6
Fe+C	351	25.0	344	26.5	342	26.9	358	23.5	371	20.7
Fe	368	21.4	371	20.7	367	21.7	377	19.4	380	18.8
Fe+X+G	341	27.2	341	27.2	336	28.3	341	27.2	343	26.7
Fe+C+G	344	26.5	339	27.6	341	27.2	361	22.9	368	21.4
Fe+G	358	23.5	352	24.8	353	24.6	366	21.8	369	21.2

注:Fe+X 表示催化铁内电解法,Fe+C 表示铁碳内电解法,Fe 表示单质铁内电解法,G 表示曝气。最后一项 Fe:C 为 1:1,其余两电极比为 2:1。COD 单位为 mg/L,去除率 η 单位为%。

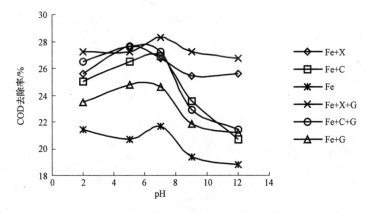

图 1.8 pH 对 COD 去除率的影响图

试验结果得到:

1) pH 对内电解的影响

pH 对催化铁内电解的 COD 去除率影响不大,在相当大的 pH 范围内,COD 去除率达到 25%以上。因此,催化铁内电解法的 pH 适用范围广;而铁碳内电解和工业铁微电解的 COD 去除效果受 pH 影响较大,在酸性条件下,COD 去除率较高;而中性和碱性条件下,COD 去除率明显下降。因此,催化铁内电解法克服了铁碳内电解法受 pH 限制的缺陷,具有相当广泛的 pH 适用范围。

2) 曝气对内电解的影响

无论是催化铁内电解、铁碳内电解,还是单纯铁内电解,曝气条件下的 COD

去除率均比不曝气条件下高。这是由于曝气增加了铁离子的形成,混凝效果增强,从而 COD 去除率升高,但曝气后单质铁对有机物的还原作用的效果将消失。

　　3) 相同条件下三种内电解法的比较

　　在相同试验条件(pH、曝气量等)下,催化铁内电解法和铁碳内电解法的 COD 去除率要比单纯铁内电解法高,这是由于前两种内电解法加入了另一电极物质,增加了反应体系中宏观电池的数量,促进了内电解的进行,提高了有机物的去除效果。单纯铁内电解对 COD 的去除也有一定的效果,这是由于铁刨花为铁和碳的合金,即由纯铁和 Fe_3C 及一些杂质组成。Fe_3C 和其他杂质颗粒以极小颗粒的形式分散在钢铁内,从而形成微电池。但由于微电池数量较少,处理效果不及前两者。研究还发现:在酸性条件下,催化铁内电解法和铁碳内电解法对 COD 的去除效果相当;而在碱性条件下,后者的处理效果明显下降。因此,催化铁内电解法比铁碳内电解法有更广的 pH 适用范围,而且,前者在不曝气条件下能达到与后者曝气条件下的处理效果。因此,在工程上,前者可以降低处理成本。

第2章　内电解反应还原有机物脱氯脱硝基

　　含毒害有机物废水的处理已成为目前水污染控制领域的难点。传统好氧生物处理技术及高级化学氧化技术等废水处理方法都是将有机污染物氧化,使之彻底降解为 CO_2 和 H_2O。但许多毒害有机污染物由于含有强拉电子基团,其电负性很强,难以被氧化;且这些有机物大多对微生物有毒性和抑制作用,采用生物氧化法降解这些有机物具有很大局限性。对高级化学氧化方法已进行了大量的机理研究,但由于氧化剂和催化剂价格昂贵,难以得到大规模生产性应用,大多还只是处于实验室研究阶段。相反,使用还原方法较容易改变这类毒害有机物的分子结构,降低其对微生物的毒性,提高有机物的可生化性。如利用还原铁粉处理有毒难降解污染物的实验研究:Nam 等(2000)研究了多种偶氮染料废水的脱色,Ghauch 等(2001)研究了胺甲萘农药的还原降解,Slater (2002)研究三氯乙烯的还原脱氯等,都取得了良好的处理效果。事实证明,许多毒害有机物可以通过还原处理转化,使之转化为易好氧生化处理,但关键是找到合适的还原剂和还原工艺条件,便于生产性应用。

2.1　内电解法用于氯代有机物脱氯

　　氯代有机物是一大类毒性大、难以降解的环境污染物,其种类繁多,分布广泛。本节重点研究氯代有机物在催化铁还原体系中的脱氯反应(吴德礼,2005),在选取氯代物作为目标物进行还原脱氯处理时,考虑了以下原则:① 选取美国 EPA1977 年公布的水体中优先控制污染物黑名单和我国 20 世纪 80 年代初公布的 68 种水体中优先控制污染物黑名单中危害性大的物质;② 目前能够购买到色谱纯级标准物质的氯代物;③ 目前试验条件能够定性定量检测分析的氯代物;④ 在水体中广泛存在、污染严重的氯代物。

2.1.1　金属催化还原体系的制备和表征

1. Cu/Fe 复合催化还原体系

　　配制质量浓度为 5% 的 $CuSO_4 \cdot 5H_2O$ 溶液,通过化学置换反应将 Cu 单质沉积在铁刨花表面,形成 Cu/Fe 双金属体系。所制备的 Cu/Fe 体系中铁的铜化率(即 Cu/Fe 中 Cu 与 Fe 的质量比)分别为 0.026%、0.051%、0.1%、

0.15%、0.2%。

经 X 射线衍射(XRD)分析,经过铜沉积处理的铁刨花上面主要为 Fe^0,并有 Cu^0 存在,另含有少量的 Fe_3O_4、Fe_2O_3 等,其 XRD 分析如图 2.1 所示。

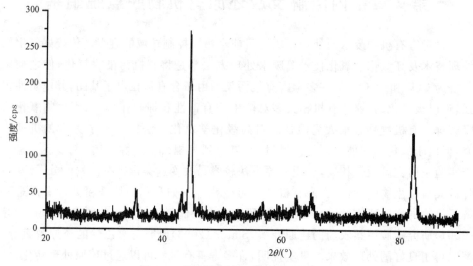

图 2.1　镀铜铁刨花 X 射线衍射分析图

2. Ag/Fe 催化还原体系

配制质量浓度为 2% 的 $AgNO_3$ 溶液,通过化学置换反应将 Ag^0 沉积在铁刨花表面形成 Ag/Fe 双金属体系。所制备的 Ag/Fe 体系中铁的银化率(即 Ag/Fe 中 Ag 与 Fe 的质量比)分别为 0.025%、0.05%、0.075%、0.1%、0.125%(吴德礼,2006)。

经 XRD 分析,经过镀银处理的铁刨花上面主要为 Fe^0 并有 Ag^0 存在,另含有少量的 Fe_3O_4、Fe_2O_3 等。使用 Hitachi S-520 型电镜扫描仪进行了电镜扫描分析,结果如图 2.2、图 2.3 所示,可以看出在铁表面沉积 Ag 后,铁表面有很多颗粒物。

3. Pd/Fe 催化还原体系

配制质量浓度为 0.2% 的 $PdCl_2$ 储备液,通过化学置换反应将 Pd 单质沉积在铁刨花表面形成 Pd/Fe 双金属体系。制备的 Pd/Fe 体系中铁的钯化率(即 Pd/Fe 中 Pd 与 Fe 的质量比)分别为 0.012%、0.024%、0.048%、0.072%、0.096%。

经 XRD 分析,经过镀钯处理的铁刨花上面主要为 Fe^0,并有 Pd^0 存在,另含有少量的 Fe_3O_4、Fe_2O_3 等。

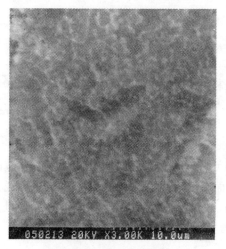

图 2.2　铁刨花电镜扫描　　　　　　图 2.3　镀银铁刨花电镜扫描

2.1.2　氯代有机物脱氯效果

在试验中选取了下列氯代物作为研究对象,考察了它们在各种催化还原体系中在各种还原条件下的还原脱氯反应,并研究其主要脱氯产物和还原脱氯途径。

氯代甲烷系列:二氯甲烷、三氯甲烷、四氯化碳。

氯代乙烷系列:1,1,2-三氯乙烷、1,1,1-三氯乙烷、1,1,2,2-四氯乙烷、六氯乙烷。

氯代乙烯系列:二氯乙烯、三氯乙烯、四氯乙烯。

氯代苯系列:一氯苯、1,2-二氯苯、1,3-二氯苯、1,4-二氯苯。

这些物质都是美国 EPA 和我国公布的水体中优先控制污染物黑名单上的物质。它们大都是无色液体并且具有特殊气味,具有生物毒性,是可疑致癌物质,大都是"三致"物质。它们作为有机溶剂,工业上用作溶媒、萃取剂、杀虫剂、干洗剂、灭火剂等,广泛用于电子、橡胶、制革、化工、纺织等各行业中。本节考察这些物质在多种还原体系中的脱氯作用。

1. 三氯甲烷

三氯甲烷在 Ag/Fe、Pd/Fe 体系中的还原脱氯反应速率比在铁刨花体系中快很多,初始浓度为 $100~\mu mol/L$ 的三氯甲烷溶液在 Ag/Fe 体系中反应 2 h 后,去除率可以达到 90%,而在铁刨花体系中只有 20%左右。Cu/Fe 体系可以使三氯甲烷的还原脱氯速率提高 4 倍以上,而 Ag/Fe 体系可以提高将近 20 倍。

2. 四氯化碳

四氯化碳在 Fe^0（刨花）、Cu/Fe、Ag/Fe、Pd/Fe 等多种催化还原体系中都能发生很好的还原脱氯，经过 2 h 后，初始浓度为 100 $\mu mol/L$ 的四氯化碳溶液在各体系中的还原去除率都能达到 90% 以上，经检测分析表明，四氯化碳都能几乎 100% 相应还原为三氯甲烷。

3. 三氯乙烯

三氯乙烯在 Ag/Fe、Pd/Fe 还原体系中能有效地发生还原脱氯反应，Ag/Fe 体系中三氯乙烯会还原脱氯为二氯乙烯，而在 Pd/Fe 体系中三氯乙烯的还原脱氯速率非常快，2 h 后初始浓度为 60 $\mu mol/L$ 的三氯乙烯去除率可以达到 98%，且几乎没有检测到含氯中间产物，其还原产物主要为乙烯和乙烷。但是在 Cu/Fe 和 Fe^0 体系中没有发生明显的还原反应。

4. 四氯乙烯

四氯乙烯在 Ag/Fe、Pd/Fe 还原体系中能有效的发生还原脱氯反应，而且在这两种还原体系中的还原去除速率相差不大，初始浓度为 60 $\mu mol/L$ 的四氯乙烯反应 3 h 后去除率均可以达到 95% 以上。四氯乙烯在 Cu/Fe 和 Fe^0 体系中没有发生明显的还原脱氯反应，尽管有一定的去除率，但是没有检测到明显的中间产物和 Cl^-，说明四氯乙烯在这两种体系中的还原反应速率很慢。

5. 三氯乙烷

无论在哪一种还原体系中，1,1,1-三氯乙烷的还原速率都比 1,1,2-三氯乙烷要快，即 1,1,1-三氯乙烷比 1,1,2-三氯乙烷要更容易发生还原脱氯。同时也可以看出，双金属催化还原体系对三氯乙烷的还原反应有明显的促进作用，可以有效地提高三氯乙烷的还原脱氯速率。其中 Ag/Fe 还原体系可以使 1,1,2-三氯乙烷的还原反应速率提高将近 6 倍，4 h 时的去除率可以达到 95%（初始浓度为 100 $\mu mol/L$）。而且 Cu/Fe 还原体系也能有效地提高其还原脱氯反应速率。

6. 1,1,2,2-四氯乙烷

Ag/Fe 催化还原体系可以使四氯乙烷的反应速率提高 8 倍，3 h 时的去除率接近 99%（初始浓度为 100 $\mu mol/L$），Cu/Fe 还原体系也可将反应速率提高 3 倍，所以双金属的催化还原效果很明显，能提高反应速率。

7. 六氯乙烷

六氯乙烷在 Fe^0（刨花）、Cu/Fe、Ag/Fe、Pd/Fe 等几种还原体系中都有较高的去除率,在初始浓度为 50 μmol/L 条件下,3 h 后的去除率都在 97% 以上。但反应速率还是有一定的差异的,Ag/Fe、Cu/Fe 等催化还原体系对六氯乙烷的还原脱氯速率有明显的促进作用,但是 Pd/Fe 催化还原体系相对来说对六氯乙烷的反应速率影响较小。

8. 二氯苯

Cu/Fe、Ag/Fe 等催化还原体系中的还原脱氯速率非常缓慢,但 Pd/Fe 催化还原体系对氯代苯类物质则具有明显的促进还原脱氯作用,初始浓度为 40 μmol/L 条件下,3 h 的去除率可以达到 98%。无论是一氯苯还是二氯苯,在 Pd/Fe 体系中都能发生快速还原脱氯,而且一氯苯的还原速率明显比二氯苯快。二氯苯在 Pd/Fe 体系中会快速脱氯为一氯苯,继而快速还原脱氯为苯。氯代苯在单独的铁刨花体系中除了少量的吸附外,几乎不发生还原脱氯。

氯取代基的位置、碳链甲基、不饱和键等结构特性都能对其反应性能产生重要影响(吴德礼等,2007)。氯代烷烃比氯代烯烃容易脱氯,氯代烯烃比氯代芳香烃容易脱氯。溶液 pH 也会对氯代物的还原反应速率产生影响,一般在弱酸性(pH 为 4.0~5.5)条件下反应速率最快,pH 过高或者过低都对反应起抑制作用,尤其是 pH 过高,如果 pH>10,则反应非常缓慢。如果溶液初始 pH 为中性或者偏碱性,则反应过后溶液 pH 有略微下降。该反应体系中有铁存在,所以对初始溶液的 pH 有一定的调节缓冲作用,能够承受一定的 pH 变化冲击,在 pH 为 2~9 范围内都能保证有一定的还原脱氯效果。

2.1.3　氯代有机物的动力学方程

研究了四氯化碳、三氯甲烷、1,1,2-三氯乙烷、1,1,1-三氯乙烷、1,1,2,2-四氯乙烷、六氯乙烷、三氯乙烯、四氯乙烯和二氯苯等 9 种氯代有机物在 Fe^0、Cu/Fe、Ag/Fe、Pd/Fe 等还原体系中发生还原脱氯反应时的反应动力学问题。研究了它们在反应过程中主要反应产物的浓度变化关系,计算了反应动力学方程。结果表明各氯代有机物的反应基本符合准一级动力学方程,通过试验求得反应速率常数 K_{obs},从而求解了各反应动力学方程。对于氯代有机物还原脱氯过程中各反应产物的反应属于复杂反应,其动力学方程则利用平行反应动力学以及连串反应动力学或者是平行-连串复合反应等复杂反应网络来分析其动力学方程,并进行了数学求解。在本试验条件下,对各种氯代有机物在多种还原体系的反应动力学方程进行了总结,如表 2.1 所示。产物、中间产物的英文缩写见表 2.2。

表 2.1　各种氯代有机物在催化 Fe^0 还原体系中的反应动力学方程

有机物名称	Fe^0 反应体系	Cu/Fe 反应体系
四氯化碳 (CT)	$[CT]=100e^{-2.358t}$ $[CF]=104(e^{-0.0908t}-e^{-2.358t})$ $[DCM]=100(1+0.04e^{-2.358t}$ 　　　$-1.04e^{-0.0908t})$	$[CT]=100e^{-5.55t}$ $[CF]=107(e^{-0.36t}-e^{-5.55t})$ $[DCM]=100(1+0.069e^{-5.55t}$ 　　　$-1.069e^{-0.36t})$
三氯甲烷 (CF)	$[CF]=100e^{-0.0908t}$ $[DCM]=100(1-e^{-0.0908t})$	$[CF]=100e^{-0.36t}$ $[DCM]=100(1-e^{-0.36t})$
1,1,2-三氯乙烷 (1,1,2-TCA)	$[1,1,2\text{-TCA}]=100e^{-0.132t}$ $[VC]=80.3(1-e^{-0.132t})$ $[1,2\text{-DCA}]=19.7(1-e^{-0.132t})$	$[1,1,2\text{-TCA}]=100e^{-0.35t}$ $[VC]=88.9(1-e^{-0.35t})$ $[1,2\text{-DCA}]=11.1(1-e^{-0.35t})$
1,1,1-三氯乙烷 (1,1,1-TCA)	$[1,1,1\text{ TCA}]=100e^{-0.417t}$ $[1,1\text{-DCA}]=65.2(1-e^{-0.417t})$ $[1,1\text{-DCE}]=34.8(1-e^{-0.417t})$	$[1,1,1\text{-TCA}]=100e^{-1.000t}$ $[1,1,1\text{-TCA}]=100e^{-1.099t}$ $[1,1\text{-DCE}]=20.4(1-e^{-1.099t})$
1,1,2,2-四氯乙烷 (1,1,2,2-TeCA)	$[1,1,2,2\text{-TeCA}]=60e^{-0.215t}$ $[cis\text{-DCE}]=40.2(1-e^{-0.215t})$ $[trans-\text{DCE}]=19.8(1-e^{-0.215t})$	$[1,1,2,2\text{-TeCA}]=60e^{-0.61t}$ $[cis\text{-DCE}]=38.6(1-e^{-0.61t})$ $[trans\text{-DCE}]=21.4(1-e^{-0.61t})$
六氯乙烷 (HCA)	$[HCA]=50e^{-1.098t}$ $[PCE]=50(1-e^{-1.098t})$	$[HCA]=50e^{-2.044t}$ $[PCE]=50(1-e^{-2.044t})$
有机物名称	Ag/Fe 反应体系	Pd/Fe 反应体系
四氯化碳 (CT)	$[CT]=100e^{-9.504t}$ $[CF]=122(e^{-1.708t}-e^{-9.504t})$ $[DCM]=22e^{-9.504t}-129e^{-1.708t}$ 　　　$+107e^{-0.0952t}$ $[CM]=100+7e^{-1.708t}-107e^{-0.0952t}$	$[CT]=100e^{-3.198t}$ $[CF]=163(e^{-1.232t}-e^{-3.198t})$ $[CH_4]=100(1+0.63e^{-3.198t}$ 　　　$-1.63e^{-1.232t})$
三氯甲烷 (CF)	$[CF]=100e^{-1.708t}$ $[DCM]=106(e^{-0.0952t}-e^{-1.708t})$ $[CM]=100(1+0.06e^{-1.708t}$ 　　　$-1.06e^{-0.0952t})$	$[CF]=100e^{-1.232t}$ $[CH_4]=100(1-e^{-1.232t})$
1,1,2-三氯乙烷 (1,1,2-TCA)	$[1,1,2\text{-TCA}]=100e^{-0.809t}$ $[VC]=91.2(1-e^{-0.809t})$ $[1,2\text{-DCA}]=8.8(1-e^{-0.809t})$	$[1,1,2\text{-TCA}]=100e^{-0.485t}$ $[C_2H_4]=85.8(1-e^{-0.485t})$ $[1,2\text{-DCA}]=14.2(1-e^{-0.485t})$
1,1,1-三氯乙烷 (1,1,1-TCA)	$[1,1,1\text{-TCA}]=100e^{-1.624t}$ $[1,1\text{-DCA}]=59.67(1-e^{-1.624t})$ $[1,1\text{-DCE}]=9.98[1-e^{-1.624t}]$ $[2\text{-C}_4\text{H}_6]=55.78(e^{-0.742t}-e^{-1.624t})$	

续表

有机物名称	Ag/Fe 反应体系	Pd/Fe 反应体系
1,1,2,2-四氯乙烷 (1,1,2,2-TeCA)	$[1,1,2,2\text{-TeCA}]=60e^{-1.778t}$ $[cis\text{-DCE}]=41.3(1-e^{1.778t})$ $[trans\text{-DCE}]=18.7(1-e^{1.778t})$	$[1,1,2,2\text{-TeCA}]=60e^{-1.453t}$ $[C_2H_4]=49.8(1-e^{-1.453t})$ $[C_2H_6]=10.2(1-e^{-1.453t})$
六氯乙烷 (HCA)	$[HCA]=50e^{-2.842t}$ $[PCE]=89(e^{-1.251t}-e^{-2.842t})$ $[TCE]=47e^{-2.842t}-142e^{-1.251t}$ 　　　　$+95e^{-0.463t}$ $[trans\text{-DCE}]=0.323(50-8e^{-2.842t}$ 　　　　$+53e^{-1.251t}-95e^{-0.463t})$ $[cis\text{-DCE}]=0.677(50-8e^{-2.842t}$ 　　　　$+53e^{-1.251t}-95e^{-0.463t})$	$[HCA]=50e^{-1.267t}$ $[PCE]=219(e^{-0.978t}-e^{-1.267t})$ $[TCE]=-1500e^{-1.267t}+496e^{-0.978t}$ 　　　　$+1004e^{-1.41t}$ $[C_2H_4]=50+1669e^{-1.267t}$ 　　　　$-715e^{-0.978t}$ 　　　　$-1004e^{-1.41t}$
三氯乙烯 (TCE)	$[TCE]=100e^{-0.463t}$ $[cis\text{-DCE}]=63.9(1-e^{-0.463t})$ $[trans\text{-DCE}]=36.1(1-e^{-0.463t})$	$[TCE]=100e^{-1.41t}$ $[C_2H_4]=100(1-e^{-1.41t})$
四氯乙烯 (PCE)	$[PCE]=100e^{-1.251t}$ $[TCE]=158.8(e^{-0.463t}-e^{-1.251t})$ $[cis\text{-DCE}]=38.1e^{-1.251t}$ 　　　　$-102.9e^{-0.463t}+64.8$ $[trans\text{-DCE}]=20.7e^{-1.251t}$ 　　　　$-55.9e^{-0.463t}+35.2$	$[PCE]=100e^{-0.978t}$ $[TCE]=226(e^{-0.978t}-e^{-1.41t})$ $[C_2H_4]=100(1-3.26e^{-0.978t}$ 　　　　$+2.26e^{-1.41t})$
1,2-二氯苯 (1,2-DCB)		$[1,2\text{-DCB}]=40e^{-1.29t}$ $[MCB]=17.66(e^{-1.29t}-e^{-4.212t})$ $[C_6H_6]=40(1-1.44e^{-1.29t}$ 　　　　$+0.44e^{-4.212t})$

注：表中 [M] 表示 M 物质的物质的量浓度，单位：μmol/L。其中 CT、CF、1,1,2-TCA、1,1,1-TCA、TCE、PCE 的初始浓度均为 100 μmol/L，而 1,1,2,2-TeCA、HCA、1,2-DCB 的初始浓度分别为 60 μmol/L、50 μmol/L、40 μmol/L。

表 2.2　反应中涉及化合物的英文名称、缩写与中文名称对照表

中文名称	英文缩写	英文名称	化学式
一氯甲烷	CM	methane chloride	CH_3Cl
二氯甲烷	DCM	dichloromethane	CH_2Cl_2
三氯甲烷	CF	chloroform	$CHCl_3$
四氯化碳	CT	carbon tetrachloride	CCl_4
1,1-二氯乙烷	1,1-DCA	1,1-dichloroethane	$CHCl_2—CH_3$

续表

中文名称	英文缩写	英文名称	化学式
1,2-二氯乙烷	1,2-DCA	1,2-dichloroethane	$CH_2Cl—CH_2Cl$
1,1,2-三氯乙烷	1,1,2-TCA	1,1,2-trichloroethane	$CHCl_2—CH_2Cl$
1,1,1-三氯乙烷	1,1,1-TCA	1,1,1-trichloroethane	$CCl_3—CH_3$
1,1,2,2-四氯乙烷	1,1,2,2-TeCA	1,1,2,2-tetrachloroethane	$CHCl_2—CHCl_2$
五氯乙烷	PCA	pentachloroethane	$CHCl_2—CCl_3$
六氯乙烷	HCA	hexachloroethane	$CCl_3—CCl_3$
一氯乙烯	VC	vinyl chloride	$CHCl=CH_2$
1,1-二氯乙烯	1,1-DCE	1,1-dichloroethene	$CCl_2=CH_2$
顺式-二氯乙烯	cis-DCE	cis-dichloroethene	$CHCl=CHCl$
反式-二氯乙烯	trans-DCE	trans-dichloroethene	$CHCl=CHCl$
三氯乙烯	TCE	trichloroethylene	$CCl_2=CHCl$
四氯乙烯	PCE	perchloroethylene	$CCl_2=CCl_2$
一氯苯	MCB	monochlorobenzene	C_6H_5Cl
邻二氯苯	o-DCB	o-dichlorbenzene	$C_6H_4Cl_2$
间二氯苯	m-DCB	m-dichlorbenzene	$C_6H_4Cl_2$
对二氯苯	p-DCB	p-dichlorbenzene	$C_6H_4Cl_2$
五氯苯酚	PCP	pentachlorophenol	C_6HOCl_5
乙烷		ethane	$CH_3—CH_3$
乙烯		ethylene	$CH_2=CH_2$
2-丁烯		2-butylene	$CH_3—CH=CH—CH_3$
2-丁炔		2-butine	$CH_3—C\equiv C—CH_3$
苯		benzene	C_6H_6

2.1.4　氯代有机物脱氯反应机理

关于反应中间产物、最终产物和反应机理,通过 GC/MS 定性定量分析了氯代有机物还原脱氯反应过程中的各种中间产物和最终产物。并根据反应产物分析了各种氯代有机物在催化 Fe^0 反应体系中的具体反应过程,判断出脱氯反应的机理。以六氯乙烷(HCA)为例说明研究过程。

图 2.4 为 HCA 在催化 Fe^0 还原体系中发生还原脱氯反应时的产物分析图。

关于 HCA 在不同还原体系中还原脱氯产物的具体分析列于表 2.3 中。

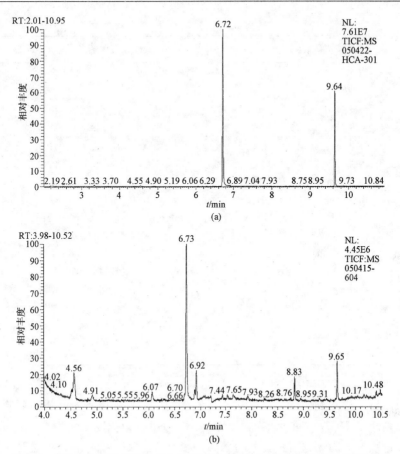

图 2.4　HCA 水溶液在催化 Fe^0 还原体系中发生还原脱氯反应时的 GC 图

表 2.3　HCA 浓溶液在不同还原体系中还原脱氯时的产物分析

反应时间	Fe⁰ 反应体系		Cu/Fe 反应体系		Ag/Fe 反应体系		Pd/Fe 反应体系	
	HCA	59%	HCA	34%	HCA	23%	HCA	51%
	PCE	40%	PCE	66%	PCE	48%	PCE	30%
			PCA	微量	TCE	22%	TCE	11%
0.5 h					DCE	1%	C_2H_4	4%
					PCA	2%	C_2H_6	1%
					TeCA	2%	PCA	1%
					TCA	微量	TeCA	微量
	HCA	22%	HCA	12%	HCA	6%	HCA	22%
	PCE	74%	PCE	84%	PCE	36%	PCE	38%
	PCA	1%	PCA	2%	TCE	43%	TCE	14%
1 h	TeCA	1%	TeCA	1%	cis-DCE	5%	C_2H_4	15%
			DCE	微量	trans-DCE	3%	C_2H_6	3%
					PCA	2%	PCA	2%

续表

反应时间	Fe⁰ 反应体系		Cu/Fe 反应体系		Ag/Fe 反应体系		Pd/Fe 反应体系	
					TeCA	4%	TeCA	2%
					TCA	1%	TCA	1%
							DCA	微量
							DCE	1%
5 h	HCA	1%	HCA	微量	HCA	微量	HCA	微量
	PCE	94%	PCE	92%	PCE	4%	PCE	2%
	TCE	微量	TCE	1%	TCE	33%	TCE	5%
	DCE	1%	DCE	4%	*cis*-DCE	37%	C_2H_4	77%
	PCA	1%	PCA	微量	*trans*-DCE	18%	C_2H_6	7%
	TeCA	微量	TeCA	微量	PCA	微量	PCA	1%
	TCA	微量			TeCA	2%	TeCA	2%
					TCA	1%	TCA	1%
					DCA	微量	DCA	微量
					VC	2%	DCE	微量
					C_2H_4	1%		
可能产物	$Cl—C{\equiv}C—Cl$		$Cl—C{\equiv}C—H$		$H_3C—CH_2Cl$		1,1-DCE	

注:表中 TeCA 是指 1,1,2,2-TeCA;TCA 是指 1,1,2-TCA;DCA 是指 1,2-DCA。

　　根据目前检测到的反应产物以及理论上对 HCA 及其相关产物还原脱氯的机理可以判断出 HCA 在催化 Fe⁰ 还原体系中的反应过程,归结为图 2.5 所示。

　　根据表 2.3 的还原脱氯产物分析以及图 2.5 中 HCA 可能的还原脱氯途径分析可以得知,HCA 在催化 Fe⁰ 还原体系中的还原脱氯反应途径主要为 β-还原消除。表 2.4 还列出了氢解反应、脱氯化氢反应等反应途径。

表 2.4　HCA 在催化 Fe⁰ 还原体系中的脱氯途径

脱氯途径	反应过程
β-还原消除	$Cl_3C—CCl_3 \longrightarrow Cl_2C{=}CCl_2 \longrightarrow ClC{\equiv}CCl$; $Cl_3C—CHCl_2 \longrightarrow Cl_2C{=}CHCl$; $Cl_2HC—CHCl_2 \longrightarrow ClHC{=}CHCl$; $Cl_2HC—CH_2Cl \longrightarrow ClHC{=}CH_2$; $ClH_2C—CH_2Cl \longrightarrow H_2C{=}CH_2$; $Cl_2C{=}CHCl \longrightarrow ClC{\equiv}CH$; $Cl_3C—CCl_3 \longrightarrow Cl_2HC—CCl_3 \longrightarrow Cl_2HC—CHCl_2 \longrightarrow Cl_2HC—CH_2Cl \longrightarrow ClH_2C—CH_2Cl \longrightarrow H_3C—CH_2Cl \longrightarrow H_3C—CH_3$
氢解反应	$Cl_2C{=}CCl_2 \longrightarrow Cl_2C{=}CHCl \longrightarrow ClHC{=}CHCl \longrightarrow ClHC{=}CHCl$; $H_2C{=}CHCl \longrightarrow H_2C{=}CH_2$; $Cl—C{\equiv}C—Cl \longrightarrow Cl—C{\equiv}C—H \longrightarrow H—C{\equiv}C—H$; $Cl_2HC—CCl_3 \longrightarrow Cl_2C{=}CCl_2$; $Cl_2HC—CHCl_2 \longrightarrow Cl_2C{=}CHCl$
脱氯化氢	$ClHC{=}CHCl \longrightarrow ClC{\equiv}CH$; $Cl_2C{=}CHCl \longrightarrow Cl—C{\equiv}C—Cl$

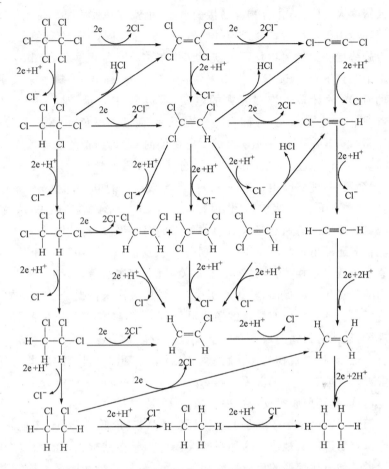

图 2.5　水体中 HCA 在各种还原体系中可能的脱氯途径和还原产物

2.1.5　脱氯规律

水中氯代有机物在催化铁还原体系中的还原脱氯规律主要有：在 Fe^0、Cu/Fe、Ag/Fe 还原体系中，氯代程度越高，其还原脱氯反应越容易进行，还原脱氯反应速率越快；而在 Pd/Fe 催化还原体系中，则是氯代程度越低，其还原脱氯反应越容易进行。

在 Fe^0、Cu/Fe、Ag/Fe 等还原体系中氯代有机物的还原脱氯反应速率为：

四氯化碳 CT ＞ 氯仿 CF ＞ 二氯甲烷 DCM ＞ 一氯甲烷 CM

四氯乙烯 PCE ＞ 三氯乙烯 TCE ＞ 二氯乙烯 DCE ＞ 一氯乙烯 VC

六氯乙烷 HCA＞五氯乙烷 PCA＞四氯乙烷 TeCA＞三氯乙烷 TCA＞二氯乙烷 DCA

这类还原体系主要还原机理为单质铁直接还原，所以氯代程度越高其还原脱氯速率越快。这是由于氯原子为吸电子取代基，随着氯原子数量的增加，碳原子上的电子云密度大大降低，化合物容易接受电子，也就容易被还原。高氯化度的有机物在还原环境中很不稳定，容易得到电子，发生还原反应，而且随着氯化度的提高，这种反应趋势增强。这可以从两度获得诺贝尔奖的著名化学家 Pauling 关于电负性的理论中得到解释。Pauling 提出电负性(electronegativity)概念来表示元素吸引电子的程度，并计算了许多元素的电负性，以 X 来表示，对于 A—B 键来说，$A^{\delta+}$—$B^{\delta-}$ 所占的比率，即 δ，可称为部分离子性，而 δ 为电负性(X_A—X_B)的函数，根据其计算，当 C 元素与 Cl 元素成键时电荷偏向 Cl，即所谓的诱导效应(也称为 I 效应)，Cl 是显"$+I$ 效应"的。由于 CCl_4 分子中较强的诱导效应，其 $C^{\delta+}$(碳部分离子性)就会很强，能够吸引 Fe^0 —→ Fe^{2+} 所释放出来的电子，使 Cl 所带的负电荷越来越多，再加上 Fe^{2+} 的吸引作用，很容易就以 Cl^- 的形式脱离出去，从而 CCl_4 容易发生脱氯还原。还有通过氯代有机物的 QSPR(定量结构性质关系)研究得出，氯代有机物的还原电位与其最低未占据分子轨道能(ELUMO)呈负相关，与有机物中氯原子个数呈正相关，并且得出了相关方程(魏东斌等，2003)，所以对于氯代甲烷系列随着氯化度的提高，其氯原子个数增加，最低未占据分子轨道能越低，其还原电位越高。如果氯代有机物的还原电位越高，其越容易发生还原反应，所以按照这个规律，氯代有机物的最低空分子轨道能应该与其还原反应速率有一定的关系。分析发现，氯代有机物的还原脱氯反应速率与氯代有机物的最低空分子轨道能和其垂直附着能有一定的关系(Scherer et al.，1998)，最低空分子轨道能和垂直附着能越低，其还原脱氯反应速率常数越大，还原脱氯反应速率越快，反应越容易进行。而且也符合单个碳原子上氯代程度越高，其最低空分子轨道能越低，还原脱氯反应越容易进行的规律。这种规律关系应当是在结构相似的物质之间比较，因为氯代烯烃和氯代烷烃的反应性能相差很大，三氯乙烯和四氯乙烯的最低空分子轨道能尽管很低，但是其还原脱氯反应速率常数却比有着相似最低空分子轨道能的氯代烷烃小很多。并且可以看出其最低空分子轨道能按照一氯乙烯、二氯乙烯、三氯乙烯、四氯乙烯的顺序依次降低，所以其反应速率常数也是按照该顺序依次增大，这说明还是单个碳原子上氯代程度越低，其还原脱氯反应速率越慢，反应越难以进行。烷烃和烯烃的反应性能相差很大，可能主要还是反应机理不同造成的。Burrow 等(2000)认为对于烯烃电子首先吸附到空 π^* 轨道，接着分子变形即发生双反键作用 C—Cl σ^* 轨道形成 C≡C π^* 轨道，这样就可以将 Cl^- 脱出。这种解释的依据为 Cl^- 产生高峰是发生在 π^* 阴离子态能量处而不是更高层的 σ^* 态。而且 Cl^- 的大量产生也与 π^* 阴离子态相对于 σ^* 阴离子态来说寿命更长是一致的。相反，如果是氯代烷烃则是电子直接吸附到 σ^* 轨道而产生相对寿命短的阴离子态。所以氯代烷烃要比氯代烯烃相对容易发生还原脱氯反应。

分析了各种氯代有机物在多种还原体系中的具体还原产物，判断了还原脱氯反应时主要的和可能的反应途径及过程。四氯化碳、氯仿、一氯苯、三氯乙烯、四氯乙烯主要是发生氢解还原,依次生成氯代程度更低的还原产物;1,1,2,2-四氯乙烷、六氯乙烷主要是通过发生 β-还原消除发生脱氯反应,同时脱除相邻两个碳原子的两个氯离子而形成碳碳不饱和双键化合物,反应产物可能会继续通过其他反应途径发生还原脱氯反应;1,1,2-三氯乙烷则是既发生 β-还原消除又发生氢解还原;1,1,1-三氯乙烷则是同时发生脱氯化氢反应形成 1,1-二氯乙烯和氢解还原反应生成 1,1-二氯乙烷。所以氯代有机物在催化 Fe^0 还原体系的还原脱氯反应途径和反应产物并不相同,是多种反应途径的综合。而且同一种氯代有机物在不同的还原体系中也会有不同的反应途径和反应产物。

分析表明,在催化铁还原体系中可能的还原剂主要有 Fe^0、$Fe(II)$ 和 [H] 或者 H_2,而起主要作用的可能是 Fe^0,但在 Pd/Fe 还原体系中,原子态氢还原可能起主要作用。试验证明,在铁还原反应过程中所生成的 $Fe(II)$ 类物质尽管有一定的还原能力,但是在催化铁还原氯代有机物的反应中所占的比例不大。氯代有机物的还原脱氯包括普通化学还原反应和电化学还原脱氯两种,氯代有机物在催化铁还原体系中的还原脱氯途径和反应机理主要有氢解还原反应、β-还原消除、α-还原消除、脱氯化氢反应、自由基聚合反应、水解反应 6 种,而很多氯代有机物的还原脱氯反应并不是单一种反应途径,而是多种反应途径的综合,往往以一种或两种反应途径为主。通过反应体系的电化学分析表明,水体中的氯代有机物主要通过在阴极得到电子发生电化学还原脱氯反应,而且氯代有机物的存在会明显提高铁的腐蚀速率,减少电极极化现象,促进铁的电化学反应。催化铁还原体系中的氧化还原电位值一直保持在较负的状态下,氯代有机物的加入会迅速提高反应体系的氧化还原电位值,并增大腐蚀电流。氯代有机物脱氯速率与其结构特性有密切关系,单个碳原子上的氯取代基数目越多,其还原脱氯越容易进行,这主要与其最低空分子轨道能相关,以及氯取代基的诱导效应所致。另外,氯代烷烃比氯代烯烃容易发生还原脱氯反应,而氯代烯烃比氯代芳烃更容易发生还原脱氯反应,可能主要是与其分子结构和电子首先吸附轨道有关。而在 Pd/Fe 双金属体系中则是氯代程度越低,其还原脱氯反应越容易,尤其是氯代烯烃,即脱氯速率:

$$一氯乙烯＞二氯乙烯＞三氯乙烯＞四氯乙烯$$

在铁表面沉积 Cu、Ag、Pd 等金属从而组成 Cu/Fe、Ag/Fe、Pd/Fe 等还原体系,则能明显加速氯代有机物的还原脱氯反应,其主要机理可能有四种作用:电化学催化作用增加铁的氧化速率和还原能力;增加了有效反应区域,提高铁的还原效率;减小电极极化,增强电化学还原反应动力;增加氢原子还原概率(在 Pd/Fe 还原体系中)。

2.2　内电解法用于硝基苯类物质脱硝基

硝基苯类化合物是一种难以生化降解的有机物。硝基化合物在化学工业中是制备各种胺类化合物的原料,也被作为炸药、香料及医药产品的原料,常常在精细化工产品生产过程中形成。硝基化合物对人身毒性大,因此国家对硝基化合物在废水中的浓度有较高要求,严格规定城镇污水处理厂处理出水中硝基化合物的含量均不得超过 2 mg/L(GB 18918—2002)。

目前,国内外对含硝基化合物废水的治理方法有很多,如 Fenton 试剂法、光催化氧化法、电化学氧化法、生物法等,但或效果不十分理想,或运行成本太高,于是非常需要一种处理效果好、运行成本较低的处理方法或工艺。近年来,铁内电解法在处理硝基苯废水的研究十分活跃,作为生物处理的有效预处理方法引起了人们越来越大的兴趣。

硝基苯类化合物中的—NO₂ 为强拉电子基团,硝基苯环具有强的吸电子诱导效应和共轭效应,使苯环更加稳定。经内电解法处理后,—NO₂ 转化为—NH₂,而—NH₂ 为推电子基团,具有推电子效应,可逆的诱导效应和超共轭效应使苯环电子云密度增加,降低了苯环的稳定性,大大提高了废水的可生化性,达到预处理的效果。

国内外学者认为零价铁处理硝基苯主要包括以下三种机理:

(1) Fe^0 的还原——Fe^0 直接与硝基苯发生氧化还原反应,硝基苯被还原,反应式如下:

$$C_6H_5NO_2 + 3Fe + 6H^+ = C_6H_5NH_2 + 3Fe^{2+} + 2H_2O$$

(2) Fe^{2+} 的还原——新生成的 Fe^{2+} 直接与硝基苯发生氧化还原反应,硝基苯被还原,反应式如下:

$$C_6H_5NO_2 + 6Fe^{2+} + 6H^+ = C_6H_5NH_2 + 6Fe^{3+} + 2H_2O$$

(3) [H]的还原——反应体系中产生的活性原子态[H]使得硝基苯发生加氢还原,反应式如下:

$$C_6H_5NO_2 + 6[H] = C_6H_5NH_2 + 2H_2O$$

同济大学城市污染控制国家工程研究中心相继开发了 Cu/Fe、Cu/Al 等催化内电解方法,与零价铁法相比,Cu/Fe 内电解法通过引入金属铜作为宏观阴极,大大加强了其中的电化学作用,提高了毒害有机物的还原效率。本节介绍该法对硝基苯的电化学还原过程的研究成果(肖华,2005)。

取 25 mL 硝基苯溶液(570 mg/L)加入细口玻璃瓶中,将溶液 pH 调到 11.0,其中一只瓶中加入 1 g 铁粉,另一只瓶加入 1 g 铁粉和 0.5 g 铜粉,组成催化铁体系。置于摇床中反应 8 h,水样做扫描紫外光谱,紫外吸收光谱中硝基苯对应 268

nm 吸收峰、苯胺对应 230 nm 吸收峰。结果如图 2.6～图 2.8 所示。

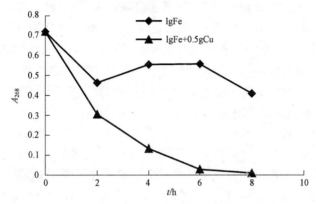

图 2.6　溶液在 268 nm 处吸光度随时间的变化

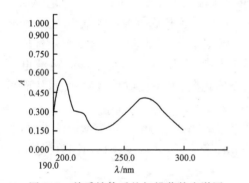

图 2.7　单质铁体系的扫描紫外光谱图

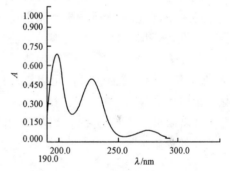

图 2.8　催化铁体系的扫描紫外光谱图

　　从图 2.6 可以看出,在强碱性(pH＝11.0)条件下,Fe/Cu 体系去除硝基苯的速率明显快于零价铁;且随着反应的进行,硝基苯可以达到很高的去除率(超过 99％)。而单质铁在 3 h 后随着反应时间延长,去除效果没有显著提高,去除率不超过 50％。从紫外光谱(图 2.8)也可以看出,Fe/Cu 体系中硝基苯转化生成了苯胺,而图 2.7 中铁粉(不加铜)无明显的苯胺生成,只是铁粉的物理吸附减少了溶液中的硝基苯。

　　在研究硝基苯在电极上的还原特性时发现,铜电极上循环伏安曲线分别在 -0.58 V 和 -1.32 V 处出现了硝基苯的还原峰,并证明了硝基苯溶液在还原电压 -1.32 V 时还原产物为苯胺。为了克服中性和碱性条件下单纯铁屑法处理效果较差的缺点,可采用催化铁内电解法来处理含硝基苯的废水,作为原电池反应阴极的铜,化学稳定性好、抗中毒能力强,且有较好的机械强度和金属可塑性,具有良好的工程应用前景。

　　试验表明催化铁内电解法处理硝基苯废水,在较宽的 pH 范围内(pH＝3.0～11.0)始终保持较好的处理效果,特别是在弱碱性条件下(pH＝9.5～10.0),其效果甚至达到了酸性条件(pH＝3.0)下的处理效果。酸性条件下(pH＝3.0)硝基苯模拟废水(浓度约为 250 mg/L)1 h 的去除率可达 95％,比纯铁屑法提高了 20％;在偏碱性条件(pH＝7.5)下,催化铁体系 0.5 h 的去除率已接近 100％,而铁屑法去除率不超过 50％。处理含硝基苯、4-氯硝基苯、间二硝基苯、2,4-二硝基甲苯的混合模拟废水使用催化内电解法处理,3 h 反应后硝基去除率达 95％。产物分析表明,硝基主要被还原为胺基。由催化铁内电解组成的连续流预处理工艺,长期处理某化工区实际工业废水的试验表明,硝基苯类化合物的去除率都达 75％以上。因此,采用催化铁内电解法克服了传统铁屑法仅适合处理 pH 较低废水的缺点,大大拓展了内电解法的适用范围。处理硝基苯类废水,不仅处理效果好,而且处理后可生化性大大提高。

　　试验还表明,在中性条件下,铁阳极和铜阴极的极化程度同时决定内电解反应速率的大小,即任何促进阴极和阳极反应的因素都将使腐蚀原电池效率增大;在碱性条件下,铜阴极极化是决定腐蚀电流的关键因素,促进阴极反应才会使腐蚀原电池效率显著增加。在废水中加入适量的电解质(如 Na_2SO_4)可以增大溶液电导率,加入活性阴离子(如 Cl^-)可以破坏阳极钝化膜,加速反应材料的腐蚀,从而强化了内电解反应。

　　随着溶解氧含量的降低,硝基苯的降解速率加快,因此,与传统铁屑法不同,本工艺在处理硝基苯过程中不需要曝气,既节省了能耗,又减少铁耗,具有优越工程可行性。

　　关于硝基苯在催化铁内电解体系中还原转化的可能途径、还原反应机理及影响因素,研究得出如下结果:

　　(1)在铜电极上,硝基苯在水还原之前优先得电子被还原,而在石墨电极上不能发生硝基苯的直接得电子还原反应,这是催化铁内电解法效果优于铁屑法的主要原因。

　　(2)硝基苯在铜电极上的电化学还原经历了三个过程:消去、加成和取代反应。其中,消去反应在碱性条件下容易进行,使得该电化学还原反应在弱碱性条件下效果较好;而在强碱性条件下,氢离子浓度的减少使中间产物较难被继续还原,致使还原过程的整体速率降低。随着溶液中氧含量的减少,电化学还原硝基化合物的效率提高,这是因为还原过程中会发生溶解氧和硝基苯争夺电子的现象。

　　(3)催化铁内电解法处理硝基苯是多种还原转化途径共同作用的结果。在酸性条件下,是通过 Fe^0 对硝基苯的直接还原反应以及电极还原产物新生态[H]对硝基苯的间接还原反应实现化合物脱硝基,以 Fe^0 的直接还原作用较为显著;在中性条件下,脱硝基是由 Fe^0 对硝基苯的直接还原反应和硝基苯在铜电极表面的直接得电子还原反应共同实现;而在碱性条件下,脱硝基的主要是基于硝基苯在铜电极表面的直接得电子的还原反应。

（4）关于多硝基化合物的还原过程及催化还原效果与分子结构之间的关系,研究表明:对于取代硝基而言,强吸电子效应和诱导效应使二硝基苯中的一个硝基比硝基苯中的硝基更易于得到电子被还原,但二硝基苯必须经由单硝基还原产物进一步被还原,而单硝基还原产物中的—NH_2是具有给电子效应的基团,使另一硝基上的氮原子和氧原子电子云密度增大,得电子能力降低,进一步还原较慢。硝基苯类化合物在铜电极上的电化学还原速率主要取决于—NO_2得电子能力以及取代基的空间阻碍效应,其还原速率大小依次为

硝基苯 ＞4-氯硝基苯＞间二硝基苯＞对硝基苯酚 ＞2-硝基苯酚

（5）Fe^0、新生态[H]和$Fe(OH)_2$对硝基苯类化合物的化学还原速率主要取决于该类物质失去第一个电子形成自由基的能力,也就是受该类物质单电子还原电位影响,其还原速率大小依次为

间二硝基苯＞4-氯硝基苯＞对硝基苯酚＞硝基苯＞2-硝基苯酚

第3章 内电解反应还原染料有机物脱色

催化铁内电解法处理染料有机物的主要机理是电化学作用,即发生在铜电极表面的电化学还原作用(徐文英等,2003;樊金红等,2005c),条件是:Cu/Fe组成的原电池的电位差能够达到染料还原所必需的电位,本章探讨催化铁内电解法电化学转换有机染料的可行性,尤其是在铜电极上直接电化学还原的可能性。

催化铁内电解法降解偶氮染料,降解效果和染料的结构和电化学特性有密切关系。染料的结构不仅影响染料的还原降解特性,而且影响絮凝的效果(Yatome et al.,1981;杜晓明等,1991;郑冀鲁等,2002);而染料的电化学特性则决定了染料是否能够在铜表面发生电还学还原以及反应速率。本章以12种不同结构与种类的酸性、活性、阳离子、直接和中性染料为代表,研究了催化铁内电解法降解效率与偶氮染料的结构和电化学还原特性的关系,初步探讨了偶氮染料的降解过程和降解产物(刘剑平,2005)。

3.1 催化铁内电解对偶氮染料有机物转化的效果及电化学分析

从表3.1可以看出,12种偶氮染料用催化铁内电解法降解,除活性艳红X-3B

表3.1 12种偶氮染料用催化铁内电解法降解的效果

编号	染料名称	相对分子质量	λ_{max} /nm	脱色率%			COD去除率/%		
				pH=4.0	pH=7.0	pH=9.5	pH=4.0	pH=7.0	pH=9.5
1	酸性橙Ⅱ	350	485	71.0	68.0	75.0	64.9	80.0	60.0
2	酸性黑10B	536	619	45.0	40.5	52.5	39.5	51.0	61
3	酸性大红GR	556	484	85.0	82.1	80.6	43.3	41.0	38.2
4	酸性黑ATT	536	613	93.7	92.5	95.0	66.5	76.3	68.2
5	阳离子蓝X-GRRL	371	614	25.0	24.3	24.3	33.3	30.0	16.7
6	阳离子嫩黄	404	414	55.0	60.0	60.0	43.5	45.3	47.6
7	阳离子红GRL	493	536	80.0	25.0	35.0	4.5	4.5	24.4
8	活性艳红X-3B	602	542	54.5	10.0	12.5	50.2	49.2	44.2
9	活性黄X-RG	705	390	70.6	72.9	73.5	69.2	70.1	75.8
10	活性艳红M-8B	838	546	98.5	98.6	93.3	63.2	61.8	68.7
11	中性深黄GL	926	436	60.1	50.0	66.7	65.3	55.3	63.1
12	直接大红4BS	925	484	96.6	99.5	99.9	87.2	99.3	99.1

在碱性和中性条件下脱色效果不好外,其他染料用催化铁内电解法在酸性、中性和碱性条件下降解都取得了显著的效果,尤其在中性和碱性条件下,与传统的铁屑法相比催化铁内电解法的优势明显。初步推测 11 种偶氮染料在中性和碱性条件下去除效果好的原因是染料在 Cu/Fe 组成原电池的阴极铜表面被电化学还原。

为了分析偶氮染料是否能在铜电极表面发生电化学还原,选取除酸性黑 ATT(拼混染料)外的其余 11 种偶氮染料作为研究对象。试验方法和试剂同前。从表 1.4 可以看出,11 种偶氮染料在酸性(pH＝2.0～6.5)、中性(pH＝6.5～7.5)、碱性(pH＝7.5～10.0)条件下均在铜电极表面出现了还原峰。

在酸性条件下,随着 pH 的降低,还原峰发生负移,即染料需要在更负的电位才能发生电化学还原,即染料更难被电化学还原,酸性条件下还原峰电位为 −1.1～−1.0 V,各种染料之间的峰电位差别不大。

在中性条件下,峰电位的值与酸性条件相比发生了正移,表明 11 种偶氮染料在中性条件下更容易在铜电极表面发生电化学还原,有的染料出现了两个峰电位,如酸性黑 10B 分别在 −0.23 V 和 −0.68 V 处有两个峰电位,不同的染料峰电位又有所区别,阳离子染料的峰电位更负一点,说明阳离子染料在中性条件下在铜电极表面较难于被还原,染料在铜电极表面的电还原性由易到难大体上依次为:活性染料＞酸性染料、直接染料、中性染料＞阳离子染料。说明铜电极表面的电化学直接还原在中性条件下对偶氮染料的降解起了较大的作用。

在碱性条件下,还原峰电位相对于中性条件来说变化不大,但是出现两个还原峰的情况更多了起来,共有 6 种偶氮染料出现了比较明显的两个还原峰,并且第一个还原峰的峰电位明显正移,表明偶氮染料在碱性条件下更容易在铜电极表面还原,各种染料被还原的难易次序基本上和在中性条件时相似,即基本上是:活性染料＞酸性染料、直接染料、中性染料＞阳离子染料。

3.2　酸性偶氮染料的降解研究

酸性染料是含有磺酸基,羧酸基等极性基团的阴离子染料,通常以水溶性钠盐存在,在酸性染浴中,能与蛋白质纤维分子氨基以离子键相结合而染着,故称酸性染料。在结构上主要为偶氮和蒽醌染料(吴祖望,1999)。酸性染料废水的传统脱色处理,可用吸附絮凝技术(郑冀鲁等,2000),也可用高级氧化技术(董永春等,2003)。

3.2.1　四种酸性偶氮染料的脱色降解

四种酸性染料(表 3.2)废水在反应进行了 2.5 h 以后,只有酸性黑 10B 脱色率比较低(表 3.3),说明酸性黑 10B 不太容易被还原,而吸附络合混凝的效果较好,酸性黑 10B 还原性不好的原因可能是除含有水溶性的 —SO₃Na 和 —OH 之外,还含有—NO_2 和—NH_2 等基团,这些基团一是影响了偶氮双键的电子云密度,使得酸性黑 10B 的偶氮双键更难于破裂(Yatome et al., 1981;杨惠芳等,1993;杜晓明等,1991);二是影响了染料的水溶性,使得酸性黑 10B 水溶性降低,在溶液中胶体分子的量增加,胶体量的增加一方面使得混凝脱色更容易,另一方面使得还原更难进行(离子状态更容易被还原)(钱国坻等,1988;张林生等,2000;郑冀鲁等,2000)。酸性黑 10B 的降解是这两方面作用共同作用的结果,而其他三类酸性染料都是只含有亲水性的—SO_3Na 和—OH 等基团。

表 3.2　　四种酸性偶氮染料的结构和类型

编号	染料名称	染料结构	相对分子质量	λ_{max} /nm	类型
1	酸性橙Ⅱ		350	485	单偶氮
2	酸性黑 10B		536.2	484	双偶氮
3	酸性大红 GR		556	484	双偶氮
4	酸性黑 ATT		886.2	613	拼混(30%酸性橙Ⅱ+70%酸性黑10B)

表 3.3　四种酸性偶氮染料的脱色效果

处理时间 t/h		0.5	1.0	1.5	2.0	2.5
酸性橙 Ⅱ 脱色率/%	pH=4.0	71.0	89.5	95.5	96.5	98.0
	pH=7.0	68.0	90.0	95.0	96.0	97.0
	pH=9.5	75.0	91.5	94.0	97.0	99.0
酸性黑 10B 脱色率 /%	pH=4.0	45.0	50.0	61.3	74.0	78.0
	pH=7.0	40.5	46.5	48.6	50.5	56.8
	pH=9.5	52.0	55.0	59.8	64.5	67.2
酸性大红 GR 脱色率 /%	pH=4.0	85.0	88.9	93.1	96.8	99.0
	pH=7.0	77.1	87.9	92.8	95.8	96.6
	pH=9.5	80.6	91.2	94.5	97.5	99.0
酸性黑 ATT 脱色率 /%	pH=4.0	93.75	96.2	97.6	97.5	99.0
	pH=7.0	92.5	97.0	96.9	97.5	98.5
	pH=9.5	95.0	97.5	98.0	98.5	99.5

相似结构的双偶氮染料比单偶氮脱色效率高(陈灿等，2003)，如酸性大红 GR 比酸性橙 Ⅱ 的脱色效果要好，这可能是因为双偶氮染料的共轭链长而更容易断裂。拼混染料的脱色效果要好于其组成部分单独的脱色效果，可能是因为拼混染料的水溶性差，混凝效果较好，如酸性黑 ATT 色度去除率高于酸性橙 Ⅱ 和酸性黑 10B。

反应时间对酸性染料的降解率影响显著，残留染料浓度随反应时间的延长而降低。在前 0.5 h 内酸性染料的降解率增长较快，而后的 2 h 降解率增长缓慢。这是因为 Fe/Cu 内电解法对染料的降解(去除)过程可分为两个阶段：吸附阶段和还原阶段。吸附阶段很短，而还原阶段较长。

四种酸性染料对 pH 在酸性、中性和碱性条件下降解的效果都不错。

3.2.2　四种酸性偶氮染料的降解产物分析

从图 3.1(a)、(b)可以看出，酸性橙 Ⅱ 在 484 nm 处的吸收峰几乎完全消失，这是由于偶氮键的断裂；而紫外区的特性吸收峰从 206 nm 和 228 nm 移动到 210 nm 和 246 nm，这是由于随着反应的进行芳香胺产物的生成而发生了移动，由于氨基是一个助色基团，它使得吸收峰红移。从扫描图也可看出，苯环(206 nm)和萘环(320 nm)的破坏不太明显。

从图 3.1(c)、(d)可以看出，酸性大红 GR 在紫外区有两个吸收峰，显然在紫外区的两个吸收峰分别是 210.0 nm 对应的苯环结构和 320.0 nm 对应的萘环结构。产物在 210.0 nm、240.0 nm 和 325.0 nm 出现了强吸收，其中在 240.0 nm 的强吸收是新形成的，为偶氮双键被还原生成了氢化偶氮(Ar—NH—NH—Ar′)(Wu et al.，2000)，同时在 325.0 nm 的吸收峰还在，说明还原处理对萘环结构的破坏不明显，发色基—N ═N—处理前在 484.0 nm 处有强吸收，处理后大大降低。

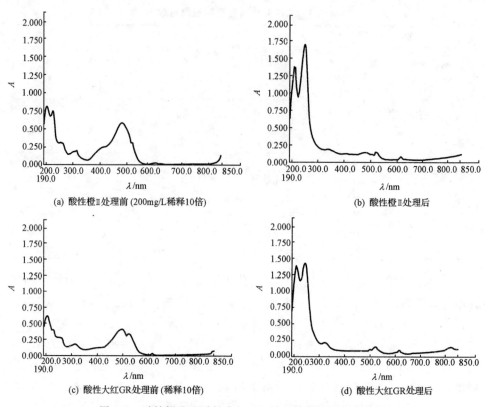

(a) 酸性橙Ⅱ处理前 (200mg/L稀释10倍)

(b) 酸性橙Ⅱ处理后

(c) 酸性大红GR处理前 (稀释10倍)

(d) 酸性大红GR处理后

图 3.1　酸性橙Ⅱ和酸性大红 GR 处理前后的吸收光谱图

酸性黑 10B 降解前在 208 nm、326 nm 和 619 nm 处的三个吸收峰分别对应的是苯环、萘环的特征吸收峰,降解后在 240 nm 和 330 nm 出现了新的吸收峰[图 3.2(a)、(b)],是生成了新的硝基苯胺和萘胺所致,同时中间产物氢化偶氮的特征

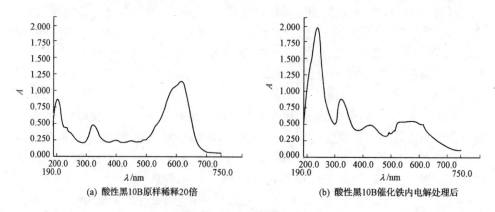

(a) 酸性黑10B原样稀释20倍

(b) 酸性黑10B催化铁内电解处理后

图 3.2　酸性黑处理前后吸收光谱

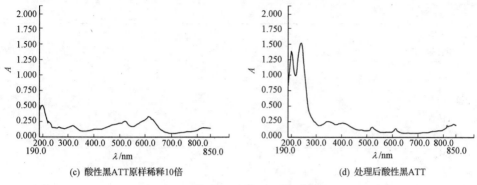

(c) 酸性黑ATT原样稀释10倍　　　　　　(d) 处理后酸性黑ATT

图 3.2　酸性黑处理前后吸收光谱(续)

吸收峰也在 240 nm 左右(Wu et al.，2000)，特征吸收峰也大大降低并发生移动，可能是因为其上的取代基发生了改变。

酸性黑 ATT[图 3.2(c)、(d)]是 30％酸性橙Ⅱ和 70％酸性黑 10B 拼混而成，所以其脱色降解产物和酸性橙Ⅱ及酸性黑 10B 类似。

3.3　活性染料的降解研究

活性染料分子结构有单偶氮型和原配型等，染料母体上含有较多的 —SO$_3$H、—COOH、—OH 等亲水性基团，在水溶液中溶解度较好(吴祖望，1999)。活性偶氮染料是分子中含有偶氮双键(发色基团)、水溶性基团磺酸钠及具有活泼性氯原子的活性基团，易还原、溶于水、活性较高、稳定性差、耐碱性水解而不耐酸性水解。选取活性艳红 X-3B、活性黄 X-RG 和活性艳红 M-8B 三种偶氮类活性染料研究，其结构和性质如表 3.4 所示。

表 3.4　三种活性染料的结构和性质

编号	染料名称	染料结构	相对分子质量	λ_{max} /nm	类型
1	活性艳红 X-3B		602	542	单偶氮
2	活性黄 X-RG		705	390	单偶氮

续表

编号	染料名称	染料结构	相对分子质量	λ_{max} /nm	类型
3	活性艳红 M-8B		838.1	546	单偶氮

3.3.1 三种活性偶氮染料的脱色降解

如表 3.5 所示,三种活性染料在酸性条件下脱色率效果较好,但在中性和碱性条件下,活性艳红 X-3B 的脱色率和 COD 去除率都有显著下降。活性染料在水中的分解状态随着结构而变,相对分子质量大或芳环呈平面者易发生缔合,形成大分子集团而易被除去;相对分子质量小且芳环不在同一平面内的,多以接近真溶液的状态存在,混凝去除率下降(张林生等,2000)。活性艳红 X-3B 相对分子质量不大(602),这使其混凝脱色的效果不好,所以在中性和碱性条件下色度不高,而在酸性条件下吸附和络合作用较好。另外活性艳红 X-3B 的颜色受 pH 影响较大,实验中观察到同样浓度的活性艳红 X-3B 在酸性条件下颜色较浅,而在碱性条件下颜色较深,因此在酸性条件下,虽然 COD 去除率较小或残余 X-3B 浓度较高,但由于其显色较浅,浓度与显色效应互相抵消,总的脱色率变化不大。

表 3.5 三种活性偶氮染料脱色效果

处理时间 t/min		15	30	45	60
活性艳红 X-3B 脱色率/%	pH=4.0	41.6	55.0	68.7	85.0
	pH=7.0	7.6	10.0	22.5	30.0
	pH=9.5	15.6	12.5	20.6	30.0
活性黄 X-RG 脱色率/%	pH=4.0	62.1	70.6	88.2	89.6
	pH=7.0	63.5	72.9	89.6	91.6
	pH=9.5	59.6	73.5	85.8	86.8
活性艳红 M-8B 脱色率/%	pH=4.0	96.5	98.5	98.9	99.3
	pH=7.0	95.8	98.6	99.4	99.6
	pH=9.5	88.0	93.3	95.3	95.5

3.3.2　三种活性偶氮染料的降解产物分析

图 3.3 为三种活性染料降解前后的吸收光谱,从图 3.3 可以看出:活性艳红 X-3B 处理前在紫外区的 219 nm、239 nm、334 nm 及可见区 492 nm(特征吸收峰)有强吸收;处理后只在 230 nm 处出现强的吸收,其余吸收峰基本消失,也就是反

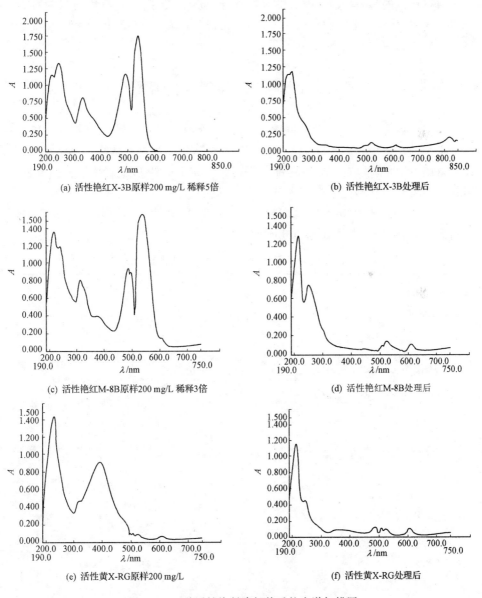

(a) 活性艳红X-3B原样200 mg/L 稀释5倍　　　(b) 活性艳红X-3B处理后

(c) 活性艳红M-8B原样200 mg/L 稀释3倍　　　(d) 活性艳红M-8B处理后

(e) 活性黄X-RG原样200 mg/L　　　(f) 活性黄X-RG处理后

图 3.3　三种活性染料降解前后的光谱扫描图

应后基本上只剩余苯胺类的物质,其余的都被还原、吸附、络合、混凝除去。

活性艳红 M-8B 处理前在紫外区 218 nm、240 nm、317 nm 及可见区 490 nm (特征吸收峰)有强吸收,处理后在 216 nm 和 256 nm 处出现强的吸收,其余吸收峰基本消失。

活性黄 X-RG 的去除和产物情况和活性艳红 X-3B 类似。

值得注意的是,图中处理后的吸收光谱均未出现明显的萘环的吸收峰(320 nm),一般内电解并不能破坏苯环和萘环,因此,降解后的萘环衍生物很可能是被铁的氢氧化物一起絮凝除去。

3.4　阳离子偶氮染料的降解研究

阳离子偶氮染料是因为染色时,染料是以偶氮阳离子的形式与被染纤维相结合而得名的。适用于腈纶的染色,具有色彩鲜艳、牢度较好的优点。其结构中含有碱性基团,如氨基或取代的氨基,能与蛋白贡纤维上的羧基形成盐而直接染色,也可用于经单宁酸处理过的纤维素纤维的染色。

试验选取三种阳离子染料(阳离子蓝 X-GRRL、阳离子嫩黄和阳离子红 GRL)进行研究,其结构和性质如表 3.6 所示。

表 3.6　试验中所选的三种阳离子染料性质及结构

序号	染料名称	染料结构	相对分子质量	λ_{max}/nm	类型
1	阳离子蓝 X-GRRL	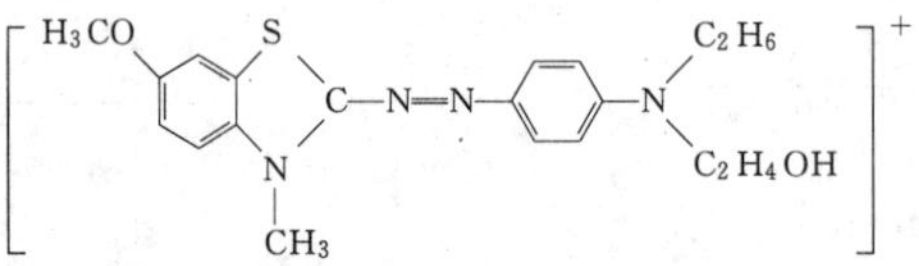	371	614	单偶氮
2	阳离子嫩黄	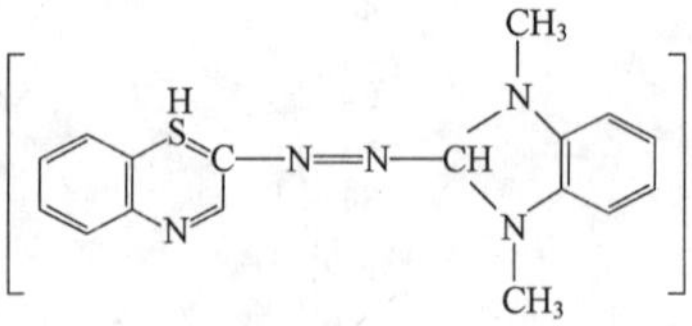	404	414	单偶氮
3	阳离子红 GRL	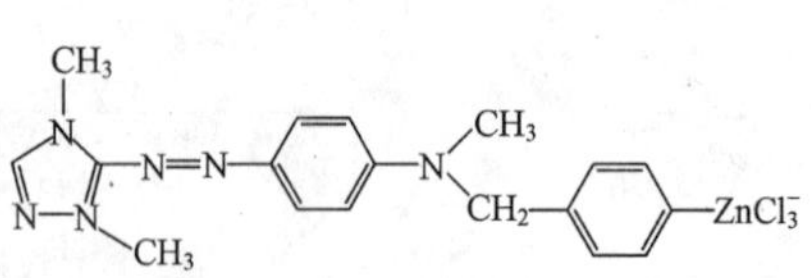	493.13	536	单偶氮

3.4.1　三种阳离子偶氮染料的脱色降解

如表 3.7 所示,三种阳离子染料在酸性条件下脱色率都较高,酸性条件下脱色效果好于中性和碱性条件。因为在酸性条件下,单质铁起直接化学还原作用(樊金红等,2004);而在碱性条件下,铁的还原作用被抑制,主要作用是铜电极上的电化学还原。阳离子染料在铜电极上的还原峰电位普遍更负于其他染料,电化学还原效率下降。与其他染料相比,阳离子染料脱色降解要难得多,尤其是在弱碱性和中性条件下。

表 3.7　阳离子染料脱色效果

处理时间 t/h		0.5	1.0	2.0	3.0
阳离子蓝 X-GRRL 脱色率 /%	pH＝4.0	25.0	68.7	93.7	96.5
	pH＝7.0	24.3	65.0	93.7	95.5
	pH＝9.5	24.3	37.5	62.5	75.0
阳离子嫩黄脱色率/%	pH＝4.0	55.0	85.0	97.5	99.5
	pH＝7.0	60.0	90.0	97.5	99.5
	pH＝9.5	60.0	75.0	90.0	96.0
阳离子红 GRL 脱色率/%	pH＝4.0	80.0	87.5	94.5	97.5
	pH＝7.0	25.0	45.0	67.5	85.0
	pH＝9.5	35.0	43.5	70.5	86.5

脱色降解不容易进行的另外一个原因就是阳离子染料在中性和碱性条件下溶解性降低,以分子状态存在所占比例增加,还原反应不容易发生。

3.4.2　三种阳离子偶氮染料的降解产物分析

图 3.4 为三种阳离子偶氮染料降解前后的吸收光谱图。

阳离子蓝 X-GRR 处理前在紫外区的 214 nm、411 nm 及可见区 600 nm(特征吸收峰)有强吸收;处理后在 212 nm 处出现强的吸收,600 nm 处的特征吸收峰明显降低;苯环的特征吸收峰略紫移至 214 nm,说明苯环上的取代基有所变化,而 600 nm 处的特征吸收峰降低表明偶氮双键断裂。

阳离子嫩黄处理前在 202 nm、253 nm、414 nm 处有强吸收,分别对应的是苯环、有不同取代基的苯环的吸收峰和染料的特征吸收峰;处理后在 414 nm 处的吸收峰基本消失,说明偶氮双键消失,而在 208 nm 和 350 nm 处还有强吸收,分别对应的苯环和萘环衍生物的特征吸收峰,而内电解一般不能破坏苯环和萘环结构。

阳离子红 GRL 处理前在 224 nm、246 nm 和 532 nm 处有强吸收;处理后在 242 nm 处出现强吸收,其余吸收峰基本消失,说明偶氮双键基本消失,242 nm 处

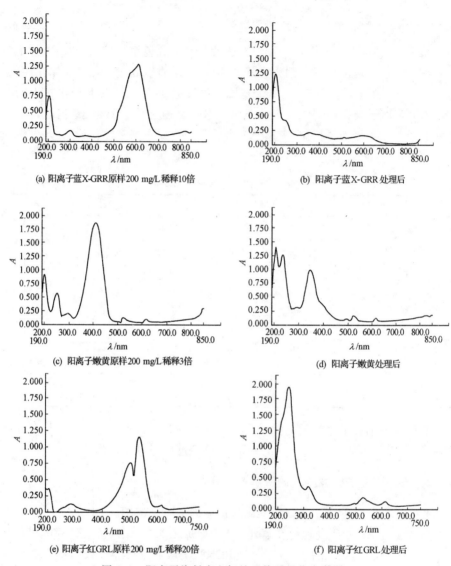

(a) 阳离子蓝X-GRR原样200 mg/L稀释10倍　　　　(b) 阳离子蓝X-GRR 处理后

(c) 阳离子嫩黄原样200 mg/L稀释3倍　　　　(d) 阳离子嫩黄处理后

(e) 阳离子红GRL原样200 mg/L稀释20倍　　　　(f) 阳离子红GRL 处理后

图 3.4　阳离子染料内电解处理前后吸收光谱图

的吸收峰为带有不同取代基的苯环的特征吸收峰。

3.5　其他类染料的降解研究

可溶性的偶氮染料除了以上的几个大类外,像直接染料、中性染料等也有部分是可溶的(吴祖望等,1999),这部分染料的降解性同样值得研究。

3.5.1　直接大红 4BS 的脱色效果

如表 3.8 所示,直接大红 4BS 的脱色率和在酸性、中性和碱性条件下都很好,30 min 内脱色率和 COD 去除率都达到 90％以上,主要是因为在水溶液中,直接染料分子一般呈直线形展开,几个芳环位于同一个平面内,直接染料分子可通过—SO_3H、—OH 等基团间的氢键相缔合,有较大的聚集倾向,以胶体形态存在,较易被化学混凝除去(张林生等,2000)。这是因为直接染料良好的絮凝性使得直接大红 4BS 的脱色主要是混凝作用的结果,而还原作用因为速率没有絮凝快,所以作用不大。

表 3.8　直接大红 4BS 的脱色效果

反应时间 t/min		10	20	30
脱色率/％	pH＝3.6	96.5	98.5	99.7
	pH＝6.8	95.0	99.0	99.5
	pH＝9.3	96.0	99.2	99.9

3.5.2　中性深黄 GL 的脱色效果

从表 3.9 可以看出,中性染料在酸性、中性和碱性条件下色度的去除率较高,主要可能是中性染料分子中含有—SO、—NH_2、—OH 等亲水性基团,有一定的溶解度。但由于中心存在金属络离子,偶氮链上的—SO、N＝N—、—C＝O 均参与配位,导致几个苯环不在同一平面内,分子间较难缔合,中性染料在水中以接近真溶液的状态存在,混凝效果一般(张林生等,2000),所以 COD 去除率没有脱色率高。

表 3.9　中性深黄 GL 的脱色效果

反应时间 t/h		0.5	1.0	2.0	3.0
脱色率/％	pH＝4.0	60.7	83.3	90	96.7
	pH＝7.0	50	60	73.3	90
	pH＝9.5	66.7	83.3	93.3	96.5

3.5.3　直接大红 4BS 和中性深黄 GL 的降解产物分析

图 3.5 所示为直接大红 4BS 和中性深黄 GL 处理前后的吸收光谱图,从图上可以看出:

(1)直接大红 4BS 处理前在紫外区的 212 nm、246 nm 和 318 nm 有强吸收,可见区 484 nm 和 530 nm 为其特征吸收峰,处理后只有在 212 nm(苯环结构)有比较明显的吸收峰,没有明显的萘环结构的特征吸收峰,因内电解一般无法破坏苯环和萘环结构,萘环结构基本上都被铁的氢氧化物混凝去除。

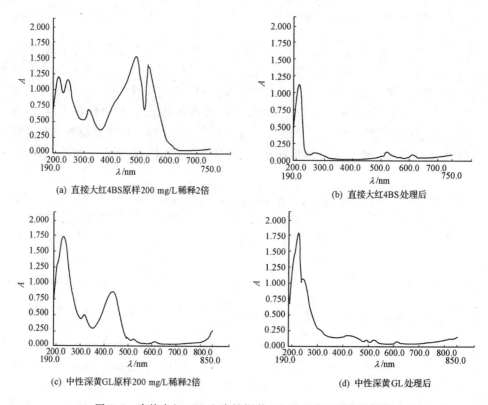

图 3.5　直接大红 4BS 和中性深黄 GL 处理前后吸收光谱图

（2）中性深黄 GL 处理前在紫外区的 234 nm、318 nm 和可见区的 436 nm（特征吸收峰）处有吸收峰，处理后在 228 nm（苯类化合物）处出现强吸收，其他吸收峰基本消失，说明偶氮双键被还原，生成了苯和萘类化合物，萘环的吸收峰不明显可能是萘环被铁的氢氧化物混凝去除了。

3.6　12 种染料物质脱色效率与电化学特性比较

12 种偶氮染料的脱色率次序大体为：直接染料＞活性染料、酸性染料＞中性染料＞阳离子染料。

还原产物因染料分子的结构不同而不同，各种染料的还原产物大体上有苯胺、萘胺、带不同取代基的苯环和萘环类有机物、带杂环结构的苯和萘类有机物、带活性原子的活性基团等。

各种染料在铜电极上都有循环伏安还原峰出现，酸性条件下还原峰负移，各种染料的循环伏安还原峰电位从正到负依次为：活性染料＞酸性染料、直接染料、中性染料＞阳离子染料。各种染料在碳电极上只有在酸性条件下才有不太明显的循环伏安还原峰,且还原峰较负。

3.7　催化铁内电解对含有染料废水的脱色和 COD 去除效果

用催化铁内电解法对直接染料、酸性染料、中性染料、阳离子染料、分散染料、活性染料以及还原染料水样进行处理,效果各不相同。

1. 含直接染料水样

用催化铁内电解法进行处理三种不同颜色的直接染料——直接大红 4BS、直接绿 BE 和直接耐晒蓝 2BRL 染料水样,色度和 COD 都能得到较好的去除。经 1.5 h 处理,高浓度(1000 倍左右)水样的色度去除率可达 99%,低浓度水样的色度基本可以去除。pH 对于色度的去除影响不大,但对 COD 的影响较大;当 pH 较低时,COD 去除较快;废水 pH 呈碱性时,要使 COD 处理达到效果,需要更多的反应时间;在 pH 中性范围,COD 去除率均可达到 60%。用催化铁内电解法处理直接染料可在 1～2 h 内达到较好的效果。

2. 含酸性染料水样

效果略差。pH 较低的水样处理效果要比 pH 较高的水样更好。对于酸性橙染料,在 pH 中性条件下色度的去除率约达到 70%。催化铁内电解法处理酸性染料水样,当 pH 为 3～4,反应 2 h 可达较好的效果。

3. 含中性染料水样

中性枣红处理 2 h,色度的去除率可达 99% 以上;在酸性(pH＝3.0)条件下,中性深黄处理 2 h,也可以达到这一效果。在上述条件下 COD 去除率约 60%。pH 为 3～4,反应 2 h 可达较好的效果。

4. 含阳离子染料水样

当水样 pH 为中性或弱碱性时色度和 COD_{Cr} 去除效果较优,在酸性条件下色度的去除效果反而下降。在中性条件下处理 1.5 h,阳离子大红 GRL、阳离子嫩黄、阳离子蓝 X-GRRL 三种染料的去除率均可达到 95%;对于 COD 的去除率较低,上述条件下最低者仅为 35% 左右。pH＝7,反应 1.5 h 可达较好的效果。

5. 活性染料

催化铁内电解法色度去除率较高,对活性艳橙、活性艳红 X-3B 处理 0.5 h 的去除率均可达到 99%,且水样溶液的 pH 影响较小;对活性黄 X-GL 的去除率稍差,中性条件下 2 h 的去除率也可达到 90%。对水样 COD_{Cr} 的降解率较低,一般只能达到 50%。pH=7,反应 0.5 h 可达较好的效果。

6. 分散染料水样

水样的色度去除十分明显,一般在 0.5 h 后,水样的色度就可以降到很低值,均去除率达到 96% 以上,甚至色度可接近于零。对于水样的 COD,去除率可以达到 70% 左右。处理的工艺是:pH=7,反应时间为 1 h。

7. 还原橄榄绿染料水样

色度去除效果较好,0.5 h 反应后水样的色度去除可达 99%;在中性条件下 COD 去除效率可以到 60% 左右。处理的工艺条件:pH 为 7,反应时间为 2 h。

用催化铁内电解法处理不同染料水样的效果各不相同,色度的去除效果一般要比 COD 的去除效果好。pH 对色度和 COD 的去除有较大的影响,应根据不同的处理对象确定其最佳的 pH,反应时间一般控制在 2 h 内。

3.8　混凝与还原作用对染料废水脱色的贡献

在染料废水脱色过程中,色度去除存在着一系列复杂的作用,主要有催化铁内电解的还原作用、铁离子的混凝作用。为了深入探讨染料废水脱色的机理,在内电解反应体系中通过添加 EDTA 屏蔽铁离子,考察其相应生成还原产物的变化,以弄清铁内电解的还原作用和生成铁离子的混凝作用对去除色度的贡献,并归纳出不同种类、不同色度染料物质脱除色度的过程及机理。

利用摇床实验对 10 种染料进行了催化铁内电解的脱色效果研究,分析了内电解脱色效果与染料分子结构之间可能存在的关系。催化铁内电解方法处理印染废水主要作用包括铁内电解作用、单质铁还原作用及铁离子混凝作用。铁内电解作用和单质铁的还原作用在反应过程中都存在着电子得失,对色度的去除是化学反应,反应过程中将有染料的反应产物生成。而反应过程中生成的铁离子的絮凝作用也能去除染料色度,但并不生成其他产物,是物理去除。试验研究通过对照实验和测定降解产物的方法,对催化铁内电解法处理染料废水脱色过程中内电解还原作用和混凝作用进行了定量研究,选取单偶氮染料活性艳红 X-3B 作为研究对象,以方便测定降解产物苯胺。实验发现:内电解处理过程中部分染料由于物理去除而不参与内电解还原反应,从而使活性艳红 X-3B 染料不能被完全降解成苯胺,铁离子的混凝作用能有效促进色度的下降。

为了考察催化铁内电解法对不同种类染料的作用效果,实验选用 10 种常见的染料,分别属于 7 种不同的应用类型,其结构类型主要为偶氮及蒽醌两种,除分散红 3B 和还原棕 GG 外,其余均为水溶性染料。染料的名称、类型结构及吸收波长见表 3.10。

表 3.10　实验所用染料的应用与结构类型及可见光区的吸收波长

染料编号	染料名称	应用类型	结构类型	吸收波长/nm
1	酸性大红 GR	酸性	偶氮	526
2	阳离子红 X-GRL	阳离子	偶氮	527
3	中性枣红 GRL	中性	偶氮	524
4	活性艳红 X-3B	活性	偶氮	525
5	分散红 3B	分散	蒽醌	525
6	阳离子蓝 X-GRL	阳离子	偶氮	614
7	中性灰 2BL	中性	偶氮	614
8	酸性橙 Ⅱ	酸性	偶氮	491
9	直接耐酸大红 4BS	直接	偶氮	494
10	还原棕 GG	还原	蒽醌	489

表 3.11 为催化铁内电解对 10 种染料进行内电解脱色反应的实验结果,编号对应的染料名称参见表 3.10。

表 3.11　10 种染料的催化铁内电解脱色对照实验结果

染料编号	1	2	3	4	5	6	7	8	9	10
去除率/%	97.6	99.3	64.7	91.9	85.7	67.1	86.8	91.4	95.1	97.8
去除率-加 EDTA/%	94.1	99.3	62.6	81.9	56.7	76.4	73.6	91.3	84.6	53.0
去除率降低值/%	3.5	0.0	2.1	10.1	29.1	−9.3	13.3	0.1	10.5	44.8
相对分子质量	556	493	840	615	318	481	1239	350	777	612
水溶性描述	易溶	可溶	难溶	易溶	不溶	易溶	可溶	易溶	可溶	不溶
结构类型	偶氮	偶氮	偶氮	偶氮	蒽醌	偶氮	偶氮	偶氮	偶氮	蒽醌

从表 3.11 中可以看到:加 EDTA 后去除率下降最明显的是水溶性较差的分散红 3B 和还原棕 GG,下降值分别为 29.1% 和 44.8%,其他染料下降程度最高的也只有 13.3%。可以说明内电解反应中铁离子的絮凝作用对水溶性较差的染料具有更大的去除效率。

阳离子红 X-GRL 和阳离子蓝 X-GRL 去除率降低值分别为 0% 及 −9.3%,可见铁离子的存在对阳离子染料废水色度的去除并没有起到促进作用。由于在内电解过程中生成的铁离子及氢氧化铁胶体均带正电,与染料分子产生的阳离子产生排斥作用,从而起不到对染料分子的絮凝作用,当铁离子被屏蔽后,它们之间的排斥作用被消除,阳离子蓝 X-GRL 的色度去除率反而有升高的趋势。除阳离子染料以外,相对分子质量较高的几种染料,如活性艳红 X-3B、直接耐酸大红 4BS、中性灰 2BL 等,铁离子絮凝作用分别为 10.1%,10.5%、13.3%,而相对分子质量较低酸性橙 Ⅱ 和酸性大红 GR,絮凝作用的去除率分别仅为 0.1% 和 3.5%,可见相对分子质量较高、结构较为复杂的染料,更有利于在反应过程中被铁离子絮凝作用去除。

加 EDTA 屏蔽铁离子的絮凝作用,两种非水溶性的染料分散红 3B 和还原棕 GG 的色度去除率分别为 56.7% 和 53.0%,要明显低于其他几种染料,可见催化铁内电解反应对水溶性染料色度的去除率要明显好于非水溶性染料;相对分子质量较低的酸性橙 Ⅱ 和酸性大红 GR,对照实验中色度的去除率分别为 91.3% 和 94.1%,而相对分子质量较大的活性艳红 X-3B、直接耐酸大红 4BS、中性灰 2BL 等,其色度去除率分别为 81.9%、84.6%、73.6%,因此,内电解反应过程中相对分子质量小、结构简单的染料分子在溶液中反应的空间位阻较小,因而更容易参加内电解还原反应;而相对分子质量较大,结构复杂的染料分子往往不利于化学反应的进行,因而色度的去除率相对较低。实验还发现,具有相似分子结构的阳离子红 X-GRL 与阳离子蓝 X-GRL 的色度去除率存在显著的差别,相同浓度下色泽较浅的染料比深色染料具有更好的去除效率,引起染料分子颜色加深的一些分子结构因素是导致其色度去除率下降的原因。

总体规律有:①铁离子絮凝作用对水溶性较差的染料具有更好的去除率;对阳离子染料废水,铁离子的存在反而不利于色度的去除,甚至可能使色度去除率下降;相对分子质量较大、结构较为复杂的染料,更有利于在反应过程中被铁离子絮凝作用去除。②催化铁内电解还原反应的色度去除率,水溶性好的染料要明显好于水溶性差的染料;相对分子质量小,结构简单的染料更易被内电解还原去除;相同条件下,颜色浅的染料内电解处理效率要好于颜色深的染料。

3.9　催化铁内电解法对染料废水脱色效果的影响因素分析

催化铁内电解反应最基本的因素有铁刨花量、铁铜重量比、反应时间,这些因素直接影响着染料废水的脱色效果。除此之外,染料废水也有多种颜色,催化铁的处理效果也不尽相同。本节以上海市某工业区污水处理厂均质池出水(主要为染料废水,pH 为 7 左右)及染料配水为研究对象,采用铁铜内电解技术进行预处理,考察铁铜内电解法基本因素对废水的脱色效果。

3.9.1　试验方法

铁:以铁加工业中的铁刨花为原料。

铜：以铜箔冷扎边料为原料，用清水充分洗涤，去除表面杂质。

染料：中性红、甲基橙、孔雀石绿、亚甲基蓝、铬黑 T。分别配成染色废水，浓度均为 40 mg/L。

配制的废水：试验废水取自上海市某工业区污水处理厂均质池出水。废水水质：pH 为 6～7，COD 为 400 mg/L 左右，色度为 8～256 倍。废水主要为染料废水。

研究采用间歇流。将一定量的铁刨花、铜刨花按一定比例均匀混合，置于间歇流反应器中，加入定量（1000 mL）染料配水及生产废水，调节 pH，搅拌反应一定时间后测定上清液的色度，并与原水的色度进行比较，计算色度去除率。

3.9.2　影响因素的正交试验设计

以铁刨花投加量（Fe）、铁铜投加量之比（Fe/Cu）及反应时间（t）三因子、三水平做正交试验（因素-水平表见表 3.12），以色度去除率为指标，试验方案及结果见表 3.13。对正交试验结果作显著性分析，见表 3.14。将影响色度去除率的因素作用大小分别进行排序，并以各因子最优值进行试验。

表 3.12　因素-水平表

因素 水平	A 铁刨花量 Fe/(g/L)	B 铁铜质量之比 Fe/Cu	C 反应时间 t/min
1	30	1∶2	60
2	50	1∶1	90
3	70	2∶1	120

表 3.13　试验方案及结果

序号	A Fe/(g/L)	B Fe/Cu	C t/min	中性红 η/%	甲基橙 η/%	孔雀石绿 η/%	亚甲基蓝 η/%	铬黑 T η/%	废水 η/%
1	30	1∶2	60	93.8	75.0	50.0	87.5	50.0	50.00
2	30	1∶1	90	96.9	75.0	50.0	87.5	75.0	50.00
3	30	2∶1	120	96.9	75.0	50.0	87.5	75.0	75.00
4	50	1∶2	90	98.4	87.5	75.0	93.8	87.5	75.00
5	50	1∶1	120	98.4	93.8	87.5	96.9	87.5	87.50
6	50	2∶1	60	96.9	75.0	50.0	93.8	75.0	75.00
7	70	1∶2	120	99.2	93.8	93.8	98.4	93.8	93.75
8	70	1∶1	60	98.4	87.5	87.5	96.9	87.5	87.50
9	70	2∶1	90	98.4	93.8	87.5	98.4	87.5	87.50

注：初始色度：中性红 8192 倍；甲基橙 2048 倍；孔雀石绿 2048 倍；亚甲基蓝 16384 倍；铬黑 T 512 倍；废水 256 倍。

表 3.14　显著性分析结果

染料	中性红	甲基橙	孔雀石绿	亚甲基蓝	铬黑 T	废水
显著性	$F_A > F_C > F_B$	$F_A > F_C > F_B$	$F_A > F_C > F_B$	$F_A > F_C > F_B$	$F_A > F_C > F_B$	$F_A > F_B > F_C$
因子 A	$K_{13} > K_{12} > K_{11}$	$K_{13} > K_{12} > K_{11}$	$K_{13} > K_{12} > K_{11}$	$K_{13} > K_{12} > K_{11}$	$K_{13} > K_{12} > K_{11}$	$K_{13} > K_{12} > K_{11}$
因子 B	$K_{22} > K_{23} > K_{21}$	$K_{22} = K_{21} > K_{23}$	$K_{22} > K_{21} > K_{23}$	$K_{22} > K_{21} = K_{23}$	$K_{23} > K_{22} > K_{21}$	$K_{23} > K_{22} > K_{21}$
因子 C	$K_{33} > K_{32} > K_{31}$	$K_{33} > K_{32} > K_{31}$	$K_{33} > K_{32} > K_{31}$	$K_{33} > K_{32} > K_{31}$	$K_{33} > K_{32} > K_{31}$	$K_{33} > K_{31} > K_{32}$
最优水平	$A_3B_2C_3$	$A_3B_2C_3$	$A_3B_2C_3$	$A_3B_2C_3$	$A_3B_2C_3$	$A_3B_3C_3$

　　显著性分析结果表明,对于染料配水,各因子最优水平为 $A_3B_2C_3$,即铁刨花投加量 70 g/L,铁铜投加量之比 1∶1,反应时间 120 min;对于生产废水,各因子最优水平为 $A_3B_3C_3$,即铁刨花投加量 70 g/L,铁铜投加量之比 2∶1,反应时间 120 min。以各因子最优值进行试验,结果见表 3.15。

表 3.15　各因子最优值及试验结果

染料		中性红	甲基橙	孔雀石绿	亚甲基蓝	铬黑 T	废水
因子 A	Fe/(g/L)	70	70	70	70	70	70
因子 B	Fe/Cu	1∶1	1∶1	1∶1	1∶1	1∶1	2∶1
因子 C	t/min	120	120	120	120	120	120
色度去除率	η/%	99.2	93.8	87.5	98.4	87.5	87.5

　　正交试验结果表明:铁铜内电解法对染料废水的色度的去除具有选择性。红色(中性红)脱除色度效果最好,蓝色(亚甲基蓝)、黄色(甲基橙)次之,绿色(孔雀石绿)和紫黑色(铬黑 T)效果较差。研究表明:铁铜内电解法对模拟染料废水的色度去除明显,去除率可达 90% 以上;对废水色度的去除率可达 85% 以上。显著性分析结果表明:在试验范围内,影响色度去除的各因素中作用最大的是铁刨花投加量,铁刨花投加量越大,脱色率越高;其次是反应时间和铁铜投加量之比。

3.9.3　单因素试验

　　研究采用间歇流。以亚甲基蓝染料配水及生产废水为研究对象,以色度去除率为指标,以正交试验确定的各因子最优值进行单因素试验,分别考察铁刨花投加量(Fe)、铁铜投加量之比(Fe/Cu)及反应时间(t)对铁铜内电解技术脱色效果的影响。

　　1) 铁刨花投加量与色度去除率的关系

　　亚甲基蓝染料配水:原水色度 16 384 倍,溶液 pH 为 7,铁铜投加量之比为 2∶1;反应时间为 120 min。

生产废水:原水色度 256 倍,溶液 pH 为 7,铁铜投加量之比为 2∶1,反应时间为 120 min。

试验结果见表 3.16 和图 3.6。

表 3.16　铁刨花投加量与色度去除率的关系表

铁刨花投加量 Fe/(g/L)		原水	20	40	60	80	100	120
染料	色度/倍	16 384	4096	1024	512	256	256	256
配水	去除率/%	—	75.00	93.75	96.88	98.44	98.44	98.44
生产	色度/倍	256	128	64	32	16	16	16
废水	去除率/%	—	50.00	75.00	87.50	93.75	93.75	93.75

铁刨花投加量与色度去除率的单因素试验表明:铁刨花投加量越大,色度去除率越高。当铁刨花投加量<40 g/L 时,色度去除率几乎呈线性增加;当铁刨花投加量>80 g/L 时,色度去除率增加不明显。试验表明:实际运行过程中,铁刨花的消耗量很少,只要有足够的反应表面积,就可获得很好的效果。考虑到反应推动力及实际处理装置的持续运行,铁刨花投加量以 80 g/L 为最佳。

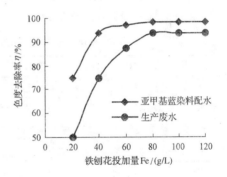

图 3.6　铁刨花投加量与
色度去除率的关系图

2) 反应时间与色度去除率的关系

亚甲基蓝染料配水:原水色度 16 384 倍,铁刨花投加量 80 g/L,铁铜投加量之比 2∶1,溶液 pH 为 7。

生产废水:原水色度 256 倍,铁刨花投加量 80 g/L,铁铜投加量之比 2∶1,溶液 pH 为 7。

试验结果见表 3.17 和图 3.7。

表 3.17　反应时间与色度去除率的关系表

反应时间 t/min		原水	15	30	45	60	90	120
染料	色度/倍	16 384	4096	2048	1024	512	256	256
配水	去除率 η/%	—	75.00	87.50	93.75	96.88	98.44	98.44
生产	色度/倍	256	128	64	32	16	16	16
废水	去除率 η/%	—	50.00	75.00	87.50	93.75	93.75	93.75

反应时间与色度去除率的单因素试验表明:反应时间越长,色度去除率越大。

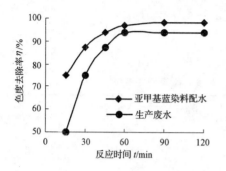

图 3.7　反应时间与色度去除率的关系图

反应时间在 60 min 内,色度去除率随时间几乎呈线性增加;反应 60 min 后,色度去除率增加不明显。因此,反应时间以 60 min 为宜。

3)铁铜投加量之比与色度去除率的关系

亚甲基蓝染料配水:原水色度 16 384 倍,铁刨花投加量 80 g/L,反应时间 60 min。

生产废水:原水色度 256 倍,铁刨花投加量 80 g/L,反应时间 60 min。

试验结果见表 3.18 和图 3.8。

表 3.18　铁铜投加量之比与色度去除率的关系表

铁铜投加量之比 Fe/Cu		原水	∞	2:1	1.5:1	1:1	1:1.5	1:2
染料	色度/倍	16 384	2048	512	512	512	512	512
配水	去除率 η/%	—	87.50	96.88	96.88	96.88	96.88	96.88
生产	色度/倍	256	128	32	32	32	32	32
废水	去除率 η/%	—	50.00	87.50	87.50	87.50	87.50	87.50

　　铁铜投加量之比与色度去除率的单因素试验表明:铁铜投加量之比对色度去除率影响很小。这与正交试验显著性分析结果一致。当只投加铁刨花时,色度去除率明显下降。这表明:另一金属电极铜对内电解有一定的促进作用,能够促进宏观电池的电解。只投加铁刨花仍然有一定的色度去除效果,这是由于铁刨花为铁和碳的合金,即由纯铁和 Fe_3C 及一些杂质组成。Fe_3C 和其他杂质颗粒以极小颗

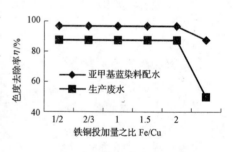

图 3.8　铁铜投加量之比与色度去除率的关系图

粒的形式分散在铸铁内,从而形成微电池。因此,投加另一金属电极对色度的去除有明显的促进作用。

　　由正交试验显著性分析可知,因子 B(铁铜质量比)的 K 值接近,因此铁铜投加量之比对色度去除率影响很小。对于亚甲基蓝,当铁铜质量之比为 1:1 时,K 值略大。而对于生产废水,当铁铜质量比为 1:1 时,K 值略大。因此,考虑到铜材料的节约利用,铁铜质量之比以 2:1 为宜。

第4章 有机物还原特性及催化铁内电解反应影响因素

当认识到有机物电化学特性与有机物可生物降解性及对生物的抑制性存在一定的关系之后,电化学分析方法就在污水处理领域找到了新应用领域。通过电化学的分析测试方法,不仅可以比较阴极材料的电化学催化性能,而且可以分析难降解有机物的内电解还原性能,大致判断有机物内电解还原反应的顺序、反应速率和反应产物。若使用电解方法还原有机物,有助于选择工作电压,控制反应产物。

催化铁是内电解方法中最具应用前景的工艺,研究各种催化铁内电解法的制备、影响因素及反应动力学,无疑会对生产实践起到重要的指导作用。

4.1 循环伏安分析法在废水内电解处理领域的应用

4.1.1 循环伏安分析法的原理

循环伏安分析法(李荻,1999;马淳安,2002;陈国华等,2003)是将线性扫描电压施加在电极上,电压与扫描时间的关系:从起始电压 E_i 沿某一方向扫描到终止电压 E_m 后,再以同样的速率反方向扫至起始电压,完成一次循环。当电位从正向负扫描时,电活性物质在电极上发生还原反应,产生还原波,其峰电流为 i_{pc},峰电位为 E_{pc};当逆向扫描时,电极表间上的还原态物质发生氧化反应,其峰电流为 i_{pa},峰电位为 E_{pa},如图 4.1 所示。

循环伏安分析法以快速线性扫描的形式对工作电极施加等腰三角波电压,如图 4.2 所示,由起始电压 E_i 开始沿一个方向线性变化,到达终止电压 E_m 后又反方向线性变化,回到起始电压。记下 I-φ 曲线,有峰电流 i_p 和峰电位 φ_p;由于双向扫描,所以循环伏安分析法极谱图为双向的循环伏安曲线。

如果溶液中存在氧化态物质,当正向电压扫描时,发生还原反应:

$$O + ne \longrightarrow R$$

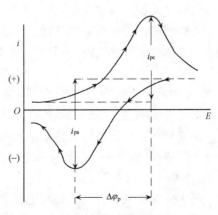

图 4.1 循环伏安极化曲线

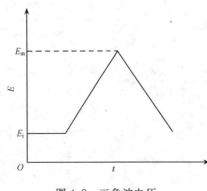

图 4.2　三角波电压

得到上半部分的还原波,称为阴极支;当反向电压扫描时,发生氧化反应:

$$R - ne \longrightarrow O$$

得到下半部分的氧化波,称为阳极支。

可逆体系下的循环伏安扫描:在该电极体系中,还原与氧化过程中的电荷转移的速率很快,电极过程可逆。这可以从伏安图中还原峰值电位与氧化峰值电位之间的距离得到判断。一般的,阳极扫描峰值电位 E_{ap} 与阴极扫描峰值电位 E_{cp} 的差值 (DE_p) 可以用来检测电极反应是否为 Nernst 反应。当一个电极反应的 DE_p 接近 $2.3RT/nF$(或 $59/n$ mV,25℃)时,我们可以判断该反应为 Nernst 反应,即是一个可逆反应。所谓电极反应可逆体系是由氧化还原体系,支持电解质与电极体系构成。

不可逆体系下的循环伏安扫描:当电极反应不可逆时,氧化峰与还原峰的峰值电位差值相距较大。相距越大不可逆程度越大。一般的,我们利用不可逆波来获取电化学动力学的一些参数,如电子传递系数 a 以及电极反应速度常数 k 等。

4.1.2　阴极材料对内电解法还原效果的影响

为了进一步研究阴极材料对内电解法还原效果的影响,工作电极使用自制的铜电极和碳电极,电极表面积分别为 1.45 cm² 、1.44 cm² ,饱和甘汞电极(232 型)为参比电极,铂电极为辅助电极,支持电解质为无水硫酸钠(0.1 mol/L)。试液通入高纯氮气 90s 以消除氧的干扰,静止 20s,在常温下进行循环伏安扫描。以酸性大红 GR 为目标污染物研究其降解机理,酸性大红 GR[C. I. Acid Red 73 (27290)]是一种双偶氮染料,它是由对氨基偶氮苯经重氮化后与 G 盐(2-萘酚-6, 8-二磺酸盐)偶合而成,取代基团—OH、—SO₃Na 使其具有很好的水溶性。酸性大红浓度用分光光度法测定,测定波长为 484 nm,标准工作曲线如式(4.1)所示。

$$\rho = -0.731 + 49.5A \tag{4.1}$$

式中:ρ 为质量浓度;A 为吸光度。

图 4.3 是空白二次蒸馏水的循环伏安扫描图,在铜电极上没有还原峰。

偶氮染料脱色降解的关键是使其偶氮基破裂,偶氮基在电化学反应中容易成为电活性基团,酸性大红 GR 在汞电极上的半波电位为 -0.255 V(vs. SCE)(钱国坻等,1993)。

图 4.4 为酸性大红 GR 在铜电极上的循环伏安图,酸性大红在铜电极上有明显的还原峰,在碱性条件下在 -0.26 V 和 -0.676 V 处有两个还原峰,在中性条

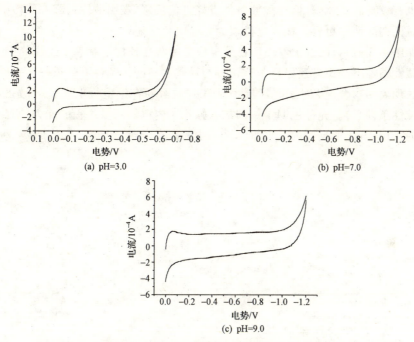

图 4.3　二次蒸馏水在铜电极上的循环伏安图(扫描速率＝0.1 V/s)

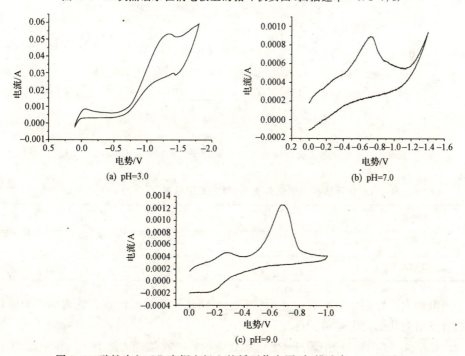

图 4.4　酸性大红 GR 在铜电极上的循环伏安图(扫描速率＝0.2 V/s)

件下也有较高的还原峰,但在酸性条件下峰电位负移,表明酸性大红 GR 在中性和碱性时比在酸性时更容易在铜电极表面发生电化学还原。

　　如图 4.5 所示,酸性大红 GR 在碳电极上的酸性条件下有一个还原峰,而在中性和碱性条件下则没有还原峰。这正好与铁碳法在酸性条件下效果好于在碱性条件下的现象相吻合。相对于碳,酸性大红 GR 更容易在铜电极上还原(特别是在中性和碱性条件下)。充分说明了铜的加入强化了内电解阴极过程的能力,起到了电催化的作用,电化学反应的效率得到进一步的提高,结果如表 4.1 所示。

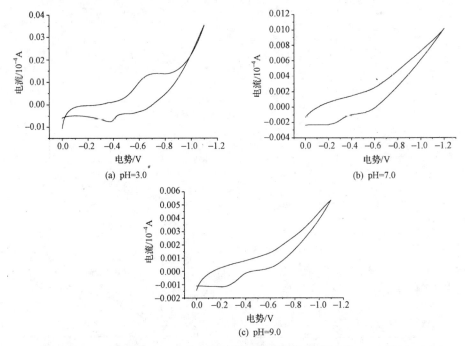

图 4.5　酸性大红 GR 在碳电极上的循环伏安图(扫描速率＝0.1 V/s)

表 4.1　铁碳法和铁铜法在不同 pH 的处理效果(反应时间为 2.5 h)

降解法	铁碳		铁铜	
pH	3.0	9.0	3.0	9.0
染料降解率/%	99	82	96	97.8

　　酸性大红在铜电极上的电还原特性也可以从酸性大红经催化铁内电解降解后吸收光谱变化的研究中得到印证。

　　如图 4.6 所示,经过 Cu/Fe 内电解处理前后染料酸性大红 GR 上清液紫外-可见光谱扫描图谱。酸性大红在紫外区有两个吸收峰,吸收波长为 210 nm 和 320

nm,分别对应苯环和萘环结构,由于分子结构上附近其他基团的影响各有所偏移。产物在 210 nm、240 nm 和 325 nm 出现了强吸收峰,其中在 240 nm 的强吸收峰是新形成的,可能是偶氮双键被还原生成了氢化偶氮（Ar—NH—NH—Ar'）（Wu et al.，2000）,同时在 325 nm 的吸收峰依然还在,说明还原处理对萘环结构的破坏不明显,发色基—N=N—处理前在 484 nm 有强吸收,为偶氮基的特性吸收峰,而处理后几乎完全消失,表明偶氮双键被打开,生成了苯和萘的相关产物（王积涛等,1993）。

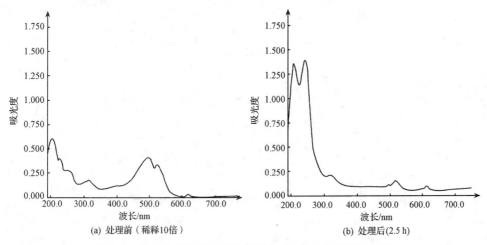

(a) 处理前（稀释10倍）　　　　　　　　(b) 处理后(2.5 h)

图 4.6　催化铁内电解法处理前后酸性大红 GR 的吸收光谱

4.1.3　不同性质的偶氮染料在铜电极上的电还原特性

1. 酸性偶氮染料

从图 4.7 和图 4.8 可以看出,酸性染料在铜电极上都有还原峰出现（酸性大红 GR 的循环伏安扫描图如图 4.4 所示）,在碱性和中性条件下有较正的还原峰,但在酸性条件下峰电位负移,表明酸性染料在中性和碱性条件下比在酸性时更容易在铜电极表面发生电化学还原。

酸性偶氮染料在酸性条件下的还原电位差别不大,在中性和碱性条件下以酸性橙 II 的还原电位最正。

如图 4.5 所示,酸性大红 GR 在碳电极上只有在酸性时有一还原峰,而在中性和碱性条件下则没有还原峰。其他几种酸性染料在碳电极上也和酸性大红类似,只有在酸性条件出现还原峰,而且还原峰电位较负（刘剑平,2005）。

酸性染料的降解产物主要是含有不同取代基的苯胺和萘胺类有机物。中间产物为氢化偶氮类物质。

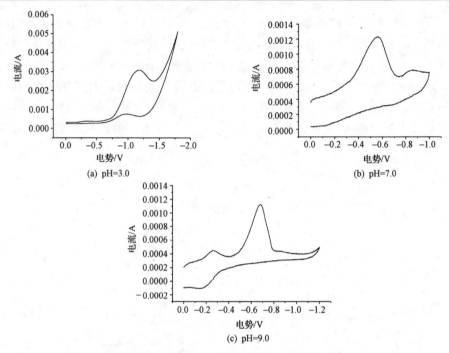

图 4.7　酸性橙Ⅱ在铜电极上的循环伏安图(扫描速率＝0.1 V/s)

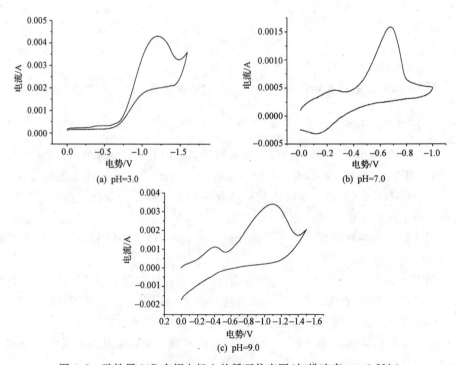

图 4.8　酸性黑 10B 在铜电极上的循环伏安图(扫描速率＝0.1 V/s)

2. 活性偶氮染料

如图 4.9~图 4.11 所示,活性染料在铜电极上有明显的还原峰,在碱性和中性条件下有较正的还原峰,并且碱性条件下两个还原峰都比较明显,但在酸性条件下峰电位负移,表明活性染料在碱性时容易在铜被还原,而在酸性条件下较难在铜电极表面发生直接的电化学还原。

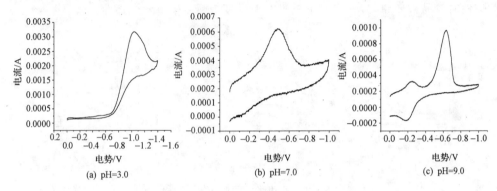

图 4.9　活性红 X3B 在铜电极上的循环伏安图(扫描速率＝0.1 V/s)

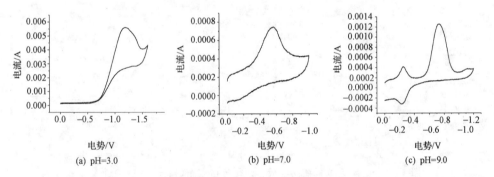

图 4.10　活性艳红 M-8B 在铜电极上的循环伏安图(扫描速率＝0.1 V/s)

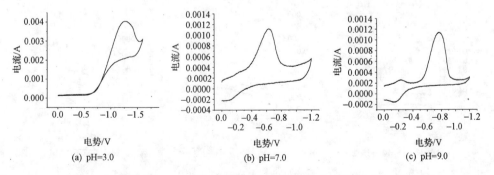

图 4.11　活性黄 X-RG 在铜电极上的循环伏安图(扫描速率＝0.1 V/s)

活性染料在相同的条件下还原峰相对于其他染料来说要更正(表 1.4),表明活性染料更容易在铜电极表面发生直接的电化学还原。

3. 阳离子偶氮染料

从图 4.12~图 4.14 可以看出,阳离子染料在铜电极上有明显的还原峰,在碱性和中性条件下有较正的还原峰,但在酸性条件下峰电位负移,表明阳离子染料在碱性时较易被还原,酸性条件下较难在铜电极表面发生电化学还原。

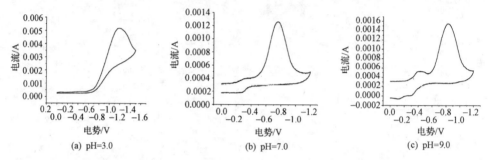

(a) pH=3.0　　　　(b) pH=7.0　　　　(c) pH=9.0

图 4.12　阳离子蓝 X-GRR 在铜电极上的循环伏安图(扫描速率=0.1 V/s)

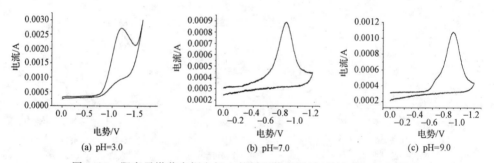

(a) pH=3.0　　　　(b) pH=7.0　　　　(c) pH=9.0

图 4.13　阳离子嫩黄在铜电极上的循环伏安图(扫描速率=0.1 V/s)

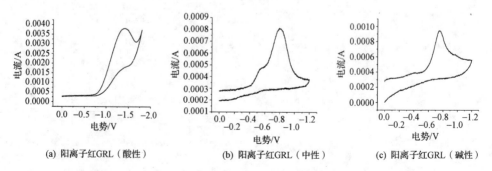

(a) 阳离子红GRL(酸性)　　(b) 阳离子红GRL(中性)　　(c) 阳离子红GRL(碱性)

图 4.14　阳离子红 GRL 在铜电极上的循环伏安图(扫描速率=0.1 V/s)

阳离子染料在中性和碱性条件下比其他染料还原峰要更负（表 1.4）。表明阳离子染料比其他偶氮染料更难在铜电极表面发生电化学还原。还原峰更负的原因可能是阳离子染料在偶氮双键上有杂环结构，杂环结构影响了偶氮双键的电子云密度，使得偶氮双键更难被还原断裂。

4. 直接大红 4BS 和中性深黄 GL（表 4.2）

表 4.2　试验中所选的阳离子染料性质及结构

序号	染料名称	染料结构	相对分子质量	λ_{max}/nm	类型
1	直接大红 4BS		925.02	484	双偶氮
2	中性深黄 GL		926.3	436	双偶氮

　　直接染料一般属于双偶氮、三偶氮或二苯烯等结构，分子中—SO₃H、—COOH、—OH 等亲水性基团含量较高，水溶性好，溶解度大。

　　中性染料分子结构较为复杂，常见的是单偶氮 2∶1 型金属络合染料，中心络合离子为 Co^{2+} 等；分子中含有—SO₂、—NH₂、—OH 等亲水性基团，有一定的溶解度。

　　从图 4.15 和图 4.16 可以看出，直接大红 4BS 和中性深黄 GL 在铜电极上有明显的还原峰，在碱性和中性条件下有较正的还原峰，在酸性条件下峰电位负移，表明直接大红 4BS 和中性深黄 GL 在碱性时最易被还原，酸性时较难在铜电极表面发生电化学还原。尽管直接类染料有较正的循环伏安还原电位，但因为直接染料良好的絮凝性使得还原作用在降解过程中起的作用不大。

　　相同地，直接大红 4BS 和中性深黄 GL 在碳电极上也只有在酸性条件下才有还原峰，而且还原峰电位较负，所以在碳电极的表面很难发生直接的电化学还原。

　　表 1.4 中列出了 11 种偶氮染料在铜电极表面循环伏安还原峰电位值。

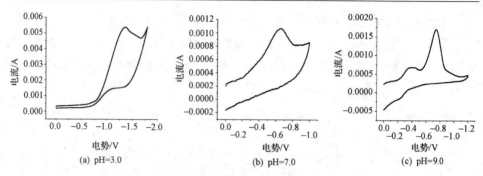

图 4.15　直接大红 4BS 在铜电极上的循环伏安图(扫描速率＝0.1 V/s)

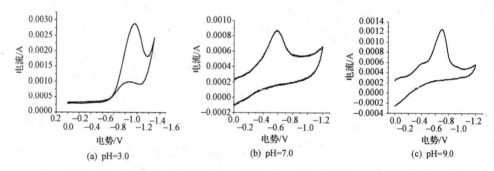

图 4.16　中性深黄 GL 在铜电极上的循环伏安图(扫描速率＝0.1 V/s)

4.2　催化铁内电解材料的制备与表征

1. 铁刨花还原剂

采用表 1.5 所述统一标准铁刨花,根据 N_2 吸附 BET 分析方法测定铁刨花的比表面积为 0.11 m^2/g。实验进行前将铁刨花称量,装入反应瓶中后加入去离子水浸泡以防止其氧化,密封后备用。反应时将铁刨花压实,堆积密度约为 0.5 kg/L。

2. 双金属还原体系

称取铁刨花 100 g,放入 500 mL 的反应瓶中压实,堆积密度约为 0.5 kg/L,加入 400 mL 去离子水浸泡。配置浓度为 10% 的 $CuSO_4$ 溶液,按照一定的铜化率(Cu/Fe 双金属中铜与铁的质量比),移取适量浓度为 10% 的 $CuSO_4$ 溶液加入反应瓶中。密封后置于摇床中振荡反应 1 h 后,将反应瓶中溶液倒出并用去离子水进行充分清洗干净后备用。

反应瓶中加入 $CuSO_4$ 溶液后,Cu^{2+} 与金属铁发生置换反应

$$Cu^{2+} + Fe \longrightarrow Cu + Fe^{2+}$$

反应中生成的金属铜沉积在铁刨花表面,与其形成 Cu/Fe 双金属还原剂。本章

实验中采用上述方法制备的 Cu/Fe 双金属的铜化率分别为 0.1%、0.25% 和 0.5%。

实验过程中还采用上述方法制备了 Ag/Fe 和 Ni/Fe 双金属还原剂，Ag/Fe 和 Ni/Fe 双金属的银化率和镍化率均为 0.25%。这两种双金属的形成也是因为金属铁与溶液中的 Ag^+ 和 Ni^{2+} 发生了置换反应

$$2Ag^+ + Fe \longrightarrow 2Ag + Fe^{2+}$$

$$Ni^{2+} + Fe \longrightarrow Ni + Fe^{2+}$$

3. 催化铁内电解体系表征

主要从三方面对催化铁内电解体系进行表征：利用扫描电子显微镜图（SEM）观察其表面形态，X 射线电子能谱（EDS）分析其表面的主要元素组成，根据 X 射线衍射图（XRD）分析其表面的晶体结构。

图 4.17 为催化铁内电解体系的电镜扫描图。对比这四个图可知，铁刨花［图

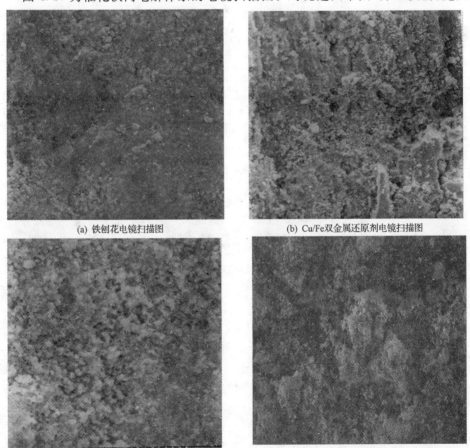

(a) 铁刨花电镜扫描图　　　　　　　　(b) Cu/Fe双金属还原剂电镜扫描图

(c) Ag/Fe双金属还原剂电镜扫描图　　　　　(d) Ni/Fe双金属还原剂电镜扫描图

图 4.17　催化铁内电解体系的电镜扫描（SEM）图

4.17(a)]的表面相对比较平滑均匀,伴有较少的孔和裂缝存在。而图(b)、(c)和(d)则显示在铁刨花表面上形成了许多的突起和凹坑,使其表面变得更粗糙不平,改变了铁刨花的表面形态。

　　图 4.18 为催化铁内电解体系的 X 射线电子能谱图。由电子能谱图可知,催化铁内电解体系中的主要元素是金属铁,铁刨花在预处理和装入反应瓶中备用的过程中部分被氧化,从图中的氧元素的峰可以证明。在制备 Cu/Fe、Ag/Fe 和 Ni/Fe 双金属还原剂的过程中,金属铁也有部分被氧化。金属铜、银和镍都通过置换反应沉积在铁刨花的表面,在 Cu/Fe、Ag/Fe 和 Ni/Fe 双金属的 X 射线电子能谱图中也分别出现了 Cu、Ag 和 Ni 元素的峰,表明有双金属催化还原剂的形成。

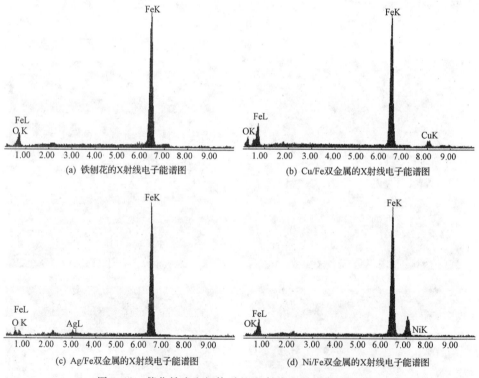

(a) 铁刨花的X射线电子能谱图　　　　　(b) Cu/Fe双金属的X射线电子能谱图

(c) Ag/Fe双金属的X射线电子能谱图　　　(d) Ni/Fe双金属的X射线电子能谱图

图 4.18　催化铁内电解体系的 X 射线电子能谱(EDS)图

　　对催化铁内电解体系进行了 X 射线衍射分析,但四种催化铁还原剂的 X 射线衍射图区别不大,未观察到金属铜、银和镍的晶体结构,这可能是 Cu/Fe、Ag/Fe 和 Ni/Fe 双金属中的金属铜、银和镍是以无定形态存在并高度分散在铁刨花表面;也可能是因为金属铁表面含金属铜、银和镍的量太少,实验中未能检测出其晶体结构。徐新华等(2004)在研究钯/铁(Pd/Fe)双金属体系时,从 Pd/Fe 双金属体系的 X 射线衍射图中也未观察到钯的晶体结构,钯以无定形态沉积在金属铁表面。

4.3　催化铁内电解反应的影响因素

本节以硝基芳香族化合物为模拟难降解有机污染物,研究催化铁体系还原降解硝基芳香族化合物的影响因素,探讨催化还原反应过程与机理。

4.3.1　多种催化铁内电解体系性能的对比

1. 催化铁内电解体系与零价铁的处理效果比较

为了提高金属铁的还原反应性能,考察了不同的以铁刨花为基体的催化铁内电解体系对硝基芳香族化合物的还原效果。

分别取经过预处理后的铁粉 16 g、铁刨花 100 g 和 Cu/Fe 双金属(铜化率为0.25%)100 g 加入三个 500 mL 的反应瓶中,并将铁刨花和双金属压实。向反应瓶中加入浓度为 50 mg/L 的 2,4-二硝基甲苯(DNT)溶液 400 mL,溶液的初始 pH 为 6.5,密封后置于摇床中进行反应。反应温度为 25℃,摇床转速为 140 r/ min。定时取样进行测定。

如图 4.19 所示为使用相同的表面积的铁粉和铁刨花及 Cu/Fe 双金属对溶液中 DNT 的还原降解效果。实验中采用 N_2 吸附 BET 方法测定铁粉的比表面积为0.69 m^2/g,铁刨花的比表面积为 0.11 m^2/g,16 g 的铁粉和 100 g 的铁刨花的表面积分别为 11.04 m^2 和 11 m^2,反应的表面积近似相等。由图 4.19 可知,在表面积相同的情况下,铁刨花和 Cu/Fe 双金属对 DNT 的还原反应速率比铁粉快得多。反应 2 h 后,铁粉对溶液中 DNT 的还原处理效率为 42.2%,且大部分的还原反应都在开始 1 h 内进行,以后的时间反应速率很慢。而铁刨花与 Cu/Fe 双金属在反应 2 h 后对溶液中的 DNT 的还原处理效率分别为 93.1% 和 94.8%。

实验中使用的铁粉为分析纯级的还原铁粉,纯度很高,表面的化学成分均匀。而铁刨花为合金钢,含有较多的杂质元素,其中的 Fe_3C 等以极小的颗粒的形式分散在铁刨花中,与金属铁基体组成了腐蚀微电池,并作为腐蚀电池的阴极,加速了金属铁的阳极氧化腐蚀而释放出更多的电子,从而促进了 DNT 的还原降解。铁刨花制成的 Cu/Fe 双金属还原剂中不但存在由 Fe_3C 等杂质和金属铁组成的腐蚀

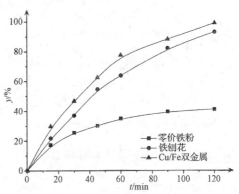

图 4.19　铁粉、铁刨花和 Cu/Fe 双金属对 DNT 的还原降解效果比较

微电池,沉积在表面的金属铜还可成为腐蚀电池的附加阴极,与金属铁形成电偶腐蚀电池,进一步加速了金属铁的氧化腐蚀。金属铜还可以提供反应界面,DNT 在其表面得到电子被还原,起到表面催化的作用,使反应更易进行且保持较高的反应速率。

2. 双金属还原体系的处理效果比较

不同的金属在铁刨花表面沉积形成相应的双金属催化还原体系后,其对硝基芳香族化合物还原降解反应的催化效果相差较大。选择常见且电极电位较高的金属铜、金属镍和金属银,考察三种金属对金属铁还原处理有机物的催化能力。

分别取 Cu/Fe、Ni/Fe 和 Ag/Fe 双金属各 100 g 加入三个 500 mL 的反应瓶中,并将双金属压实。向反应瓶中加入浓度为 50 mg/L 的 DNT 溶液 400 mL,溶液的初始 pH 为 6.5,密封后置于摇床中进行反应。反应温度为 25℃,摇床转速为 140 r/ min。定时取样进行测定。结果如图 4.20 所示。

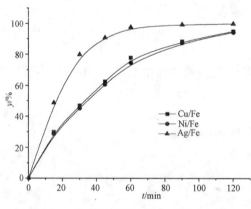

图 4.20　Cu/Fe、Ni/Fe 和 Ag/Fe 双金属
对 DNT 的还原降解效果比较

由图 4.20 可知,金属铜、镍和银与金属铁组成双金属还原体系(本实验使用的双金属中铜化率、镍化率和银化率均为 0.25%)后,都可以加快金属铁对溶液中 DNT 的还原反应速率。其中金属铜和镍的催化效果相近,而金属银的催化能力最强。反应 45 min 后,Ag/Fe 双金属体系对溶液中 DNT 的还原降解率为 90.6%,而 Cu/Fe 和 Ni/Fe 双金属体系对溶液中 DNT 的还原降解率分别为 62.5% 和 60.7%。反应 2 h 后,三种双金属还原体系对溶液中 DNT 的还原降解率都可达到 95%。

采用电极电位较高的金属与金属铁组成电偶腐蚀电池后,加速了金属铁的腐蚀溶解,明显促进了有机污染物的还原处理效果。由于金属铜与金属镍和银相比其价格较便宜,且催化能力也较强,故本书考虑到其实际应用在实验中选择 Cu/Fe 双金属还原体系。

4.3.2　反应动力学研究与影响因素

1. 溶液 pH 的影响

分别取铁刨花和 Cu/Fe 双金属(铜化率为 0.25%)各 100 g 加入 500 mL 的反

应瓶中,并将铁刨花和 Cu/Fe 双金属压实。向反应瓶中分别加入 DNT、DNB 和
NB 溶液 400 mL,其浓度分别为 50 mg/L、50 mg/L 和 300 mg/L,用稀 H_2SO_4 和
NaOH 调节溶液的 pH 分别为 3.0、7.0、11.0。密封后置于摇床中进行反应。反
应温度为 25℃,摇床转速为 140 r/ min。定时取样进行测定,并计算有机物的去除
率和反应速率常数,结果如图 4.21 和表 4.3 所示。

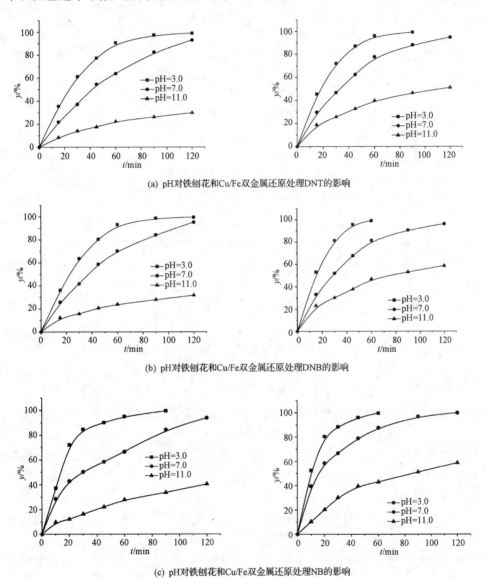

(a) pH对铁刨花和Cu/Fe双金属还原处理DNT的影响

(b) pH对铁刨花和Cu/Fe双金属还原处理DNB的影响

(c) pH对铁刨花和Cu/Fe双金属还原处理NB的影响

图 4.21　溶液 pH 对铁刨花和 Cu/Fe 双金属还原效果的影响

表 4.3　铁刨花和 Cu/Fe 双金属还原处理有机物的表观反应速率常数

有机物名称	溶液 pH	铁刨花还原		Cu/Fe 双金属还原	
		K_{obs}/min^{-1}	R^2	K_{obs}/min^{-1}	R^2
DNT	3.0	0.0519	0.9904	0.0520	0.9903
DNT	7.0	0.0202	0.9817	0.0242	0.9968
DNT	11.0	0.0034	0.9452	0.0069	0.9415
DNB	3.0	0.0444	0.9884	0.0722	0.9765
DNB	7.0	0.0227	0.9769	0.0270	0.9974
DNB	11.0	0.0037	0.9132	0.0085	0.9415
NB	3.0	0.0574	0.9789	0.0829	0.9665
NB	7.0	0.0218	0.9775	0.0443	0.9482
NB	11.0	0.0047	0.9783	0.0082	0.9569

实验结果表明,铁刨花和 Cu/Fe 双金属对 DNT、DNB 和 NB 的还原降解反应均符合准一级反应动力学方程,即

$$dc/dt = -K_{obs}t, \qquad \ln(c_0/c) = K_{obs}t$$

经过拟合计算可知 lnc 和时间 t 之间存在较好的线性关系,且相关系数(R^2)较高,呈现出一级反应动力学反应特征。由于该反应系统为多相体系,参加反应的物质不仅有金属铁和有机物,水、溶解氧和铁的化合物等也会进行各种反应。涉及的反应也包括化学氧化还原、电化学反应和吸附等多种反应原理与反应过程。因此,该类反应动力学为表观一级反应。通过表观一级反应动力学方程,可以判断铁刨花和 Cu/Fe 双金属对有机物还原降解反应速率的快慢,在实践中可以利用该工艺指导运行。

由图 4.21 和表 4.3 可知,随着溶液 pH 的增大,反应速率减小。但是与本节中的铁粉相比,在中性条件下,铁粉 2 h 内只能还原 42% 的 DNT,而铁刨花和 Cu/Fe 双金属在 2 h 内都差不多可以将溶液中的 DNT、DNB 和 NB 完全还原,显示了较好的反应性能。因此,当溶液的 pH 为酸性至中性时,不需要对溶液进行 pH 的调节,直接采用铁刨花或 Cu/Fe 双金属还原处理工艺就可以达到处理硝基芳香族化合物的目的。

将 Cu/Fe 双金属与铁刨花的还原效果进行对比可知,在酸性(pH=3.0)条件下,由于有机物的还原作用以金属铁的直接还原和新生态氢[H]的间接还原为主,二者的处理效率均比较高;在中性条件下(pH=7.0),反应 90 min 后前者的处理效率比后者高出 15%~20%;在碱性(pH=11.0)条件下,反应 2 h 后 Cu/Fe 双金属对有机物的还原处理效率可以达到 50%~60%,比铁刨花还原高出 30% 左右。这是因为随着溶液 pH 的提高,金属铁的直接还原和新生态氢[H]的间接还原作

用逐渐减弱,电偶腐蚀对有机物的还原催化等作用逐渐变得重要。研究结果证明了 Cu/Fe 双金属催化还原工艺在较宽的 pH 范围内(pH=3.0~11.0)始终保持较好的处理效果,克服了铁粉和铁刨花还原仅适宜于处理 pH 较低废水的缺点。

2. 溶液电导率的影响

调节溶液的 pH 至 7.0,加入不同浓度的支持电解质 Na_2SO_4 并调节至不同的电导率。密封后置于摇床中进行反应。反应温度为 25℃,摇床转速为 140 r/ min。定时取样进行测定,并计算有机物的去除率和反应速率常数,结果如图 4.22 和表 4.4 所示。

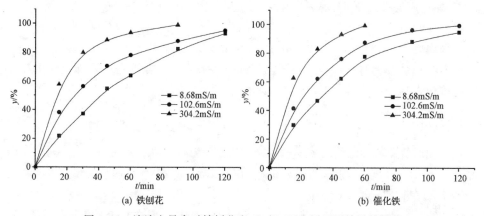

图 4.22　溶液电导率对铁刨花和 Cu/Fe 双金属还原效果的影响

表 4.4　铁刨花和 Cu/Fe 双金属还原降解 DNT 表观反应速率常数

溶液电导率 /(mS/m)	铁刨花还原		Cu/Fe 双金属还原	
	K_{obs}/min^{-1}	R^2	K_{obs}/min^{-1}	R^2
8.68	0.0202	0.9817	0.0242	0.9968
102.6	0.0250	0.9944	0.0397	0.9777
304.2	0.0504	0.9906	0.0757	0.9600

由图 4.22 和表 4.4 可知,与未加入支持电解质的溶液(表 4.4 中电导率为 8.68 mS/m)相比,向溶液中加入电解质后,铁刨花和 Cu/Fe 双金属对溶液中 DNT 的还原处理效率大幅度增加,表观反应速率也明显增大。当溶液的电导率增大到 304.2 mS/m 时,铁刨花和 Cu/Fe 双金属均可在 1 h 左右将溶液中的 DNT 完全还原降解,比未加入电解质的溶液处理效率高出 25%~30%。还原过程中的表观反应速率提高非常显著。

腐蚀电池的电化学历程必须包括阴极过程、阳极过程、电流的流动和连接阴阳极的电子导体四个不可分割的部分(陈鸿海,1995)。在本反应系统中的腐蚀电池为铁刨花和 Cu/Fe 双金属,阳极过程为金属铁的氧化溶解,阴极过程为去极化剂(DNT)接受阳极释放的电子并发生阴极还原反应。电流的流动在金属中是依靠电子从阳极流向阴极,在溶液中则是依靠离子的迁移,即阳离子从阳极区移向阴极区,阴离子从阴极区移向阳极区。在阳极和阴极区界面分别发生氧化和还原反应,实现电子的传递。

溶液的导电性能对腐蚀电池的电化学反应具有重要的影响。加入电解质后,溶液中的离子增多,增强了溶液的导电性能而使体系的电阻减小,腐蚀电池阴阳两极的电化学反应可以更快速进行,从而提高了铁刨花和 Cu/Fe 双金属对溶液中DNT 的还原处理效率,表观反应速率也明显增大。

在通常情况下,企业生产过程中产生了大量的含酸、碱和盐类废水,该类废水的电导率较大,一般可达到 1000 mS/m,导电能力较强(帕特森,1993)。因此如果废水中含盐量较大时,可以考虑采用铁刨花和 Cu/Fe 双金属还原处理其中的硝基芳香族化合物。

3. 铜化率的影响

分别取铁刨花和 Cu/Fe 双金属(铜化率分别为 0.1%、0.25% 和 0.5%)各 100 g加入 500 mL 的反应瓶中,并将铁刨花和 Cu/Fe 双金属压实。调节溶液的pH＝7.0。密封后置于摇床中进行反应。反应温度为 25℃,摇床转速为 140 r/min。定时取样进行测定,并计算有机物的去除率和反应速率常数,结果如图 4.23 和表 4.5 所示。

由图 4.23 和表 4.5 可知,与铁刨花还原剂(铜化率为 0)相比,Cu/Fe 双金属还原体系的表观一级反应速率常数 K_{obs} 明显增大,在相同的时间内大幅度提高了DNT 的还原降解效率。金属铜沉积在铁刨花表面对 DNT 的还原降解起到了较强的催化作用。随着铜化率的增大,沉积在铁刨花表面的颗粒金属铜的数量增多,与基体金属铁形成了更多的 Cu/Fe 电偶腐蚀电池,导致还原体系的表观一级反应速率常数 K_{obs} 明显增大,还原处理效果增强。但是当催化金属的质量比增大到一定程度后,其对铁刨花的反应催化作用的增强趋势变得平缓。因此只要在铁刨花体系中加入极少量的金属铜就可以大幅度提高 DNT 的还原降解速度。但是当铜化率达到 0.5% 时,反应系统的表观一级反应速率常数 K_{obs} 反而出现了下降的现象,出现这种情况主要是因为当铜化率增大到一定程度时,Cu/Fe 电偶腐蚀电池中作阳极的金属铁被较多的金属铜包裹,减少了金属铁与溶液中 DNT 的直接接触面积,不利于阳极反应——金属铁的氧化腐蚀的进行,导致与其相互联系的阴极反应——DNT 的还原反应速率下降,处理效果变差。

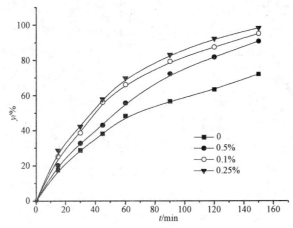

图 4.23　铜化率对还原体系处理 DNT 效果的影响

表 4.5　铜化率对还原降解 DNT 表观反应速率常数的影响

铜化率/%	表观一级反应动力学方程	R^2	K_{obs}/min^{-1}
0	$\ln(c/c_0) = -0.0089t$	0.9821	0.0089
0.1	$\ln(c/c_0) = -0.0181t$	0.9956	0.0181
0.25	$\ln(c/c_0) = -0.0234t$	0.9618	0.0234
0.5	$\ln(c/c_0) = -0.0148t$	0.9910	0.0148

对于溶液中硝基芳香族化合物的还原降解,Cu/Fe 双金属还原体系的铜化率为 0.1%～0.25% 比较适宜,可以同时综合兼顾考虑到还原处理效率与投资成本两方面的因素。

4. 摇床转速的影响

调节摇床转速分别为 60 r/min、120 r/min 和 140 r/min 进行反应,反应温度为 25℃。定时取样进行测定,并计算有机物的去除率和反应速率常数,结果如图 4.24 和表 4.6 所示。

从图 4.24 和表 4.6 可知,摇床转速对铁刨花和 Cu/Fe 双金属还原 DNT 的处理效果影响显著,随着摇床转速的提高,DNT 的还原降解效率和表观一级反应速率均明显增大。当摇床的转速达到 120 r/min 时,其对处理效率的影响趋于平缓。摇床的转速较低(如 60 r/min)时,溶液中的 DNT 与铁刨花和 Cu/Fe 双金属不能充分接触反应;而增大摇床转速可以加大溶液中的 DNT 向铁刨花和 Cu/Fe 双金属表面的传质速率,在相同的时间内发生更频繁的有效碰撞,促使反应的快速进行。本书为了保持摇床转速对反应过程影响的一致性,选择所有的反应均在转速为 140 r/min 的条件下进行。

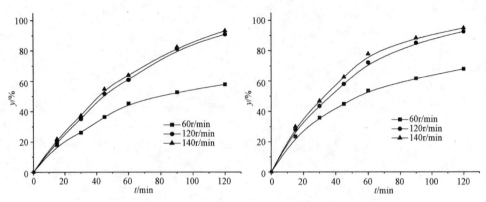

图 4.24　摇床转速对铁刨花和 Cu/Fe 双金属还原效果的影响

表 4.6　铁刨花和 Cu/Fe 双金属还原降解 DNT 表观反应速率常数

摇床转速 /(r/min)	铁刨花还原		Cu/Fe 双金属还原	
	K_{obs}/min^{-1}	R^2	K_{obs}/min^{-1}	R^2
60	0.0082	0.9577	0.0107	0.9602
120	0.0185	0.9878	0.0212	0.9976
140	0.0202	0.9817	0.0242	0.9968

5. 反应温度的影响

反应温度分别为 5℃、15℃、25℃和 35℃,摇床转速为 140 r/min。定时取样进行测定,并计算有机物的去除率和反应速率常数,结果如图 4.25 和表 4.7 所示。

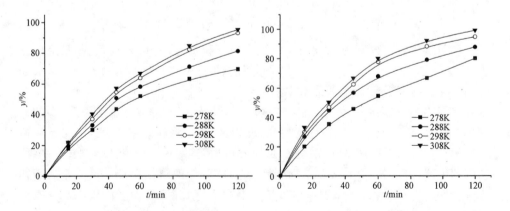

图 4.25　反应温度对铁刨花和 Cu/Fe 双金属还原效果的影响

表 4.7　铁刨花和 Cu/Fe 双金属还原降解 DNT 表观反应速率常数

反应温度 T/K	铁刨花还原		Cu/Fe 双金属还原	
	K_{obs}/min^{-1}	R^2	K_{obs}/min^{-1}	R^2
278	0.0108	0.9821	0.0131	0.9942
288	0.0141	0.9966	0.0178	0.9976
298	0.0202	0.9817	0.0242	0.9968
308	0.0224	0.9742	0.0272	0.9922

由图 4.10 和表 4.5 可知,随着反应温度的提高,表观反应速率常数增大,溶液中 DNT 的还原降解加快,铁刨花和 Cu/Fe 双金属的处理效率增高。反应温度从 5℃上升至 25℃时,DNT 的处理效率增幅较大;当反应温度在 25～35℃的范围内,温度的上升对处理效率的影响趋于平缓。

根据阿伦尼乌斯公式可知,随着温度的升高,分子热运动速度加快,平均动能增大,分子中活化分子所占比例增加,对于直接化学反应,分子之间的有效碰撞增多,反应速率加快。在这里的铁刨花和 Cu/Fe 双金属体系,由于温度升高,导致 DNT 溶液电阻下降,一定程度上改善了内电解处理的效果。实验过程中发现即使在较低的温度(如 5℃)条件下,铁刨花和 Cu/Fe 双金属对 DNT 仍然具有较高的还原处理效率。实际工程中采用铁刨花和 Cu/Fe 双金属还原处理硝基芳香族化合物时,当废水的温度在 5～35℃的范围内都可以保持较高的处理效率,不会出现类似生物法处理在低温时微生物活性降低而造成处理效率很低的问题。

对表 4.7 中数据进行线性拟合回归,分析反应速率常数随温度变化的规律。以 $\ln K_{obs}$ 对 $1/T$ 作图可得到 $\ln K_{obs}$-$1/T$ 图,结果如图 4.26 所示。根据阿伦尼乌斯方程 $K = Ae^{-E_a/RT}$,可以计算出准一级反应的表观活化能和指前因子。

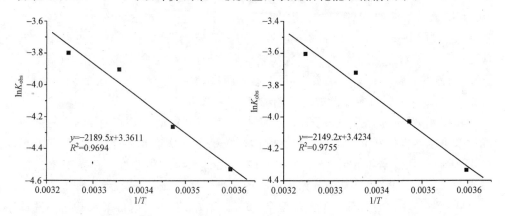

图 4.26　铁刨花和 Cu/Fe 双金属与 DNT 反应体系的 $\ln K_{obs}$-$1/T$ 线性拟合

对于铁刨花与 DNT 的反应体系,$\ln K_{obs}$ 与 $1/T$ 之间的线性回归方程为

$$-\ln K_{obs} = 2189.5 \times (1/T) - 3.3611$$

由直线斜率和截距可分别计算出:表观活化能 E_a 为 1.82×10^4 J/mol,指前因子 A 为 28.8 $\min^{-1}$。

对于 Cu/Fe 双金属与 DNT 的反应体系,$\ln K_{obs}$ 与 $1/T$ 之间的线性回归方程为

$$-\ln K_{obs} = 2149.2 \times (1/T) - 3.4234$$

由直线斜率和截距可分别计算出:表观活化能 E_a 为 1.78×10^4 J/mol,指前因子 A 为 30.7 $\min^{-1}$。

4.4　催化铁内电解体系性能的稳定性

4.4.1　催化铁内电解体系反应性能

研究结果表明,与铁粉相比较,铁刨花和双金属体系可以快速且高效率的还原降解溶液中的硝基芳香族化合物。铁粉只适合在酸性环境中还原处理硝基芳香族化合物,但与酸反应消耗量较大,在中性和碱性环境中处理效率很低。而铁刨花和双金属体系在中性和弱碱性环境中也可以保持较高的处理效率,故拓宽了金属铁还原处理工艺的应用范围。为了考察催化铁内电解体系的反应性能,本节重点研究铁刨花和 Cu/Fe 双金属体系在中性环境还原处理硝基芳香族化合物长期运行的稳定性。

取 Cu/Fe 双金属(铜化率为 0.25%)100 g 加入 500 mL 的反应瓶中,并将铁刨花和 Cu/Fe 双金属压实。向反应瓶中分别加入浓度为 100 mg/L 的 DNT 溶液400 mL,调节溶液的 pH=7.0。密封后置于摇床中进行反应。反应温度为 25℃,摇床转速为 140 r/ min。反应 3 h 后取样进行测定,并计算有机物的去除率。反应过程采用间歇方式进行,将前一次实验取样完毕后剩余的反应液倒出,重新加入DNT 溶液并直接进行下一次实验,每天运行两次,取平均值作为当天的运行结果。考察 Cu/Fe 双金属反应性能的变化趋势,结果如图 4.27 所示。

由图 4.27 可知,对于 Cu/Fe 双金属体系,反应开始的前 7 天对 DNT 的还原降解效率基本保持在 97% 以上,且反应运行较稳定。从第 8 天开始逐渐下降,到第 12 天时处理效率降低至 80.2%。第 13 天用自来水剧烈冲洗再用蒸馏水洗净后进行反应,处理效率恢复到开始反应时的水平。继续反应 4 天后,处理效率又逐渐下降,到第 21 天时处理效率下降至 77.6%。第 22 天再次用自来水剧烈冲洗再用蒸馏水洗净后进行反应,处理效率略有上升,但 Cu/Fe 双金属体系的反应性能很快就下降至较低水平。第 25 天反应结束后用浓度为 2% 的稀硫酸进行酸洗后

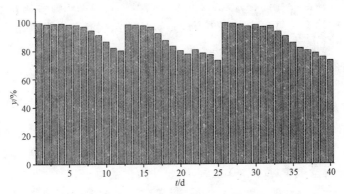

图 4.27　Cu/Fe 双金属体系还原降解溶液中 DNT 处理效率的变化

继续反应,结果表明铁刨花的处理效率又得到恢复到最初水平,反应进行到第33天后处理效率又逐渐下降。

Cu/Fe 双金属体系在还原处理溶液中 DNT 的反应过程中,腐蚀电池阳极的金属铁被氧化腐蚀而生成氧化物如 Fe_2O_3 等。腐蚀电池的一次产物通过扩散作用相遇时导致了腐蚀次生过程的发生,形成了难溶性的产物如 $Fe(OH)_3$ 等,在金属铁表面形成保护膜并在继续增厚。腐蚀次生过程在金属上形成的难溶性氧化物,其保护性比金属表面直接发生化学作用生成的初生氧化物膜要差得多。因此,铁刨花和 Cu/Fe 双金属体系分别在第21天和第13天用水冲洗后就可以恢复大部分的反应性能。当金属铁表面的氧化物膜增加到一定程度,冲洗对反应性能的改善作用不大,只能通过酸洗溶解金属铁表面形成的(氢)氧化物保护膜后才能完全恢复其反应性能。

实验结果表明,铁粉还原降解溶液中 DNT 的反应过程中生成的氧化物膜,可以在很短的时间就使铁粉产生反应钝态现象。铁刨花和 Cu/Fe 双金属体系由于形状较大且弯曲不平,反应过程中形成铁的(氢)氧化物不容易附着在金属铁表面而较易脱落并沉淀。另外,铁刨花和 Cu/Fe 双金属体系即使反应性能下降,其对DNT 仍然具有较高的处理效率(60%左右)。这是因为铁刨花和 Cu/Fe 双金属体系组成成分复杂,其在溶液中可以生成较多的类似绿锈(green rust)的含 Fe(Ⅱ)化合物,这些化合物对硝基芳香族化合物具有很强的还原能力,具体结论详见4.5节内容分析。

4.4.2　催化铁内电解体系的表面特征分析

本研究将反应前与反应运行了40天的铁刨花和 Cu/Fe 双金属体系进行对比,对其表面形貌、化学组成和表面晶相进行分析,以揭示催化铁内电解体系在还原降解硝基芳香族化合物的反应过程中表面特征的改变情况。

　　反应前的铁刨花经过预处理并用蒸馏水洗净后,表面带有金属铁的光泽,虽然表面较粗糙并伴有裂缝但总体较均匀,无明显的深褐色氧化物存在。反应 40 天后,铁刨花表面出现了大量的蚀坑和突起,深褐色的氧化物几乎分布于全部的表面。反应前的 Cu/Fe 双金属表面单质铜均匀分布,并高度分散在铁刨花的表面。反应 40 天后,单质铜形成的突起周围被深褐色的氧化物包围,有些位置还出现了被氧化物覆盖的现象。

　　图 4.28 和图 4.29 是铁刨花和 Cu/Fe 双金属在反应前和反应运行 40 天后的 X 射线电子能谱(EDS)图。对于铁刨花还原体系,反应前金属铁的含量为 80.3%,氧的含量很少;反应 40 天后,金属铁的含量为 67.1%,氧的含量也达到了 15.2%。对于 Cu/Fe 双金属还原体系,反应前金属铁的含量为 82.1%,氧的含量也很少;反应 40 天后,金属铁的含量为 63.2%,氧的含量也达到了 16.7%。因此,铁刨花和 Cu/Fe 双金属还原体系在反应过程中生成了大量的铁的(氢)氧化物,其覆盖在金属铁表面而阻止了与溶液中的 DNT 的接触,从而抑制了 DNT 还原降解反应的进行。

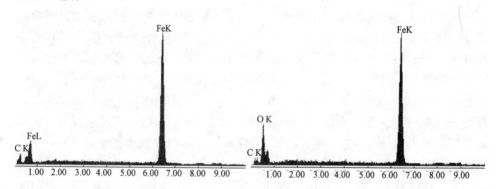

图 4.28　铁刨花还原体系反应前后的 X 射线电子能谱(EDS)图

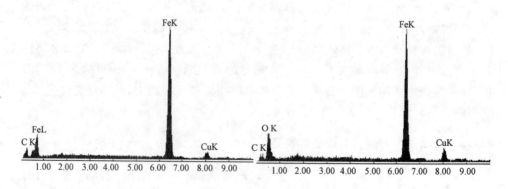

图 4.29　Cu/Fe 双金属还原体系反应前后的 X 射线电子能谱(EDS)图

图 4.30 和图 4.31 是铁刨花和 Cu/Fe 双金属在反应运行 40 天后的 X 射线衍射(XRD)图。经过分析可知,反应运行 40 天后,铁刨花中主要为铁单质,深褐色的氧化物晶相为磁铁矿、赤铁矿、纤铁矿和针铁矿等的晶体结构;Cu/Fe 双金属中的主要物质为铁单质和铜单质,氧化物晶相也主要是磁铁矿、赤铁矿、针铁矿和纤铁矿等的晶体结构。而反应前的铁刨花和 Cu/Fe 双金属由本书 4.2.1 节可知基本上是金属铁的结构,这表明了反应过程中形成了铁的(氢)氧化物。

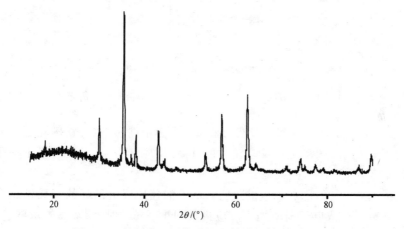

图 4.30 铁刨花还原体系的 X 射线衍射(XRD)图

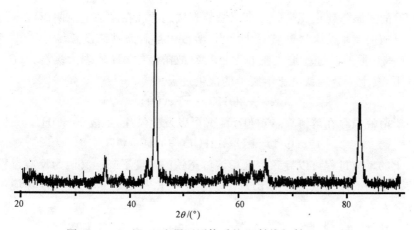

图 4.31 Cu/Fe 双金属还原体系的 X 射线衍射(XRD)图

4.4.3 溶液 pH 和溶解态铁浓度的变化

实验结果表明,催化铁还原降解硝基芳香族化合物的反应过程中,溶液的 pH 和溶解态铁浓度会不断发生变化。本研究以铁刨花还原降解溶液中的 DNT 为例,溶液的 pH 和溶解态铁浓度随时间的变化情况分别如图 4.32 和图 4.33 所示。

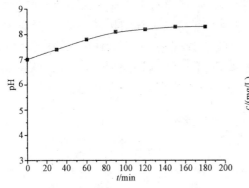

图 4.32　溶液的 pH 随时间的变化

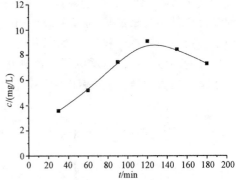

图 4.33　溶液中的溶解态铁浓度随时间的变化

　　由图 4.32 可知,当 DNT 溶液的初始 pH 为中性时,经过铁刨花还原处理后,溶液的 pH 在反应的初始阶段有较小的升高,反应 90 min 以后的趋于平缓,最后一般都稳定到 pH8.3 左右。

　　由图 4.33 可知,随着反应的进行,DNT 的还原降解消耗的金属铁越来越多,溶液中溶解态铁浓度逐渐增加。反应进行到 120 min 时,溶解态铁浓度达到最大值 9.12 mg/L,之后出现了下降趋势。

　　上述实验结果由铁刨花与 DNT 溶液的总体反应过程造成的。在中性环境中,DNT 的还原降解主要是通过金属铁的直接还原和在腐蚀电池阴极区得到电子还原。反应的结果使金属铁被氧化溶出,溶液中溶解态铁浓度逐渐增大。溶液中的 DNT 被还原的总过程是消耗 H^+ 的反应,故溶液的 pH 表现为缓慢升高。在这种条件下,发生了金属铁电化学腐蚀的次生过程。

$$Fe^{2+} + 2OH^- \longrightarrow Fe(OH)_2$$

由于溶液中存在溶解氧,$Fe(OH)_2$ 又可以发生氧化,生成 $Fe(OH)_3$。

$$4Fe(OH)_2 + O_2 + 2H_2O \longrightarrow 4Fe(OH)_3$$

以上的反应过程可以导致溶液中溶解态铁的浓度下降。又因为反应过程中消耗了溶液中的 OH^-,故溶液的 pH 不会持续上升,最后稳定在弱碱性环境中(pH 趋于 8.3 左右)。

4.5　催化铁内电解还原反应机理

　　催化铁还原降解硝基芳香族化合物的最基本反应原理仍是金属铁作为电子供体释放电子被氧化,有机物作为电子受体得到电子被还原。由于本研究采用的催化铁内电解体系是原电池的一种形式,组成成分复杂,除了包括零价铁的还原作用,其还原作用机理还涉及催化化学和电化学等方面。

铁刨花和 Cu/Fe 双金属还原体系的基体是金属铁,其对硝基芳香族化合物的还原反应机理还包括高纯度零价铁的还原作用机理,即零价铁的直接还原作用和新生态氢[H]的还原作用。由于铁刨花和 Cu/Fe 双金属还原体系是以金属铁为基体的原电池,化学组成中含有许多杂质,在反应过程中体现了与零价铁的还原不尽相同的作用。其中主要是含 Fe(Ⅱ)化合物的还原作用和原电池的催化还原作用。

4.5.1　含 Fe(Ⅱ)化合物的还原作用

由实验结果可知,水溶液中的 Fe^{2+} 对于硝基芳香族化合物的还原作用很差,对该类有机物的还原降解的贡献很小。樊金红(2005)运用化学热力学的理论,推导出在溶液的 pH>0.81 时,溶液中溶解态的亚铁离子 Fe^{2+} 对硝基苯的还原反应不能进行(反应过程中 $\Delta G>0$)。Deng(1999)等也通过加入能与溶液中的 Fe^{2+} 形成络合物的络合剂,证明了 Fe^{2+} 对氯代有机物几乎不能起到还原脱氯作用。

虽然 Fe^{2+} 对硝基芳香族化合物和氯代有机物不是有效的还原剂,但是吸附在铁刨花表面的含 Fe(Ⅱ)的氧化物和氢氧化物却具有较强的还原能力。铁刨花由于其组成成分的特殊性,浸泡在水中表面可以生成磁铁矿(magnetite,Fe_3O_4)、针铁矿(goethite,α-FeOOH)、纤铁矿(lepidocrocite,γ-FeOOH)和赤铁矿(maghemite,γ-Fe_2O_3)等铁的氧化物和氢氧化物,图 4.30 和图 4.31 中也证明这些氧化物和氢氧化物的生成。图 4.34 为金属铁在水溶液中的氧化腐蚀及含铁氧化物和氢氧化物的生成和转化途径(Cornell,1996)。

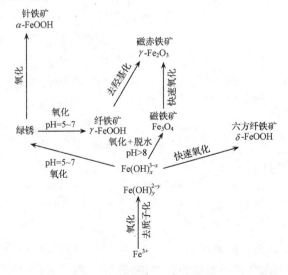

图 4.34　含铁氧化物和氢氧化物的生成和转化途径

铁刨花浸泡在水中氧化腐蚀生成无定形 $Fe(OH)_2$，能继续被氧化成磁铁矿。在近中性条件下，形成磁铁矿的反应过程中很容易产生绿锈（green rust）。绿锈是含有 Fe(Ⅱ)和 Fe(Ⅲ)混合价态的复杂物质，具有很强的吸附性能同时又可以作为强还原剂。绿锈只能在缺氧的条件下保持稳定，较容易被氧化成针铁矿和纤铁矿，最后被氧化成赤铁矿。

由于绿锈等含 Fe(Ⅱ)氧化物和氢氧化物具有较强的还原性能，目前对含 Fe(Ⅱ)物质对氯代有机物、硝基芳香族化合物、硝酸盐、Cr(Ⅵ)和 As(Ⅴ)等的还原有较多的研究（Klausen et al. , 1995；Hofstetter et al. , 1999；Erbs et al. , 1999；Hwang et al. , 2002；Hansen et al. , 1996；Buerge et al. , 1999；Manning et al. , 2002）。为了进一步证明含 Fe(Ⅱ)氧化物和氢氧化物对硝基芳香族化合物的还原能力，本节设计了以下实验。

铁刨花浸泡在水中一段时间后，在其表面和反应瓶的底部会形成一些墨绿色的沉淀物，通过 X 射线衍射分析可知沉淀物主要含有磁铁矿、针铁矿、纤铁矿和赤铁矿等铁的氧化物和氢氧化物。

取 5 g 沉淀物加入反应瓶中，并向反应瓶中加入浓度为 50 mg/L 的 DNT 溶液 200 ml，密封后置于摇床中进行反应。反应温度为 25℃，摇床转速为 140 r/min。定时取样进行测定，结果如图 4.35 所示。

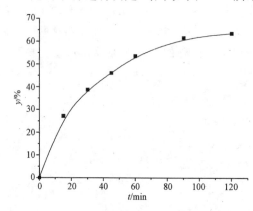

图 4.35　沉淀物对 DNT 的还原降解

由图 4.35 可知，反应瓶底部的墨绿色沉淀物对 DNT 的还原能力也较强。反应 2 h 后，对溶液中 DNT 的还原处理效率可达到 63.5%，同时墨绿色沉淀物颜色变为红褐色。由此可见含 Fe(Ⅱ)氧化物和氢氧化物对硝基芳香族化合物具有较强的还原反应性能。

另外，取 5 g $FeSO_4$ 加入反应瓶中，并向反应瓶中加入浓度为 50 mg/L 的 DNT 溶液 200 mL，用 NaOH 将溶液的 pH 调节至 12.0，置于磁力搅拌器上进行反应。实验过程中发现当溶液调节至碱性后，出现了大量墨绿色的 $Fe(OH)_2$ 沉淀，反应 15 min 后，可以将溶液中的 DNT 全部还原降解，墨绿色 $Fe(OH)_2$ 沉淀也被氧化成 $Fe(OH)_3$ 而呈现棕黄色。

因此，从以上两组实验结果可以看出，含 Fe(Ⅱ)的氧化物和氢氧化物对硝基芳香族化合物具有较强的还原能力。当溶液处于中性和碱性环境时，其对有机物的还原处理效果的贡献更大，是铁刨花还原体系的主要还原作用之一。

4.5.2　微观原电池的作用

铁刨花中含有 Fe_3C 和石墨等杂质,这些杂质以微电极的形式与基体金属铁构成了微观的复相电极,形成了许许多多短路的微电池系统。由于杂质的腐蚀电位比基体金属铁的腐蚀电位高,也形成了微观电池的"微阴极"。微观电池作用的结果加速了基体金属铁的氧化腐蚀,也相应地促进了溶液中硝基芳香族化合物在阴极区的还原降解反应的进行。

铁刨花中杂质对基体金属铁的腐蚀氧化的加速效果与金属铁表面阴极性杂质的面积分数相关。阴极性杂质加速基体金属铁氧化腐蚀的效应与面积分数的关系为(曹楚南,1994)

$$\frac{\partial \ln \gamma}{\partial f} = \frac{\beta_{c2}}{\beta_{a1} + \beta_{c2}} \times \frac{1}{f(1-f)}$$

式中: f 表示金属表面上阴极性杂质的面积分数; γ 表示基体金属铁含杂质是的阳极氧化腐蚀溶解电流密度与不含阴极性杂质时的比值; β_{c2} 表示去极化剂(本研究主要为 DNT)在阴极性杂质表面上还原反应的塔菲尔斜率; β_{a1} 表示基体金属铁表面阳极氧化溶解的塔菲尔斜率。

可以证明,当 $f < 0.5$ 时, f 值越小, $1/[f(1-f)]$ 的值越大。因此,当金属铁的纯度越高,阴极性杂质加速氧化腐蚀的效果越明显。本研究中使用的铁刨花中含金属铁的量大于 95%(详见表 1.5),故相对于分析纯级别的铁粉来说,基体金属铁的氧化腐蚀速率大大增加,加速了金属铁释放电子,从而加快了溶液中硝基芳香族化合物的还原降解。

4.5.3　双金属原电池的作用

当两种电极电位不同的金属在电解液中相接触时可以形成电偶,导致电位较低的金属腐蚀加快,而电极电位较高的金属得到保护。产生电偶腐蚀的动力来自两种金属的电位差,两种金属的电极电位差越大,电偶腐蚀越严重。电偶腐蚀速度的大小与电偶电流成正比(刘永辉等,1993),其相互关系为

$$I_g = \frac{E_C - E_A}{\dfrac{P_C}{S_C} + \dfrac{P_A}{S_A} + R}$$

式中: I_g 为电偶电流密度; E_C、E_A 分别为阴、阳极金属偶接前的稳定电位; P_C、P_A 分别为阴、阳极金属的极化率; S_C、S_A 分别为阴、阳极金属的面积; R 为包括溶液电阻和接触电阻的欧姆电阻。

当金属铁因去极化剂 D(本研究为硝基芳香族化合物)的作用氧化腐蚀时,反应 $Fe \longrightarrow Fe^{2+} + 2e$ 和反应 $D + ne \longrightarrow E$ 成为共轭反应,这是金属铁的电极电位就

是其腐蚀电位 E_{C1}。而另一种金属(如铜)的电极电位比去极化剂 D 的还原反应的平衡电位高,在金属铜表面只能进行去极化剂的电极反应,其电极电位为去极化剂 D 电极反应的平衡电位 E_{eD}。当金属铁和金属铜接触并同时处于含去极化剂 D 的溶液中时,由于 $E_{C1}=(E_{eD}-\eta_D)=E_{Fe}<E_{Cu}=E_{eD}$[式中 η_D 为金属铁未与金属铜接触时去极化剂 D 的还原反应的过电位(魏宝明,1984)],故当溶液外部将金属铁和金属铜连通时,就构成了电偶腐蚀电池,电流经过外电路从金属铜流向金属铁。这时对于金属铁就有了外加的阳极电流,于是金属铁除了与去极化剂 D 形成共轭反应而氧化腐蚀外,还由于与金属铜接触形成电偶电池而发生阳极氧化,其腐蚀速率增大了。因此金属铁释放电子的速率加快,溶液中硝基芳香族化合物的还原降解反应速率也增大了。

当金属铜与金属铁接触时,去极化剂 D 的还原反应除了在金属铁表面进行外,同时还在金属铜的表面上进行。且 η_D 越大,去极化剂 D 的还原反应在金属铜表面上进行的比例越大(魏宝明,1984)。这就使得 D 的还原反应加速,而金属铜不被氧化腐蚀,反应所需要的电阻都由金属铁阳极氧化反应提供,因此加速了金属铁的氧化腐蚀速率。为了进一步证明硝基芳香族化合物在双金属中的金属铜电极上可进行自发得电子还原反应,本节还设计了以下实验。

反应装置如图 4.36 所示,向左边反应室中加入 25 mL 蒸馏水,右边反应室加入 25 mL 的浓度为 200 mg/L 的硝基苯溶液,并分别加入 5 g 硫酸钠作为支持电解质,中间用超滤膜隔开。分别向左边和右边的反应室加入一定表面积的金属铁片和铜片,用金属导线进行连接,密封后将整个反应装置置于磁力搅拌器上进行反应。定时取样测定,实验结果如图 4.37 所示。

铁电极　　　　　　　　　　　　　　　　铜电极

隔膜

图 4.36　反应装置示意图

由图 4.37 可知,随着时间的延长,阴极室溶液中硝基苯的浓度逐渐降低。反应 8 h 后,约有 77.6% 的硝基苯在阴极金属铜表面得到电子被还原降解。通过对溶液中有机物的紫外扫描光谱和 GC-MS 的定性分析,可以证明硝基苯被还原为苯胺,结果如图 4.38~图 4.40 所示。

由图 4.38 可知,反应前硝基苯存在在 $\lambda_{max}=202$ nm 和 $\lambda_{max}=268$ nm 两个特征吸收峰。随着反应的进行,有机物在 268 nm 处的吸收峰逐渐减弱,而在 230 nm 和 280 nm 处的吸收峰逐渐增强。对比苯胺的标准紫外吸收光谱图,可知 230 nm 和

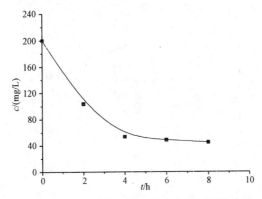

图 4.37　阴极室溶液中硝基苯浓度随时间的变化

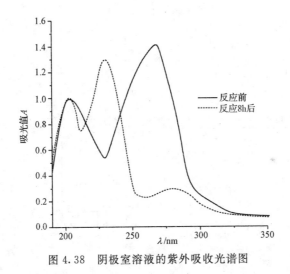

图 4.38　阴极室溶液的紫外吸收光谱图

280 nm 处的吸收峰正是苯胺的特征吸收峰(王咏梅等，1997)，故可以初步判断硝基苯被还原成苯胺。

　　图 4.39 为阴极室中有机物在反应前和反应 4 h 后的气相色谱图，图 4.40 为保留时间分别为 9.00 min 和 7.89 min 处峰所对应的物质及硝基苯和苯胺的质谱图。由图 4.39 和图 4.40 可知，硝基苯(保留时间为 9.00 min)在阴极表面得到电子后被还原为苯胺(保留时间为 7.89 min)，并未发现其他中间产物生成。

　　因此，金属铁与其他电极电位较高的金属相接触形成双金属体系后，一方面，通过组成电偶原电池加速金属铁释放电子，促进溶液中硝基芳香族化合物的还原降解；另一方面，作为阴极的金属可以为硝基芳香族化合物的还原提供反应界面，有机物在其表面可以直接得到电子而被还原。金属铁与金属铜、镍和银等组成双

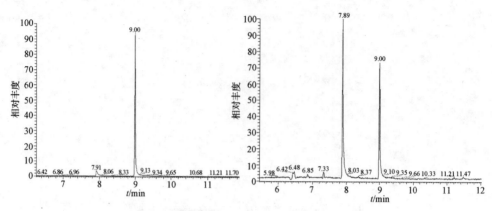

图 4.39　阴极室溶液还原反应过程的气相色谱图

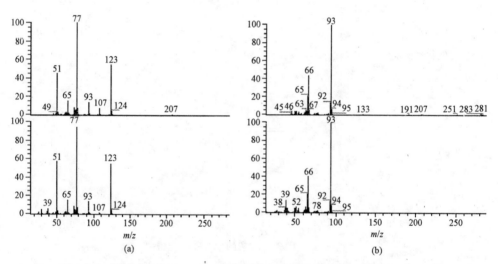

图 4.40　保留时间为 9.00 min 处峰所对应的物质和硝基苯的质谱图(a)与
保留时间为 7.89 min 处峰所对应的物质和苯胺的质谱图(b)

金属体系后,改变了电极材料的性质,加快了电极反应的反应速率,对硝基芳香族
化合物的还原降解产生了电催化作用。

第5章　毒害有机物电解还原法

电化学方法由于具有适应性强、不需要添加反应药剂、设备简单、容易控制等优点而被应用于废水处理。随着电解催化理论和阳极材料研究的发展,电化学法在处理水中有机物方面引起了极大的关注,显示出独特的优势和应用前景。

电化学氧化方法,是利用电极表面产生的强氧化性自由基如·OH等,并通过电极高效的电催化性能,可以无选择地对有机物进行氧化处理,使废水中的有机污染物在电极上或溶液中直接或间接地被氧化降解。按照被处理有机物的最终形态,有机污染物的电化学氧化处理分为两类(冯玉杰等,2002):一类是通过电化学过程将有机物完全分解,使其被彻底氧化为二氧化碳和水等;另一类将有机物不彻底氧化,只是将难生物降解或生物毒性有机污染物转化为可生物降解的物质。由于电化学氧化处理有机污染物时可产生较少中间体,降解程度高,电流效率较高,氧化反应速率较快,对处理含酚类、醇类、染料和表面活性剂等有机废水进行了大量的研究并逐渐得到应用。

相对而言,较多的研究者都把注意力集中在电解过程的阳极的氧化反应过程,相对忽视了阴极的还原反应过程。而阴极过程在电解反应中是客观存在的,在特定情况下可以起到非常重要的作用,目前对其研究较少。

研究表明,对于含拉电子基团的有机物(如氯代有机物等),·OH等与这类有机物的反应性能较低,而采用阴极电解还原降解是较好的选择。阴极电解还原在常温常压条件下即可进行,无需另加化学药剂,反应具有较好的选择性(只与—Cl和—NO$_2$等反应),脱氯或硝基被还原后的有机物可直接进行生物处理。且电化学还原法具有很高的灵活性,既可作为单独处理工艺使用,又可以与其他处理方法耦合。

本研究以硝基苯类和偶氮类有机物为模拟毒害有机污染物,采用电解法对其进行还原处理,将该类有机物中的拉电子基团(如硝基)还原降解成推电子基团(胺基),降低有机物的生物毒性,并使其生物降解性能提高,达到预处理的目的。本研究还重点考察了电解还原过程的影响因素,研究电解还原降解过程的电流效率,探讨了电解还原反应过程与机理(涂传青,2006)。

5.1　偶氮染料物质的电解还原

5.1.1　直接电解法还原偶氮染料

电解试验装置如图5.1所示。其中电解槽规格为8 cm×5 cm×6 cm,以铜作阴极、铁作阳极进行电解试验,电解槽配有密封盖。

以蒸馏水配置 25 mg/L 的活性红 X-3B、阳离子红 GRL 的溶液 200 mL,支持电解质为 0.1 mol/L 的无水硫酸钠,pH 分别为 4.0、7.0 和 9.0,调节电解电压为 0.25 V、0.45 V 和 0.8 V 进行电解,反应 6 h,取其上层清液用分光光度计测吸光度,试验结果如表 5.1 所示。

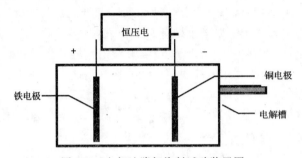

图 5.1　电解法降解染料试验装置图

表 5.1　两种偶氮染料电解 6 h 后的降解效果

电解电压/V	pH＝4.0			pH＝7.0			pH＝9.0		
	0.25	0.45	0.8	0.25	0.45	0.8	0.25	0.45	0.8
阳离子红 GRL 脱色率/%	29.3	37.6	42.1	26.7	32.4	53.1	25.3	35.4	50.8
活性红 X-3B 脱色率/%	30.1	41.0	46.1	24.9	36.9	62.2	23.4	35.1	60.7

由表 5.1 可以看出,两种偶氮染料经电解 6 h 都有较高的脱色率。在酸性条件下,阳离子红 GRL 和活性红 X-3B 在电解电压从 0.25 V 上升到 0.8 V 时,脱色率上升幅度不大,分别从 29.3% 和 30.1% 上升到 42.1% 和 46.1%,原因可能是这两种染料在酸性条件下铜电极表面的还原峰电位分别为 -1.15 V 和 -1.1 V,即实验所采用的电解电压没有达到该种条件下两种染料的理想还原电压,不能充分发挥染料的电化学还原效果(参见表 1.4)。

在中性和碱性条件下,阳离子红 GRL 和活性红 X-3B 在电解电压从 0.25 V 上升到 0.45 V 时,脱色率上升幅度不大,大体上在 10% 左右,而电解电压从 0.45 V 上升到 0.8 V 时,脱色率的上升比较明显,大体上在 20% 左右,原因可能是在中性和碱性条件下,铜电极表面除在 -0.25 V 之前有一个明显的或者不明显的还原峰之外,在 -0.7 V 左右又有一个明显的还原峰。当电解电压从 0.25 V 上升到 0.45 V 时正好两个电压都超过了第一个还原峰,而没有达到第二个还原峰,所以脱色率的上升比较缓慢,而当电解电压从 0.45 V 上升到 0.8 V 时,正好达到了第二个还原峰的还原电压,所以此时两个还原峰都能够出现,脱色率也就有了明显的上升。在这种条件下,染料分子在铜电极的电化学还原是脱色的主要原因(参见表 1.4)。

　　在相同条件下,活性红 X-3B 比阳离子红 GRL 的电解脱色率高,而循环伏安法显示,活性红 X-3B 的还原峰电位比阳离子红 GRL 的更正,从表 1.4 可以看出,活性红 X-3B 在中性和碱性的还原峰电位分别为−0.4 V 和−0.63 V,而阳离子红 GRL 分别为−0.6 V 和−0.7 V,显然活性红 X-3B 更易被还原,本电解试验也验证了这一点。

5.1.2　分极室电解法还原偶氮染料

　　5.1.1 小节的试验中的铁电极和铜电极是在同一个电解槽中放置,阴阳极上电解产物不能分清,互相干扰,为解决此问题,设计一个用隔膜把阴极室和阳极室隔开的电解槽(图 5.2)。

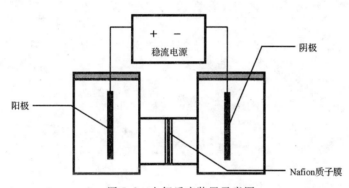

图 5.2　电解反应装置示意图

　　电解阴极还原反应装置如图 5.2 所示。整个反应装置采用有机玻璃制成 H 型电解池,阴极室和阳极室的有效容积 1.5 L,中间连接处用直径 2.5 cm 的 Nafion 质子膜隔开。电解还原实验中使用的阳极材料为形稳阳极 DSA(dimension stable anode)类 Ti/RuO_2+TiO_2 电极,以金属钛为底材,外层涂布贵金属氧化物层 RuO_2 和 TiO_2,电极板面积为 20 cm²。阴极材料则分别采用石墨和金属铜片电极,电极板面积也均为 20 cm²。

　　为了研究电解过程中的阴极还原反应,实验过程中采用隔膜将电解池分隔为阳极室和阴极室,以保证阳极反应和阴极反应及其产物之间互不干扰。Nafion 膜是一种全氟磺酸质子交换膜,具有优良的机械物理和化学稳定性。DuPont 公司生产的 Nafion112 型质子交换膜是一种选择性氢离子透过膜,具备以下的特点:①良好的水保持能力和化学稳定性;② 较高的质子传导性能;③ 稳定的电导率($>10^{-2}$S /cm)。本研究的实验过程中选用 Nafion112 型质子膜,以阻止阴极室溶液中的硝基芳香族化合物渗透扩散至阳极室,并保持电流畅通的作用。

　　试验选取两种不同类型的偶氮染料活性红 X-3B 和阳离子红 GRL 作为研究对象。以蒸馏水配置 25 mg/L 活性红 X-3B、阳离子红 GRL 的溶液 200 mL,电解质为 0.1 mol/L 的无水硫酸钠。在图 5.2 所示的电解装置中进行电解反应 6 h,取其上层清液用分光光度计测吸光度,并用分光光度计扫描阴极室和阳极室电解后的染料上清液,试验结果如表 5.2 所示。

表 5.2　阴阳极室分离电解法电解染料降解效果

pH					4.0					7.0					10.0			
电解电压/V		0.3	0.45	0.8	1.1		0.3	0.45	0.8	1.1		0.3	0.45	0.8	1.1			
阳离子红 GRL	阴极室	13.1	22.1	42.6	65.9		15.4	31.8	53.5	76.9		25.7	32.1	58.8	84.1			
脱色率/%	阳极室	9.4	11.6	15.4	43.2		11.2	13.4	19.7	48.7		8.3	14.9	24.7	56.7			
活性红 X-3B	阴极室	28.5	45.7	62.1	80.9		36.1	53.7	81.2	88.7		35.9	62.1	86.9	89.6			
脱色率/%	阳极室	12.5	15.9	22.4	26.7		15.6	21.5	28.2	32.5		16.7	24.3	27.9	31.5			

　　从表 5.2 可以看出,阴极室的降解效果要明显好于阳极室,下面针对两种不同类型的偶氮染料阴极室的降解情况做进一步的探讨。

　　这两种染料的脱色率随 pH 的变化不太明显。从表 5.2 可以看出:① 活性红 X-3B 和阳离子红 GRL 在阴阳极分离的电解槽中的电解脱色率随着 pH 的升高都同时升高。由表 5.2 可知,随着 pH 的升高,染料在铜电极上的还原峰电位逐渐正移,所以相对来说,在碱性条件下阴极室的电解脱色率要高于在酸性条件;② 在阴极室活性红 X-3B 的脱色率要稍高于阳离子红 GRL 的脱色率,这因为活性红 X-3B 在相同 pH 时在铜电极上的还原峰电位要比阳离子红 GRL 在铜电极上的还原峰电位更正,也就是说相同条件下活性红 X-3B 要比阳离子红 GRL 更容易被还原。

　　图 5.3 是活性红 X-3B 电解前后分光光度计阴阳极室上清液的扫描图,从图中可以看出,活性红 X-3B 电解后阴极室的特征吸收峰要低于阳极室的特征吸收峰,活性红 X-3B 的偶氮双键断裂,说明即使是在 0.3 V 的电压下电解降解仍可以发生。

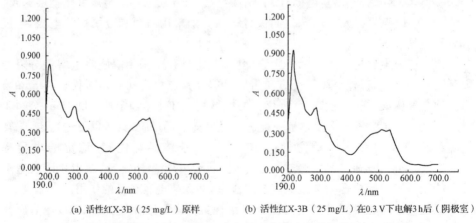

(a) 活性红 X-3B(25 mg/L)原样　　(b) 活性红 X-3B(25 mg/L)在0.3 V下电解3 h后(阴极室)

图 5.3　活性红 X-3B 电解前后分光光度计扫描图

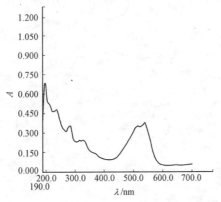

(c) 活性红 X-3B（25 mg/L）在 0.3 V 下电解 3 h 后（阳极室）

图 5.3　活性红 X-3B 电解前后分光光度计扫描图（续）

对阴阳极室分离电解法降解偶氮染料的研究表明：在铜电极所在的阴极室偶氮染料的脱色率要比铁电极所在的阳极室高得多，表明偶氮染料在相同的条件下还原比氧化更容易。

5.2　电解还原的影响因素

影响因素研究以硝基芳香族化合物为模拟毒害有机污染物，方法为取一定体积的模拟有机污染物（本研究为 DNT）废水加入如图 5.2 所示电解反应装置阴极室，阳极室中则加入相同体积的蒸馏水，并在阴阳两极室中加入相同浓度的支持电解质硫酸钠，调节至一定的电流后进行电解反应。

5.2.1　电流密度的影响

以 $Ti/RuO_2 + TiO_2$ 电极为电解池阳极，分别以石墨电极和金属铜电极为阴极。电极面积均为 20 cm²，电极板间距为 8 cm，向阴极室加入浓度为 50 mg/L 的 DNT 溶液 1000 mL，电解质硫酸钠的浓度为 0.1 mol/L，在电流密度 i 分别为 3 mA/cm²、6 mA/cm² 和 9 mA/cm² 的条件下进行电解反应，定时取样分析测定，实验结果如图 5.4 和表 5.3 所示。

由图 5.4 可知，随着电解反应时间的延长，溶液中的 DNT 在阴极逐渐被还原降解。将 $\ln c$ 对时间 t 作图并进行线性拟合回归，可知 $\ln c$-t 之间呈现较好的线性关系，故溶液中 DNT 的电解还原符合表观一级反应模型，其反应过程的表观一级反应速率常数和线性拟合的相关系数如表 5.3 所示。

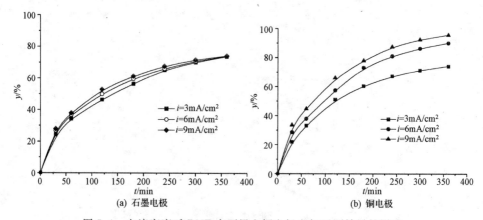

图 5.4 电流密度对 DNT 在石墨和铜电极电解还原效果的影响

表 5.3 DNT 在石墨和铜电极电解还原的表观反应速率常数

电流密度	石墨电极		铜电极	
$/(mA/cm^2)$	K_{obs}/min^{-1}	R^2	K_{obs}/min^{-1}	R^2
3	0.004 13	0.9736	0.004 31	0.9571
6	0.004 25	0.9569	0.006 73	0.9946
9	0.004 37	0.9428	0.008 68	0.9978

由图 5.4 和表 5.3 可知,随着电流密度的增大,DNT 在阴极的还原降解速度加快,处理效率升高。增大电流密度可以加速电解过程的进行,加快电子的释放,促进 H^+ 转变成 H·;增大电极表面与主体溶液中质子浓度梯度,并可加大 DNT 向电极表面的传质速率。加快了 DNT 在阴极的还原反应速率,提高了 DNT 的去除效果。

实验结果还表明 DNT 在铜电极表面的电解还原过程受电流密度的影响较明显,属于电子释放控制型反应过程。而在石墨电极表面的电解还原过程受电流密度的影响较小。这主要是因为增大电流密度加速了电解反应的进行,在电解阴极除了进行 DNT 的还原降解外,还存在副反应 $2H^+ + 2e \longrightarrow H_2$。对于石墨电极,随着电流密度的增大,副反应速率显著加快,且形成的氢气泡附着在电极表面,使 DNT 难以快速与电极表面接触而被电解还原。铜电极表面也会产生大量的氢气泡,但由于铜电极表面与氢气泡的附着力不强,氢气泡能迅速离开电极表面,使得溶液中 DNT 可快速到达电极表面被电解还原。

5.2.2 极水比的影响

电解条件如 5.2.1 小节,分别向阴极室加入浓度为 50 mg/L 的 DNT 溶液 1000 mL、1200 mL 和 1400 mL,电解质硫酸钠的浓度为 0.1 mol/L,电流密度为 6

mA/cm²,定时取样分析测定,实验结果如图 5.5 和表 5.4 所示。

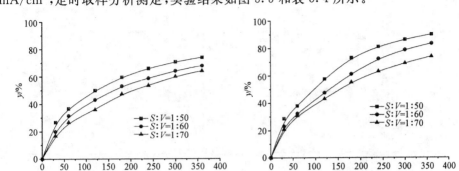

(a) 石墨电极　　　　　　　　　　　(b) 铜电极

图 5.5　极水比对 DNT 在石墨和铜电极电解还原效果的影响

表 5.4　DNT 在石墨和铜电极电解还原的表观反应速率常数

极水比($S:V$) /(cm^2/cm^3)	石墨电极		铜电极	
	K_{obs}/min^{-1}	R^2	K_{obs}/min^{-1}	R^2
1∶50	0.004 25	0.9569	0.006 73	0.9946
1∶60	0.003 54	0.9629	0.005 19	0.9962
1∶70	0.003 11	0.9793	0.004 02	0.9871

　　由图 5.5 和表 5.4 可知,随着极水比($S:V$,即电极板面积与 DNT 溶液体积的比值)的减小,在相同的时间电解还原降解 DNT 的处理效率逐渐降低,表观一级反应速率也减小。在一定的电流密度和 DNT 浓度条件下,电解池的极水比减小,意味着单位面积的阴极表面还原处理 DNT 的量增大,导致了在相同时间内还原反应处理效率下降,表观一级反应速率减小。为了提高 DNT 的还原降解处理效率,加速 DNT 的电解还原反应速度,可以考虑增大电解池的极水比,也即处理相同体积的 DNT 溶液时采用更大面积的阴极板。但阴极板面积的增大必然会增大工程投资,故应在电解池的设计过程中采用合理的极水比。

5.2.3　极板间距的影响

　　电解条件如 5.2.1 节所述,电极板间距分别为 8 cm、14 cm 和 20 cm,定时取样分析测定,实验结果如图 5.6 和表 5.5 所示。

　　由图 5.6 和表 5.5 可知,本研究实验过程中,在一定的电流密度条件下,电极板间距对 DNT 的阴极电解还原处理效率和表观一级反应速率的影响不太明显。随着极板间距的增大,在石墨和铜电极对 DNT 的电解还原处理效率和反应速率基本相同。

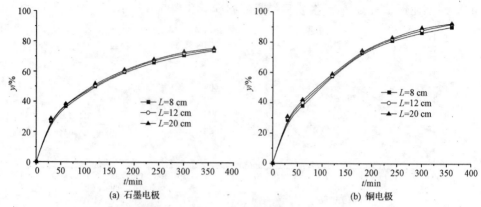

图 5.6　极板间距对 DNT 在石墨和铜电极电解还原效果的影响

表 5.5　DNT 在石墨和铜电极电解还原的表观反应速率常数

极板间距/cm	石墨电极		铜电极	
	K_{obs}/min^{-1}	R^2	K_{obs}/min^{-1}	R^2
8	0.004 25	0.9569	0.006 73	0.9946
12	0.004 39	0.9555	0.007 18	0.9974
20	0.004 49	0.9561	0.007 43	0.9964

　　但是,当实验过程控制在一定的电流密度进行时,随着极板间距的增大,电解池所需的电压会显著增加,其电压的变化情况如图 5.7 所示。由图 5.7 可知,当电解池反应体系的电流密度维持在 6 mA/cm² 的条件下,随着极板间距从 8 cm 增大到 20 cm 的同时,其两端所需的电压也从 15 V 上升到 17 V 左右。

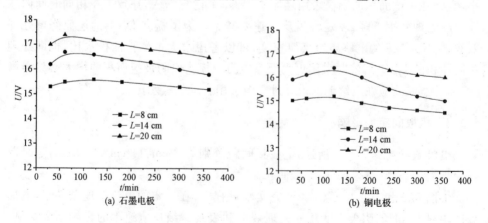

图 5.7　电解池所需电压随极板间距的变化情况

　　当极板间距较小时,电子迁移的距离减小,所需施加的电压降低,由此降低了电能消耗。因此在实际工程中总是力图减小极板间距,增大电解池的利用率。但是极板间距的减小也有限度。当极板间距太小时,如果溶液中掺杂有固体物质,容易造成阴阳极的短路,太小的极板间距也会造成液体流动时的压力差增大。此外,电解副反应产生氢气和氧气,形成气泡在溶液中积累,增加阴阳极间电阻而增大能耗,故应考虑到气体的排出。因此在实际工程应用中应该综合多方面的因素,尽量选用较小的极板间距。

5.2.4　电解质的影响

电解质对有机污染物在电解还原降解过程的影响表现如下:

(1)随着电解质浓度的增高,溶液的电导率增大,导电能力增强,质子从溶液主体迁移至阴极板表面的速率增大,可以生成较多强还原能力的氢自由基 H·,从而加速了溶液中 DNT 的还原降解。

(2)电解质浓度增大,溶液的电阻减小。当控制一定的电流密度电解时,可减小向电解池两端所需施加的电压,故处理相同量的有机污染物时降低了电能耗。

分别以石墨电极和金属铜电极为阴极,控制电流密度为 6 mA/cm² 电解反应 6 h 后,溶液中 DNT 的还原降解效率与投加的硫酸钠电解质浓度之间的关系如图 5.8 所示。

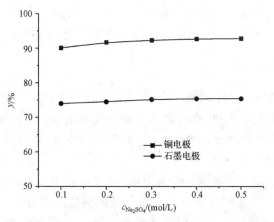

图 5.8　DNT 的电解还原降解处理效率与电解质浓度的关系

由图 5.8 可知,随着溶液中电解质硫酸钠浓度从 0.1 mol/L 增大到 0.5 mol/L,DNT 的电解还原降解处理效率只有很小幅度的增大。电解还原反应 6 h 后,DNT 在石墨和铜电极的还原降解处理效率分别可达到 75% 和 92% 左右。出现这种现象的原因是本研究实验过程中电解质的投加浓度较高,溶液的电导率较大,溶液中质子和有机物向阴极的迁移速率对整个电解反应过程不再起到主导作用,而阴极表面上有机污染物本身的还原降解反应速率成为整个反应的控制步骤。

为了考察不同的电解质对 DNT 电解还原降解反应的影响,本研究向溶液中分别投加相同浓度(0.1 mol/L)的 Li_2SO_4、Na_2SO_4 和 K_2SO_4 三种电解质,其对 DNT 的电解还原处理效率的影响如表 5.6 所示。

表 5.6　不同电解质对 DNT 在石墨和铜电极电解还原处理效率的影响(%)

反应时间/min	石墨电极			铜电极		
	Li_2SO_4	Na_2SO_4	K_2SO_4	Li_2SO_4	Na_2SO_4	K_2SO_4
30	26.1	26.8	27.2	28.2	28.7	29.2
60	37.1	36.8	38.4	37.3	38.1	38.6
120	51.3	50.2	52.4	56.1	57.6	58.1
180	61.5	59.2	60.5	74.3	73.2	73.6
240	64.8	66.3	68.1	82.4	81.2	82.9
300	69.1	70.8	72.3	87.3	86.4	88.9
360	72.4	74.2	76.1	91.2	90.8	92.2

不同的电解质会引起电极板表面的双电层中的反应物浓度的变化,影响双电层的放电步骤的速度,改变了阴极表面有机污染物的直接还原和生成氢自由基 $H\cdot$ 的反应速率(吴仲达等,1984;查全性,2002),从而影响了溶液中 DNT 的电解还原降解的总反应速率。不同的电解质阳离子会改变电极表面双电层的结构,进入电极表面的内紧密层中与 H^+ 产生位置竞争,从而影响电极反应。

5.2.5　溶液 pH 的影响

实际的工业废水的 pH 通常不稳定,变化范围较大,对一些废水处理方法如生物法的处理效率影响较明显,在处理前需要对废水的 pH 进行调节。本研究分析溶液 pH 对电解还原处理效果的影响,考察了在不同 pH 条件下 DNT 在电解阴极室的还原降解情况。

分别以石墨电极和金属铜电极为阴极,电极板间距 8 cm,向阴极室加入浓度为 50 mg/L 的 DNT 溶液 1000 mL,电解质硫酸钠的浓度为 0.1 mol/L,电流密度为 6 mA/cm^2,分别利用 10% 的硫酸和氢氧化钠溶液调节溶液的 pH 为 3.0、7.0和 11.0,定时取样分析测定,实验结果如图 5.9 和表 5.7 所示。

由图 5.9 和表 5.7 可知,随着溶液 pH 的降低,DNT 在阴极的还原降解处理效率逐渐增高,表观反应速度加快。这是因为 DNT 在阴极的还原降解反应包括阴极表面的直接得电子还原和氢自由基 $H\cdot$ 的间接还原,这两种还原方式都是消耗质子的反应过程。溶液的 pH 越低,参加反应的质子越多,反应速率加快。但是,实验结果表明,随着溶液 pH 上升,在相同的电解时间里,DNT 的电解还原处理效果只是略有下降。即使溶液在碱性条件(pH=11.0)下,反应 6 h 后,DNT 在

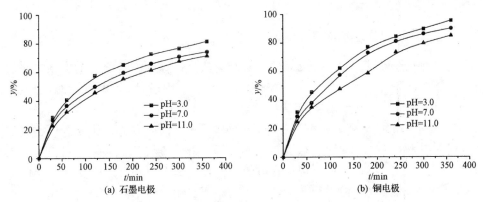

图 5.9　溶液 pH 对 DNT 在石墨电极和铜电极电解还原效果的影响

表 5.7　DNT 在石墨电极和铜电极电解还原的表观反应速率常数

溶液 pH	石墨电极		铜电极	
	K_{obs}/min^{-1}	R^2	K_{obs}/min^{-1}	R^2
3.0	0.005 13	0.9651	0.008 18	0.9876
7.0	0.004 25	0.9569	0.006 73	0.9946
11.0	0.003 85	0.9691	0.005 35	0.9922

石墨和铜电极的还原降解效率也分别可达到 71.2% 和 85.1%,只比在酸性条件(pH=3.0)低 10% 左右,故处理效率降低的幅度并不大。

　　综合分析表明,虽然溶液的 pH 对 DNT 在阴极室的还原降解处理效率有一定的影响,但相比生化处理工业废水时需要较严格控制 pH 的范围而言,采用电解阴极还原处理受 pH 的限制要小得多。由于废水在处理前调节 pH 时通常需要较多的化学药剂,增加了工艺的运行费用。而采用电解还原降解处理过程中,一般不需要对废水的 pH 进行调节,可节省药剂费用,也是电解还原法的优点之一。

5.3　电解还原反应的电流效率

　　在采用电解还原工艺降解处理有机物的过程中,对有机物的处理效果的评价除了应用其还原降解效率外,还必须考虑电解处理工艺特有的质量指标,如电流效率等。

　　对于不同的电极材料,由于其物理性质和电化学性能有所不同,对有机物的电解还原降解效果存在差异。而且对于不同的有机物,电解还原降解的程度、降解速率和电流效率可能相差较大。本书在此主要对石墨和铜电极还原降解溶液中的DNT 处理效果进行比较,研究了这两种电极作为阴极材料的电流效率,为电解还原反应提供基础数据。

5.3.1　有机物电解还原的电流效率

在电解反应过程中,参加反应的物质量与通过电极的电量之间的关系符合法拉第定律,也即当电化学反应中得失的电子数为 n,则通过 1F 的电量时,应该有 $1/n$ mol 的物质在电极上发生了反应。

在有机物的电解还原降解过程中,由于在阴极上同时发生了析氢等一些副反应,因此阴极上的主反应即有机物的还原电流效率总是小于 100%。要提高有机物电解还原的电流效率,就要选择合适的电催化剂和电解条件来加快主反应的速率,抑制或减慢副反应的进行。因此,有机物的还原电流效率(current efficiency,CE)可以定义为(Ross et al. ,1997)

$$电流效率 = \frac{有机物实际被还原的物质量}{按法拉第定律计算应被还原的有机物的物质量} \times 100\% \quad (5.1)$$

式(5.1)中右边的分母也即按法拉第定律计算应被还原的有机物物质的量(mol)可以用式(5.2)计算:

按法拉第定律计算

$$应被还原的有机物物质的量 = \frac{所通电量 Q}{nF} \quad (5.2)$$

5.3.2　有机物电解还原的电流效率计算

根据以上对有机物电解还原的电流效率定义的阐述,本书在此对以石墨和铜电极作为阴极材料,电解还原降解处理溶液中 DNT 的电流效率进行研究,并对处于相同条件下两种电极材料的处理效果进行比较。

溶液中 DNT 在电解还原降解过程中,有机物实际被还原物质的量可用式(5.3)计算:

$$N = -\frac{V_c}{A_m}\frac{dc}{dt} \quad (5.3)$$

式中:N 为单位面积的阴极板在单位时间内还原降解 DNT 的物质的量[mmol/(min·cm^2)];V_c 为电解池中 DNT 溶液的体积(L);A_m 为阴极板的面积(cm^2);c 为溶液中 DNT 的物质的量浓度(mmol/L);t 为电解还原降解反应时间(min)。

按照法拉第定律,在计算电解过程中理论上 DNT 应该被还原降解的物质的量时,本书以 DNT 被电解还原降解最后生成 DAT 为总反应过程,即溶液中的 DNT 通过阴极的直接还原或间接还原降解反应的总反应为

$$DNT + 12H^+ + 12e \longrightarrow DAT + 6H_2O \quad (5.4)$$

$$DNT + 12H \cdot \longrightarrow DAT \quad (5.5)$$

式(5.4)为 DNT 在阴极直接得电子还原的总反应过程,DNT 最后被还原成

DAT 得到 12 个电子。

式(5.5)为 DNT 在阴极间接还原的总反应过程,DNT 最后被还原成 DAT 需要与 12 个 H· 反应,而在阴极表面每个 H^+ 也需要得到 1 个电子后生成 H·,也即

$$12H^+ + 12e \longrightarrow 12H· \tag{5.6}$$

因此 DNT 在阴极间接还原(被电解反应生成的 H· 还原降解)的总反应过程中,DNT 最后被还原成 DAT 也需要得到 12 个电子。

因此,按照法拉第定律电解反应过程理论上应被还原 DNT 的物质的量可用式(5.7)计算:

$$N_0 = \left(\frac{1}{nFA_m}\right)\frac{dQ}{dt} = \left(\frac{1}{nFA_m}\right)\frac{d(I·t)}{dt} = \left(\frac{1}{nFA_m}\right)\left(I + t\frac{dI}{dt}\right) \tag{5.7}$$

式中:n 为 DNT 在电解还原降解反应过程中得电子数(此处 $n=12$);F 为法拉第常量($F=96500C/mol=26.8A·h/mol=1608.3A·min/mol$);$I$ 为电解电流强度(A)。

由于本书的实验过程中,DNT 的电解还原是在恒定电流强度的条件下进行的,式(5.7)中 $dI/dt=0$,故式(5.7)可以简化为

$$N_0 = \frac{I}{nFA_m} \tag{5.8}$$

根据有机物电解还原的电流效率定义,利用电解阴极还原降解溶液中 DNT 的电流效率(CE)可以按照式(5.9)计算:

$$CE = \frac{N}{N_0} \times 100\% = \frac{\left(\frac{V_c}{A_m}\right)\frac{dc}{dt}}{\frac{I}{nFA_m}} = -\frac{V_cFn}{I}·\frac{dc}{dt} \tag{5.9}$$

由于式(5.9)中的 dc/dt 为在 t 趋于 0 的 t 时刻溶液中 DNT 浓度的变化,通过式(5.9)计算出的电流效率为瞬时电流效率(instantaneous current efficiency, ICE)。

根据实验的结果可以得到 DNT 的浓度随时间 t 变化曲线,由曲线的斜率可求得各个时刻的 dc/dt,代入式(5.9)可以计算电解还原的瞬时电流效率 ICE。但在实际的研究过程中,通常考虑的是电解反应一段时间(τ,min)范围内,有机物电解还原的平均电流效率(CE_{ave})。

如果把瞬时电流效率 ICE 表示为时间 t 的函数并绘制其相互的关系曲线,在 $0\sim\tau$ 的时间段内对曲线下的面积积分后再除以 τ,就可以得到有机物电解还原的平均电流效率(CE_{ave}),也即

$$CE_{ave} = \frac{\int_0^\tau ICEdt}{\tau} = \frac{V_cFn}{I\tau}\int_0^\tau -\frac{dc}{dt}·dt \tag{5.10}$$

设 $P = c/c_0$，则式(5.9)和式(5.10)可以分别表示为

$$\text{ICE} = -\frac{nFV_c c_0}{I} \cdot \frac{\mathrm{d}P}{\mathrm{d}t} \tag{5.11}$$

$$\text{CE}_{\text{ave}} = \frac{nFV_c c_0}{I\tau}\int_0^\tau -\frac{\mathrm{d}P}{\mathrm{d}t} \cdot \mathrm{d}t \tag{5.12}$$

式(5.11)和式(5.12)中的 c_0 为溶液中有机物的起始浓度(mmol/L)；P 为有机物在电解还原降解反应过程中的浓度与起始浓度的比值。

5.2 节的实验结果表明，溶液中的 DNT 在以石墨和铜电极为阴极的电解还原降解过程中，$\ln(c/c_0)$ 与时间 t 之间存在较好的线性关系，即 DNT 的电解还原反应较好的符合表观一级反应动力学的特征。本书在此对代表性的电解还原反应条件下的电流效率进行分析讨论。

反应条件为：以 $\text{Ti}/\text{RuO}_2 + \text{TiO}_2$ 电极为电解池阳极，分别以石墨电极和金属铜电极为阴极。电极面积均为 20 cm²，电极板间距为 8 cm，向阴极室加入浓度为 50 mg/L 的 DNT 溶液 1000 mL，电解质硫酸钠的浓度为 0.1 mol/L，在电流密度 i 为 6 mA/cm²(电流 I 为 120 mA)的条件下进行电解反应。

根据 5.2.1 小节的实验结果可知，在以石墨电极作为阴极时，溶液中 DNT 电解还原降解表观一级反应动力学方程为 $\ln(c/c_0) = -0.004\,25t$，也即 $P_1 = c/c_0 = \mathrm{e}^{-0.004\,25t}$，故 $-\mathrm{d}P_1/\mathrm{d}t = 0.004\,25\,\mathrm{e}^{-0.004\,25t}$，分别代入式(5.11)和式(5.12)中可求得瞬时电流效率 ICE_1 和平均电流效率 CE_{ave1}。计算式中的 $n = 12$，$c_0 = 50$ mg/L，$V_c = 1$ L，$F = 1608.3$ A·min/mol，DNT 的摩尔质量 $M = 182$ g/mol，$I = 120$ mA。

$$\text{ICE}_1 = -\frac{nFV_c c_0}{I} \cdot \frac{\mathrm{d}P_1}{\mathrm{d}t} = \frac{12 \times 1608.3 \times 1 \times 50}{120 \times 10^{-3} \times 182 \times 1000} \times 0.004\,25 \times \mathrm{e}^{-0.004\,25t}$$

$$= 0.1878\mathrm{e}^{-0.004\,25t}$$

$$\text{CE}_{\text{ave1}} = \frac{nFV_c c_0}{I\tau}\int_0^\tau -\frac{\mathrm{d}P_1}{\mathrm{d}t}\mathrm{d}t = \frac{12 \times 1608.3 \times 1 \times 50}{120 \times 10^{-3} \times \tau \times 182 \times 1000}\int_0^\tau -\mathrm{d}\mathrm{e}^{-0.004\,25t}$$

$$= \frac{44.18}{\tau}(1 - \mathrm{e}^{-0.004\,25\tau})$$

以铜电极作为阴极时，溶液中 DNT 电解还原降解表观一级反应动力学方程为 $\ln(c/c_0) = -0.006\,73t$，也即 $P_2 = c/c_0 = \mathrm{e}^{-0.006\,73t}$，故 $-\mathrm{d}P_2/\mathrm{d}t = 0.006\,73 \cdot \mathrm{e}^{-0.006\,73t}$，分别代入式(5.11)和式(5.12)中可求得瞬时电流效率 ICE_2 和平均电流效率 CE_{ave2}。

$$\text{ICE}_2 = -\frac{nFV_c c_0}{I} \cdot \frac{\mathrm{d}P_2}{\mathrm{d}t} = \frac{12 \times 1608.3 \times 1 \times 50}{120 \times 10^{-3} \times 182 \times 1000} \times 0.006\,73 \times \mathrm{e}^{-0.006\,73t}$$

$$= 0.2974\mathrm{e}^{-0.006\,73t}$$

$$\text{CE}_{\text{ave2}} = \frac{nFV_c c_0}{I\tau}\int_0^\tau -\frac{\mathrm{d}P_2}{\mathrm{d}t}\mathrm{d}t = \frac{12 \times 1608.3 \times 1 \times 50}{120 \times 10^{-3} \times \tau \times 182 \times 1000}\int_0^\tau -\mathrm{d}(\mathrm{e}^{-0.006\,73t})$$

$$= \frac{44.18}{\tau}(1 - e^{-0.006\,73\tau})$$

以石墨和铜电极为阴极电解还原降解 DNT 的电流效率随时间的变化如图 5.10 所示。由图 5.10 可知,随着时间的延长,电流效率逐渐减小,但总体上利用石墨和铜电极为阴极材料时,其对溶液中 DNT 电解还原降解的电流效率都不是太高。对于石墨电极,电解还原反应的开始阶段电流效率为 18.8%,反应 6 h 后,电流效率只有 4.1%;而对于铜电极,电解还原反应的开始阶段电流效率为 29.7%,反应 6 h 后,电流效率只有 2.6%,且电流效率随时间延长而降低的速度高于石墨电极。对于石墨和铜电极,从电解还原反应的开始阶段到反应进行 3 h,电流效率均在 8.7% 以上;而在反应进行的第 3~6 h 内,电解还原反应的电流效率均较低。因此,如果要保持较高的电流效率,对溶液中 DNT 的电解还原反应时间不宜太长。但处理时间如果太短,对 DNT 的降解效果又较差,故电流效率与还原降解处理效率之间存在着矛盾,在实际应用中需要加以综合考虑。

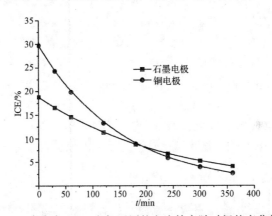

图 5.10　溶液中 DNT 电解还原的电流效率随时间的变化情况

电流效率随着时间的延长而逐渐降低的原因主要是电解过程中的副反应和有机物的传质限制。随着电解还原反应的进行,溶液中 DNT 被还原降解浓度逐渐减小,DNT 与阴极板表面接触概率减少。阴极副反应形成的氢气逐渐增多,而氢气在没有特殊催化剂存在的条件下对 DNT 没有还原降解作用,且阴极表面附着的氢气泡减少了阴极板有效面积,进一步阻碍了 DNT 与阴极的接触和反应。

以石墨和铜电极为阴极时,电解还原降解 DNT 反应进行 6 h 的平均电流效率分别为

$$\text{CE}_{\text{ave1}} = \frac{44.18}{\tau}(1 - e^{-0.004\,25\tau}) \times 100\% = \frac{44.18}{360}(1 - e^{-0.004\,25\times360}) \times 100\% = 9.6\%$$

$$\text{CE}_{\text{ave2}} = \frac{44.18}{\tau}(1 - e^{-0.006\,73\tau}) \times 100\% = \frac{44.18}{360}(1 - e^{-0.006\,73\times360}) \times 100\% = 11.2\%$$

由此可知,采用石墨和铜电极作为阴极电解还原降解溶液中的 DNT,电解还原反应进行 6 h 后,其平均电流效率都较低,电解过程中所通入的绝大部分(90%左右)电量都是被副反应如水的电解消耗掉,只有较少一部分(10%左右)电量应用于 DNT 的还原降解。

为了提高有机物在阴极电解还原降解反应的电流效率,目前电解催化研究较多的是改善电极材料的结构和采用特殊催化性能的溶剂。电解池的阴极材料可以选择析氢过电位较高的金属如 Hg 和 Pb 等,促进有机物在阴极表面的还原降解而副反应如析氢过程受到抑制(Ross et al., 1997; Lin et al., 1999; Merica et al., 1998)。

5.4　电解还原降解硝基芳香族化合物的机理

电解还原处理有机污染物的基本原理是阴极的直接还原和间接还原,也即有机物在阴极上得到电子发生直接还原反应和利用阴极表面产生的强还原活性物质使有机物发生还原转变。由于硝基芳香族化合物的电解还原降解受到多种因素的影响,反应体系非常复杂,其中的电解还原反应机理还有很多需要研究的问题。国内外对电解还原降解有机物的机理进行了较多的研究,存在着一些不尽相同的观点(Criddle et al., 1991; Lin et al., 1999; Bonin et al., 2004; 李玉平等, 2005)。

本章主要以 DNT 为模拟有机污染物,以常见的石墨和铜电极为阴极材料,利用循环伏安法和电极析氢极化曲线,研究了 DNT 在石墨和铜电极上的电解还原特性,对电解还原降解硝基芳香族化合物的反应机理进行了分析讨论。

5.4.1　阴极直接还原

电解直接还原是指通过阴极还原使有机污染物和部分无机物转化为无害物质。在生物抑制性有机物和无机物的处理中,直接阴极还原能发挥很有效的降解作用,如直接电解还原还可以使多种氯代有机物转变成低毒性的物质,同时提高了有机污染物的可生物降解性。溶液中 DNT 在电解阴极还原降解的反应过程中,可以通过传质吸附在阴极表面,并在阴极表面得到电子而被直接还原。

利用循环伏安法研究 DNT 在石墨和铜电极上的电解还原特性,可具体分析 DNT 在阴极上的直接还原过程。

以石墨电极和铜电极为工作电极,电极表面积分别为 1.33 cm² 和 1.44 cm²,以饱和甘汞电极(232 型)为参比电极,铂电极为辅助电极组成三电极电解池,支持电解质为硫酸钠(浓度为 0.1 mol/L)。向溶液中通入氮气 5 min 以驱赶溶液中的溶解氧,静止稳定 15s 后,控制扫描速率为 4 V/s 进行循环伏安实验,并绘制 DNT 溶液的循环伏安图。

图 5.11 所示是浓度为 50 mg/L 的 DNT 溶液在不同 pH 条件下的循环伏安

图,由图 5.11 可知,当采用石墨电极作为阴极,DNT 溶液的 pH 为酸性、中性和碱性环境时,阴极的循环伏安曲线上均没有出现 DNT 的还原峰。与铜电极的循环伏安曲线相比较可知,水在石墨阴极上的还原峰电位前移,这表明在石墨阴极上水的电解还原更容易进行,而 DNT 不能在石墨阴极上发生直接还原反应。

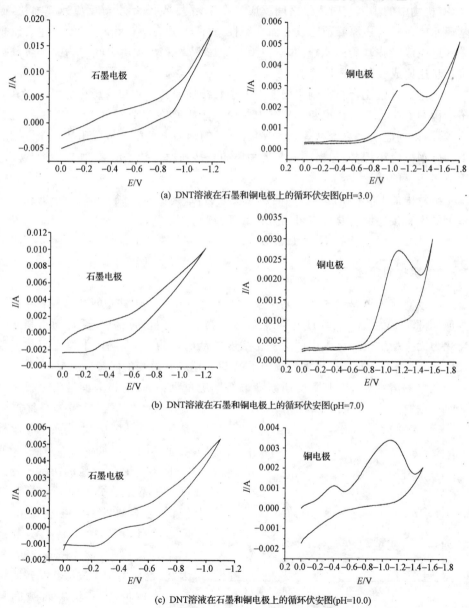

(a) DNT溶液在石墨和铜电极上的循环伏安图(pH=3.0)

(b) DNT溶液在石墨和铜电极上的循环伏安图(pH=7.0)

(c) DNT溶液在石墨和铜电极上的循环伏安图(pH=10.0)

图 5.11　DNT 溶液在石墨电极和铜电极上的循环伏安图

当采用铜电极作为阴极,DNT溶液的pH为酸性、中性和碱性环境时,阴极的循环伏安曲线上均出现了DNT的还原峰。水的还原峰在最后出现,表明溶液中的DNT优先在铜阴极上得到电子而发生了直接还原反应。

相对于碱性环境,当DNT溶液处于酸性和中性环境时,由于氢离子浓度较高,有机物中的硝基与氢离子之间反应的概率增大,导致了电解反应速率加快,硝基还原成羟胺的还原峰不明显。而在碱性条件下,则在电位为 -0.41 V左右出现硝基还原成羟胺基的还原峰,在电位为 -1.12 V左右出现由中间产物的羟胺基被进一步还原成胺基的还原峰。

硝基芳香族化合物在铜阴极上得电子直接还原的微观反应历程可以根据其分子结构和电荷分布进行推断。硝基中的氮原子上存在未成对电子,且正电性也较强,容易得到电子。樊金红等(2005c)从电子的动力学角度分析了硝基苯在铜阴极上的微观反应历程,并得出硝基苯类物质的直接还原包括了消除、加成和取代反应等诸多步骤的结论。

溶液中的DNT经过一系列的还原反应后,最终被还原成DAT。DNT在铜阴极上发生直接还原的总反应可用方程式(5.13)表示。

$$DNT + 12H^+ + 12e \longrightarrow DAT + 6H_2O \tag{5.13}$$

5.4.2　阴极间接还原

电解间接还原是指先通过阴极反应生成具有还原能力的中间产物或氧化还原媒质如 Ti^{3+}、V^{2+}、Cr^{2+} 和 H·等,然后该类物质使有机污染物和部分无机物还原转化为无害物质。当废水中的有机物浓度较低时,有机物在阴极上发生直接还原反应的概率减少,处理过程多为阴极上的 H·还原有机物的间接还原反应。

在电解溶液中DNT阴极还原降解的反应过程中,在阴极表面发生了析氢的副反应。析氢副反应的最终产物是分子氢,但两个水化质子在电极表面的同一处同时放电的机会非常少,质子还原反应的初始产物是H·而不是氢分子。H·具有高度的化学活泼性,电极电位为 $E^0(H^+/H\cdot) = -2.106$ V,其还原能力较强(郭鹤桐等,2000)。因此,溶液中的DNT可以与阴极表面形成的 H·反应而被间接还原。

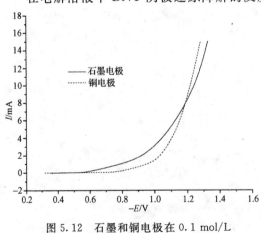

图5.12　石墨和铜电极在0.1 mol/L Na_2SO_4 介质中的析氢极化曲线

图5.12为石墨和铜电极在浓

度为 0.1 mol/L 的 Na_2SO_4 介质中(溶液的 pH 为 7.0)的析氢极化曲线。由铜电极和石墨电极的析氢极化曲线可以看出,铜电极的析氢过电位为 0.79 V,而石墨电极的析氢过电位为 0.58 V,但都属于中析氢过电位电极(郭鹤桐等,2000)。铜电极的析氢过电位高于石墨电极,致使其电解过程中的副反应(电解水析氢)程度低一些。

阴极表面上的析氢副反应一方面需要消耗更多电能,降低了电解过程的电流效率,本研究中近 90% 的电能被副反应所消耗;另一方面由于析氢反应中生成了强还原能力的 H·,促进了有机污染物在阴极表面的还原降解。为了提高主反应的电流效率,需要选择合适的电催化剂和电解条件来加快主反应的速率,抑制或减慢副反应的进行。在电解工业中常用高过电位的电极如 Hg、Pb 和 Cd 等作为阴极材料,以减低副反应的氢析出反应速率并提高电流效率。

在本研究的反应体系中(图 5.2),溶液中 DNT 在阴极的间接还原反应过程非常复杂。根据经典的电化学理论和实验结果,本书对电解间接还原反应的机理和过程进行了分析。

在电解反应体系的阳极表面,氧化反应主要是析出氧气的过程,其反应方程式可表示为

$$2H_2O \longrightarrow 4H^+ + 4e + O_2 \tag{5.14}$$

阳极的氧化反应过程中生成了大量的质子 H^+ 带正电荷,由于电荷的吸引可通过电解反应体系中的 Nafion 质子膜,进入阴极室的主体溶液中。

在电解反应体系的阴极表面,主体溶液中的质子 H^+ 得到电子而生成还原能力较强的中间产物 H·,其反应方程式可表示为

$$2H^+ + 2e \longrightarrow 2H \cdot \tag{5.15}$$

溶液中 DNT 在阴极表面上的电解还原反应较复杂,其反应动力学过程可分为以下三个阶段:

(1) 主体溶液中 DNT 向阴极表面的传质过程。DNT 主要通过对流传质到达阴极表面附近的扩散层。而阴极表面由于存在液固界面,对流混合对传质的作用较小,质子主要通过扩散传质到达阴极表面,并在阴极表面进行式(5.15)的反应。

(2) 质子在阴极表面快速形成 H·,DNT 传质至阴极双电层并与 H· 反应。由于 DNT 穿过扩散层而传质至双电层的过程较慢,该过程为反应速率控制步骤,期间导致大部分的 H· 相互结合生成氢气并析出。

$$2H \cdot \longrightarrow H_2 \tag{5.16}$$

(3) 溶液中的 DNT 与 H· 进行一系列的还原反应后,最终被还原成 DAT。DNT 与 H· 发生的还原总反应可用方程式(5.17)表示。

$$DNT + 12H \cdot \longrightarrow DAT + 6H_2O \tag{5.17}$$

第6章 催化铝内电解法

目前在实验研究和工程实践中,采用零价铁和催化铁内电解法处理工业废水的研究已经有很多报道(Sayles et al.,1997;Hozalski et al.,2001;周荣丰等,2005a,b,c;黄理辉等,2006),其成果得到人们的认可,但这些方法还存在以下局限:零价铁和催化铁内电解法处理废水的最适宜 pH 范围都在酸性和中性,在碱性特别是 pH>12 时处理效果差,而实际印染废水大都呈碱性、部分高浓度染料废水呈强碱性,若采用酸去中和废水,酸耗量大。而铝是两性金属,能与碱反应,在碱性条件处理废水时,会比铁更有优势。

鉴于零价铁和催化铁内电解法对处理碱性特别强碱性的废水效果不好,拟研究能与碱反应的铝作为内电解反应的阳极,即催化铝内电解法对印染废水的处理效果。本章以常见的偶氮染料活性艳红 X-3B 为特征污染物,对催化铝内电解法进行系统研究,考察系统运行的最优条件、反应机理,以丰富催化内电解工艺的内容与内涵(金璇,2006)。

6.1 催化铝内电解反应影响因素

第3章曾叙述过催化铁内电解法处理活性艳红废水的研究成果。Al 是比 Fe 还原性更大的活泼金属,理论上应有效果。但 Al 在中性 pH 范围时易发生钝化,因此尽管 Al 的还原性强于 Fe,并不能简单地认为催化铝内电解对活性艳红的处理效果会比催化铁内电解法好,应该有必要进行催化铝内电解反应的影响因素实验。

6.1.1 催化铝内电解实验体系

废铝刨花:宽约 5 mm,厚约 1 mm,如图 6.1 所示,型号为 LY12,除铝外其他含量见表 6.1。

表 6.1　LY12 铝合金含量

LY12 铝合金	Cu	Mg	Mn	杂质
含量/%	3.8~4.9	1.2~1.8	0.3~0.9	≤1.5%

将 10 g 铝刨花和 2 g 铜丝混匀置于锥形瓶或广口瓶中压实,堆积密度约为 0.08 kg/L,构成催化铝内电解体系。加入 400 mL 待处理的废水,盖上瓶塞,恒温

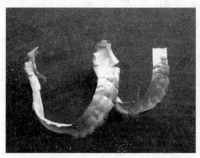

图 6.1　铝刨花

振荡反应(除测定温度影响外,其余均恒温 25℃;除测定传质条件影响外,其余均设定摇床转速 100 r/min)。

6.1.2　初始浓度

催化铝内电解体系中加入不同浓度的初始 pH＝6.5 的活性艳红废水,测定处理后出水残留活性艳红浓度,如图 6.2 所示。

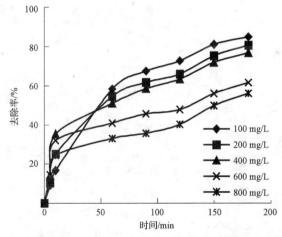

图 6.2　初始浓度对活性艳红催化降解效果的影响(pH＝6.5)

当初始浓度小于 400 mg/L 时,反应初始速率随浓度的增加而增加,但约在 40 min 以后,初始浓度越高,反应速率下降越快;当浓度大于 600 mg/L 时,初始反应速率不再增加,且初始浓度越高,反应速率越慢。

6.1.3　pH

催化铝内电解体系中加入不同 pH 的 100 mg/L 的活性艳红废水,恒温振荡反应,计算活性艳红的去除率和反应的速率常数,结果如图 6.3～图 6.5 和表 6.2 所示。

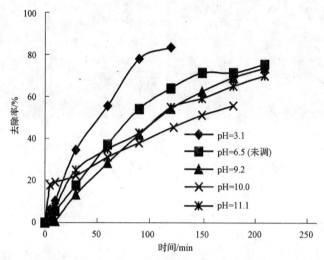

图 6.3　弱酸和弱碱性对 100 mg/L 的活性艳红废水催化降解效果的影响

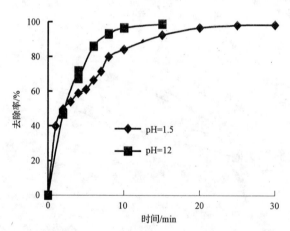

图 6.4　强酸和强碱性对 100 mg/L 的活性艳红废水催化降解效果的影响

表 6.2　强酸、强碱条件下催化铝内电解体系与单铝体系对活性艳红去除率对比

反应时间/min	pH	Cu/Al/%	Al/%	差值/%
15	1.5	91.8	82.3	9.5
	12	98.6	92.0	6.6

　　由图 6.3 和表 6.2 可以看出:在强酸(pH=1.5)和强碱(pH=12)活性艳红均有较快的去除速率。从图 6.5 可见,反应速率常数大小依次为

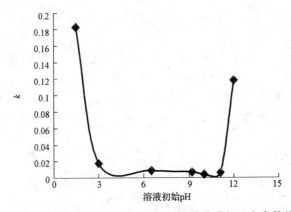

图 6.5　pH 对 100 mg/L 的活性艳红废水催化降解速率常数的影响

$$pH = 1.5 > pH = 12 \gg pH = 6.5、pH = 9.2、pH = 11.1、pH = 10$$

在整个 pH 范围内,催化铝内电解系统对 100 mg/L 活性艳红的处理都能达到较好的处理效果(去除率>50%)。由于 Al 在近中性 pH 时易与氧气结合形成钝化膜;而在强酸和强碱性条件下,钝化膜会与强酸强碱反应而溶解,故该体系表现出了更好的处理效果。

6.1.4　反应温度

催化铝内电解体系分别在 25℃、35℃、60℃的条件下,恒温振荡反应,计算活性艳红去除率并进行动力学分析,结果如图 6.6 所示。

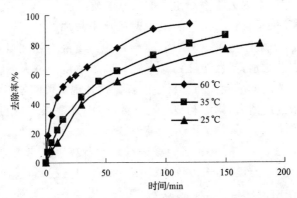

图 6.6　反应温度对 pH=6.5、100 mg/L 的活性艳红废水催化降解效果的影响

从图 6.6 可以看出,随着反应温度的提高,反应速率常数增大,活性艳红降解速率加快,处理效果改善。根据阿伦尼乌斯方程(天津大学物理化学教研室, 1983)进行数据处理,得到指前因子 A 为 0.05 min^{-1},活化能 E_a 为 798.9 J/mol。

$$k = 0.05 \times \exp(-789.9/RT)$$

6.1.5　电解质浓度

催化铝内电解体系,配制 pH＝6.5、100 mg/L 的活性艳红废水,分别加入 0 mol/L、0.01 mol/L、0.02 mol/L、0.03 mol/L、0.05 mol/L、0.07 mol/L NaCl。恒温振荡反应,计算活性艳红去除率并进行反应动力学分析,结果如图 6.7 所示。

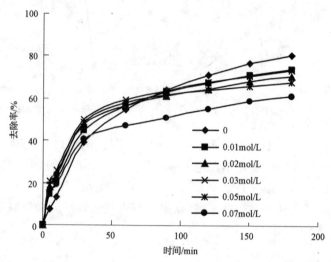

图 6.7　高 NaCl 浓度对 pH＝6.5、100 mg/L 的活性艳红催化还原效果的影响

从图 6.7 可以看出,在较高的 NaCl 浓度(0.01～0.07 mol/L)时,催化铝内电解系统对活性艳红废水的去除率都比未加入电解质的要低。研究发现,在反应 40 min 前,添加 NaCl 的活性艳红溶液的反应速率比未添加的要高,之后又低于未添加 NaCl 的溶液。可将上述现象总结为:当活性艳红溶液中添加氯化钠之后,存在着一时间节点:在这之前,活性艳红去除率随氯离子浓度的增大而去除率上升;在这之后,随氯离子浓度的增大去除率反而下降。这种现象可能是因为:在反应开始时,随着氯离子浓度的增大,铝刨花被急剧腐蚀,生成大量 Al^{3+},反应去除率升高;反应进行到一定时间后,随着 Al^{3+} 的不断积累,有大量的 Al^{3+} 水解生成胶体状 $Al(OH)_3$(该反应在 pH＝6.5～8 都能够进行),附着在铝刨花表面阻止氯离子进一步与铝刨花接触(刘秀晨等,2002);添加的 NaCl 浓度越高,反应初始时生成的 Al^{3+} 越多,其表面附着 $Al(OH)_3$ 越致密,因此,其最终去除率反而没有未添加 NaCl 的反应体系高。

6.1.6　Cu 与 Al 质量比

以 Cu：Al＝0.10、0.20、0.33 将称好的 Cu 条和 25 g Al 条充分混合后置于 500 mL 广口瓶中压实,堆积密度约为 0.08 kg/L。配制浓度约为 100 mg/L 的活性艳红废水,恒温振荡反应,结果见图 6.8 所示。

由图 6.8 可以看出,在反应体系中 Cu 含量的增加有助于提高活性艳红的去除率。这是因为在体系中 Cu 含量的增加,增大 Cu 与 Al 的接触,强化了 Al 的腐蚀。

6.1.7　溶解氧

催化铝内电解体系中配制 100 mg/L 的活性艳红废水,分别在充氧(广口瓶敞口,在磁力搅拌器上搅拌 30 min,然后盖上瓶盖)、不处理(加入填料和待处理废水后立即盖上瓶盖)、赶氧(向广口瓶中通入氮气 30 min,然后盖上瓶盖)的条件下,恒温振荡反应,结果如图 6.9 所示。

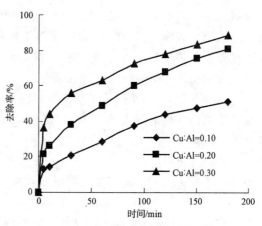

图 6.8　Cu 与 Al 用量比对 pH=6.5、100 mg/L 的活性艳红废水催化降解效果的影响

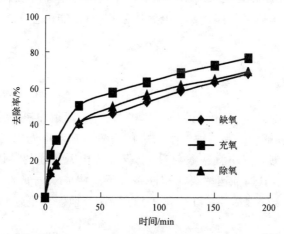

图 6.9　废水中溶解氧含量对 pH=6.5、100 mg/L 的活性艳红废水催化降解效果的影响

理论上氧气对催化铝内电解系统的影响可从两方面来看:氧气在废水溶液中发生如下电极反应

阳极:$Al-3e \longrightarrow Al^{3+}$

阴极:$2H^+ +2e \longrightarrow 2[H]$,　　$E^{\ominus}(H^+/H_2)=0\ V$

当溶液中存在氧气时,阴极便发生如下反应

　　　　$O_2 +2H_2O +4e \longrightarrow 4OH^-$,　　　$E^{\ominus}(O_2/OH^-)=0.40\ V$

或

$$O_2 + 4H^+ + 4e \longrightarrow 2H_2O, \qquad E^\circ(O_2/H_2O) = 1.23 \text{ V}$$

氧气通入废水会增大电极反应电动势,加快腐蚀的发生;另一方面 Al 会和氧气发生反应生成氧化铝,在 Al 的表面形成钝化膜而阻碍了反应的进行;同时,氧气也可能竞争阳极反应所提供的电子,抑制有机物得电子还原反应;这两方面因素综合作用的结果才是最终的处理效果。

由图 6.9 可知,催化铝内电解系统对活性艳红的处理效果在充氧的条件下比缺氧和除氧的条件下要高 10% 左右,说明通入氧气有利于活性艳红的降解;除氧条件下活性艳红去除率与缺氧条件的相近。当通入氧气的浓度够大时,电极电动势的升高促进了反应的进行,其效果大大超过了氧气存在而造成的钝化作用,使最终的活性艳红去除率要高于未通入氧气时的。

6.2　催化铝内电解法处理活性艳红废水机理研究

叶张荣等(2005)研究过催化铁内电解体系对活性艳红降解机理后认为,该系统对活性艳红的还原转化及铁离子的絮凝作用是活性艳红从水中去除的主要作用机理,催化铝内电解体系与催化铁内电解体系相似,可能也会存在上述两种作用。

6.2.1　电化学还原

1. 电偶腐蚀

电偶腐蚀(李荻,1999;陈国华等,2003)是在一定条件,某种金属由于与电极电位较高的金属接触而引起腐蚀速率增大的现象。在双电偶中,活泼性强的金属被腐蚀,而不活泼的金属不直接参与反应,仅作为电子传递的导体。在 Cu/Al 双电偶中,Al 被腐蚀,其腐蚀速率要比相同条件下未构成双电偶的 Al 腐蚀得要大。若用 Cu/Al 体系来处理活性艳红要比单独用 Al 处理效果更好,如表 6.2、表 6.3 所示。

从表 6.2 可以看出,废水在强酸性(pH=1.5)和强碱性(pH=12.0)时,单质 Al 体系和 Cu/Al 双电偶体系的处理效果大致相同,这是由于在强酸性和强碱性条件下,Al 本身就能和酸、碱发生强烈反应而溶解,无需再通过双电偶的作用来加速 Al 的腐蚀。由表 6.3 可知,在弱酸性和弱碱性(pH=6.5~10.0)时,Cu/Al 体系对活性艳红去除率要明显高于 Al 体系 10%~20%(如表 4.1 所示),可以看出,双电偶体系在活性艳红去除中起到了重要作用,由于 Cu 在反应过程中不参与反应,因此发挥了催化的效果。电偶腐蚀的电化学反应式如下

阳极:$Al \longrightarrow Al^{3+} + 3e$

阴极:活性艳红 $+ 3e \longrightarrow$ 可能的还原产物

表 6.3　弱酸碱条件下催化铝内电解体系与单铝体系对活性艳红的去除率对比

反应时间/min	pH	Cu/Al/%	Al/%	差值/%
	3.0	74.3	63.8	10.5
120	6.5	71.3	50.7	20.6
	10.0	55.7	36.4	19.3

2. 点蚀

点蚀(李荻,1999；陈国华等,2003)是常见的局部腐蚀之一,多半发生在表面有钝化膜或有保护膜的金属上,如铝及铝合金、不锈钢、耐热钢、钛合金等。点蚀的发生、发展分为两个阶段,即蚀孔的成核和蚀孔的生长过程。在用催化铝系统处理活性艳红废水的过程中,Al 表面易形成 Al_2O_3 膜,反应前酸洗或废水中存在 Cl^-,该氧化膜即被破坏,即生成了小蚀孔。小蚀孔内的活化 Al 能与活性艳红反应使蚀孔进一步增大,蚀孔内的 Al 电位较负成为阳极,蚀孔外的 Al_2O_3 电位较正成为阴极,蚀孔内外构成了活化-钝化微电偶的腐蚀电池。

蚀孔内:$Al \longrightarrow Al^{3+} + 3e$

蚀孔外:活性艳红 $+ 3e \longrightarrow$ 苯胺 + 其他

$$\frac{1}{2}O_2 + H_2O + 3e \longrightarrow 2OH^- \tag{6.1}$$

生成的 Al^{3+}、OH^- 生成 $Al(OH)_3$ 有絮凝作用,从而夹带了一部分的活性艳红堆积在蚀孔口处。蚀孔内形成了一个不断自催化的体系,腐蚀不断加大,蚀孔不断变深,活性艳红不断被降解。图 6.10 和图 6.11 为催化铝内电解体系中的 Al 在

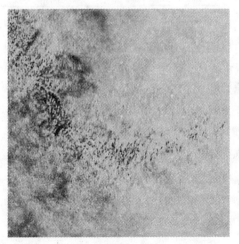

图 6.10　光学显微镜下放大 30 倍时
Al 的表面形貌照片

图 6.11　光学显微镜下放大 30 倍时
Al 在处理 pH=6.5、100 mg/L 的活性
艳红后的表面形貌照片

反应前后的在光学显微镜下的形貌。

6.2.2 铝离子的絮凝作用

由于双电偶腐蚀和孔蚀现象的发生,Al 被腐蚀生成 Al^{3+},Al^{3+} 具有絮凝作用,活性艳红被絮凝沉淀而去除。设计如下实验以确定絮凝作用。

在催化铝内电解体系中投加乙二胺四乙酸二钠(EDTA),由于 EDTA 能够和 Al^{3+} 络合生成络合物,使 Al^{3+} 掩蔽不能发挥絮凝作用。测定在该条件下的活性艳红去除率,与未投加 EDTA 的系统中去除率相比,其去除率下降部分即可大致认为是 Al^{3+} 发挥的絮凝作用。首先需要考察 EDTA 本身是否会对 Cu/Al 系统处理活性艳红产生较大的影响,设计了以下实验。

用 Al^{3+} 来饱和 EDTA,生成饱和 EDTA 溶液。在催化铝内电解系统处理 100 mg/L 的活性艳红废水中,分别投加 0 mg/L、100 mg/L、200 mg/L、300 mg/L 的该饱和溶液,并用 NaOH 调节 pH=6.5 左右,考察还原产物和总体去除率与未投加饱和 EDTA 体系的变化,如表 6.4 所示。

表 6.4 投加饱和 EDTA 对 pH=6.5、100 mg/L 的活性艳红催化还原反应的影响

络合饱和 EDTA 浓度/(mg/L)	染料去除率/%	苯胺/(mg/L)
0	92.6	3.1
100	92.2	2.5
200	94.7	3.3
300	92.3	3.0

从表 6.4 可以看出,投加不同浓度已被 Al^{3+} 饱和 EDTA 的催化铝内电解系统和未投加的催化铝内电解系统相比,还原产物苯胺生成量与总体去除率都没有显著的变化。因此可以认为,EDTA 投加浓度在 0~300 mg/L 的范围内的 EDTA 对催化铝内电解系统处理活性艳红的影响并不大。

分别在 100 mg/L 的活性艳红废水中投加 0 mg/L、100 mg/L、200 mg/L、300 mg/L、400 mg/L、500 mg/L 的 EDTA,调节 pH=6.5 左右,测量催化铝内电解体系中活性艳红去除率的变化。如表 6.5 所示。

表 6.5 投加不同浓度 EDTA 后,pH=6.5、100 mg/L 的
活性艳红废水催化降解去除率的变化

EDTA 浓度/(mg/L)	去除率/%	EDTA 浓度/(mg/L)	去除率/%
0	97.2	300	79.1
100	97.2	400	83.7
200	95.4	500	79.5

　　从表 6.5 可以看出,当 EDTA 浓度大于 300 mg/L 的时,其去除率基本保持不变,可以认为,当 EDTA＝300 mg/L 的时,即可将反应体系中产生的大部分 Al^{3+} 掩蔽。则在上述反应体系中加入 300 mg/L 的 EDTA,测量其去除率。重复做三次,其去除率与未投加 EDTA 的催化铝体系的去除率之差的平均值,即为絮凝作用在整体去除率中所占的比例。如表 6.6 所示。

表 6.6　絮凝作用的大小

次数	染料去除率/%	加 EDT 后染料去除率/%	絮凝作用/%	平均/%
1	97.2	79.1	18.1	18.4
2	96.8	78.1	18.7	
3	97.5	78.9	18.6	

6.2.3　单质铝的直接还原作用

　　单质 Al 很活泼,具有较强的还原能力;即使不能与其他金属形成原电池反应,单质铝也有可能还原某些有机物。待处理的活性艳红分子结构如下:

　　活性艳红中的—N≡N—偶氮双键是染料的发色基团,偶氮双键易于与电子结合加氢后断键,从而使色度得以去除。可以推测活性艳红能与 Al 发生如下反应:

$$活性艳红＋Al \longrightarrow Al^{3+} ＋苯胺＋其他 \tag{6.2}$$

6.2.4　还原反应与反应产物

　　不论是催化铝内电解体系电化学还原,还是单质铝的直接还原,则在反应体系中必可检测出苯胺。采用水和废水标准检测分析方法——N-(1-萘基)乙二胺偶氮光度法来检测苯胺(国家环境保护总局,2002),实验证明反应后体系中确实存在苯胺。根据式(6.1)或式(6.2),理论上计算,100 mg/L 的活性艳红可生成 9.74 mg/L 的苯胺,设计以下实验来考察实际反应中苯胺的生成量。

　　在催化铝内电解体系中加入 pH＝6.5、100 mg/L 的活性艳红废水进行反应,反应时间 4 h,以使反应尽可能的完全进行,测定苯胺实际生成量,其与理论生成量的比值即为还原作用在活性艳红的去除中所占的比例。结果如图 6.12 所示。

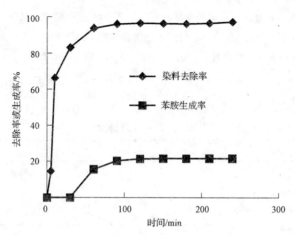

图 6.12 活性艳红总去除率与还原作用的关系

由图 6.12 可以看出,当反应进行到 30 min 时,活性艳红的总去除率达到 60%时,苯胺的生成量却很小;当反应进行到 100 min 时,活性艳红的去除率已接近100%,而苯胺的生成量也达到了稳定的值,大概是理论去除量的 21.7%。

絮凝作用在活性艳红整体去除中所占的比例是 18.4%,还原作用所占的比例是 21.7%,二者相加占总去除率的 40.1%。那么剩余的 49.9%的去除率从何而来?这有两种可能:其一,吸附作用;其二,还原产物不仅仅是苯胺,活性艳红是一种复杂的有机物,其还原过程可能是多步的,存在着多种中间产物,实际还原作用去除比例比根据苯胺产率所计算的要大得多。

6.2.5 絮凝作用与还原作用的关系

1. 强化絮凝作用对还原作用的影响

配置 pH=6.5、100 mg/L 的活性艳红废水,在其中分别投加 0 mg/L、5 mg/L、10 mg/L、15 mg/L、20 mg/L、25 mg/L 的 Al^{3+},以 $AlCl_3$ 形式投加,测量反应 250 min后催化铝内电解体系对活性艳红总去除率和苯胺的生成量,结果如表 6.7 所示。

表 6.7 增大 Al^{3+} 浓度对反应体系的影响

铝离子浓度/(mg/L)	染料去除率/%	苯胺/(mg/L)
0	93.0	2.6
5	99.2	2.6
10	98.9	2.5
15	94.4	1.4
20	97.0	1.2
25	95.9	1.0

从表 6.7 可以看出,随着反应体系中 Al^{3+} 浓度的增加,染料的总去除率未发生大的变化,但还原产物苯胺的生成量降低了。这可能是由于:外加 Al^{3+} 是投入到活性艳红溶液中,Al^{3+} 水解生成 $Al(OH)_3$,附着在铝刨花表面,阻止活性艳红与铝刨花的接触。

2. 减弱絮凝作用对还原作用的影响

实验条件同上节,配置 pH＝6.5、100 mg/L 的活性艳红废水,在其中分别投加 0 mg/L、100 mg/L、200 mg/L、300 mg/L、400 mg/L、500 mg/L 的 EDTA,掩蔽 Al^{3+},测量反应后活性艳红总去除率和苯胺生成量,结果如表 6.8 所示。

表 6.8　减弱 Al^{3+} 浓度对反应体系的影响

EDTA/(mg/L)	染料去除率/%	苯胺/(mg/L)
0	97.2	2.11
100	97.2	1.21
200	95.4	1.19
300	78.9	0.5
400	83.7	未检出
500	79.5	未检出

从表 6.8 可以看出,添加 EDTA 会抑制 Al^{3+} 对活性艳红的絮凝作用,而絮凝下来的活性艳红很多都会堆积在蚀孔周围,减少了絮凝作用即减少了活性艳红在蚀孔上的堆积量,即减少了 Al 和活性艳红分子的接触,因此被还原的苯胺大大减少,还原作用降低。

6.2.6　反应过程中 Al 在溶液中的存在形式及其消耗量

1. Al 在溶液中的存在形式

Al 是两性金属,即能和酸反应也能和碱反应。与酸反应生成 Al^{3+},与碱反应生成偏铝酸根。因此,Al 在溶液中的存在形式和溶液的 pH 有很大关系。在不同的 pH 范围内,Al 的存在形式如下:

pH ＜4.6	$Al(H_2O)_n^{3+}$ 占主导
pH ＝4.6～5.5	$Al_m^{3+}(OH^-)_n$ 占主导
pH ＝6.5～8	$Al(OH)_3$ 胶体占主导
pH ＝8 附近	$Al(OH)_4^-$ 形成
pH ＞10	$Al(OH)_3$ 胶体全部转变成 AlO_2^-

因此,只有知道了溶液的 pH,就能大概推断出 Al 在溶液中的存在形式。用

Cu/Al 体系处理 100 mg/L 的不同 pH 的活性艳红废水,测量反应过程中 pH 的变化,结果如图 6.13 和表 6.9 所示。

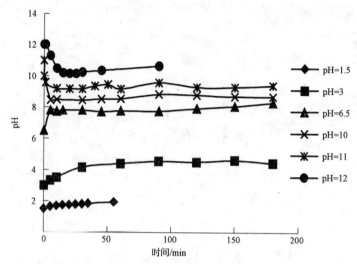

图 6.13　不同 pH 下 100 mg/L 的活性艳红废水催化还原过程中溶液 pH 变化

表 6.9　不同 pH 反应条件下 Al 在溶液中存在形式

初始 pH	最终 pH	最终主导 Al 形态
1.5	1.94	$Al(H_2O)_n^{3+}$
3	4.44	$Al(H_2O)_n^{3+}$
6.5	8.31	$Al(OH)_3$　$Al(OH)_4^-$
10	8.7	$Al(OH)_3$　$Al(OH)_4^-$
11	9.41	$Al(OH)_3$　$Al(OH)_4^-$
12	10.67	AlO_2^-

从图 6.13 可以看出,在不同 pH 条件下的催化还原反应,在反应开始的 10 min 内就已达到了某一稳定的 pH,然后反应将在该 pH 下进行,则最终 Al 在溶液中的存在形式即与该 pH 相关。

2. 反应过程中 Al 的消耗量

Cu/Al 体系在处理活性艳红的过程中,必然会有 Al 的消耗。其消耗量直接影响着该体系的经济性。在本小节中,采用测量反应过程中废水中总铝离子(包括絮凝沉淀的铝)的含量来间接估算体系中 Al 的消耗量。Al 消耗量=反应终点总 Al 离子浓度×溶液体积,结果如图 6.14(a)、(b)和表 6.10 所示。

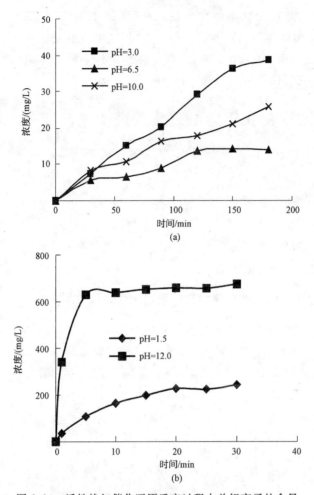

图 6.14　活性艳红催化还原反应过程中总铝离子的含量

表 6.10　活性艳红催化还原反应过程中 Al 的消耗量

pH	反应完成后溶液中总 Al 离子的含量/(mg/L)	Al 消耗量/(mg/mg 活性艳红)
1.5	242.75	2.47
3.0	38.55	0.186
6.5	13.96	0.199
10	26	0.52
12	675	6.87

　　从图 6.14(a)、(b)中可以看出,活性艳红催化还原反应过程中,体系中总铝离子的含量不断在上升,反应终点时,铝离子的含量最大。在不同的 pH 条件下,Al

在反应过程中消耗从大到小依次为:pH=12>pH=1.5>pH=10>pH=6.5、pH=3.0。在强酸性和强碱性反应条件下,活性艳红催化还原的处理效率很高,同时 Al 的消耗量也很大;在中弱酸性、弱碱性和中性条件下,反应能够取得一定的效果,同时 Al 的消耗量也相对较小。

6.3　催化铝内电解法处理活性艳红废水时钝化现象的研究

在催化铝内电解法处理活性艳红的过程中,系统开始运行时处理效果很好,随着处理活性艳红的批次增多,处理效果会逐渐下降,产生了钝化的现象。钝化会大大影响活性艳红的去除率,对反应产生不良的影响。研究钝化现象发生、发展的过程,探讨钝化现象发生的原因,以采取相应有效的措施来解决这个问题,对催化铝内电解系统实际应用有很大的帮助。

6.3.1　不同 pH 条件下催化铝内电解系统批次运行效果

将 10 g 新鲜铝刨花和 2 g 铜细条充分混合后置于 250 ml 锥形瓶中压实,堆积密度约为 0.05 kg/L,配置 100 mg/L 的活性艳红废水,分别调节 pH 为 pH=6.5、10 和 12,每天运行 2 批次,运行结束后将反应后的废水倒掉再注入清水,以保持 Cu/Al 系统反应的活性。运行结果如图 6.15 所示。

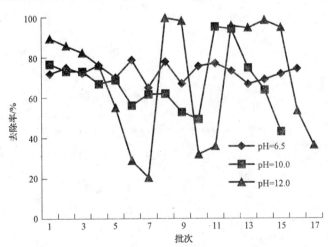

图 6.15　不同 pH 条件下活性艳红催化还原批次运行效果

从图 6.15 可以看出:在 pH=6.5 的运行条件下,催化铝内电解系统运行效果基本保持稳定,在整个运行批次内处理效果趋于稳定在 75% 左右;在 pH=10.0

的运行条件下,从开始运行起处理效果逐渐缓慢的下降,处理效果从开始的 80％ 左右到第 10 批次时下降至 50％,然后用稀酸浸泡清洗,处理效果又提升,但再反复利用时,其处理效果下降幅度和速率要远大于第一次运行时,大约在运行了 4 批次后去除率就下降到 50％;在 pH＝12.0 的运行条件下,从开始运行起处理效果就以较快的趋势下降中,大约运行 5 批次左右,活性艳红去除率就从 90％以上下降到 20％,发生了严重的钝化现象,然后用稀酸浸泡清洗后,去除率又上升,以后运行都遵循大约相近的规律。

6.3.2 钝化机理

从图 6.15 可以看出,当反应处于偏碱性的条件下时易发生钝化现象,尤其在 pH＝12 时,钝化现象明显。以 pH＝12 条件时的反应为例,设计连续流和序批式实验考察钝化现象。

试验结果表明,连续运行的催化铝内电解系统处理效果会逐渐降低,序批式实验反复静止 24 h 对催化铝内电解系统处理效果没有明显影响;每次反应后冲刷的催化铝内电解系统处理效果下降的趋势要比不冲刷的催化铝内电解系统缓慢得多;在系统中添加偏铝酸钠的催化铝内电解系统处理效果下降要比不添加的 Cu/Al系统要快很多,这是因为偏铝酸盐是一种具有黏性的液体物质,可以作为缓蚀剂,且其会与吸附在铝表面的活性艳红一起黏附在铝表面形成钝化膜,并与氢氧化铝沉淀一起黏附在催化铝填料表面。采用电子能谱和电镜扫描的方法来研究该钝化膜的具体组成,如图 6.16 所示。

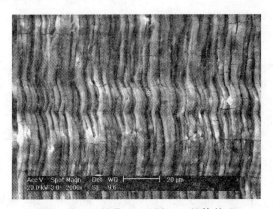

图 6.16 Al 钝化 SEM 图——整体外观

从 SEM 图上选取 4 个具有代表性的点加以详细分析,如图 6.17～图 6.19 所示。

从图 6.17(a)、(b)可以看出,在钝化后 Al 条基体上主要含有 Al、Mg、Zn、Si、C、O 和 S 元素。其中 Al、Mg、Zn 和 Si 元素是铝刨花(铝合金)本身所含有的元素;

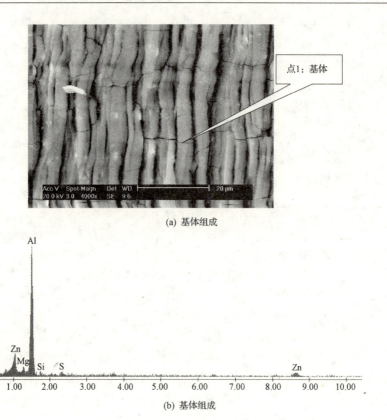

(a) 基体组成

(b) 基体组成

图 6.17　Al 钝化 SEM 图

C、O 和 S 元素是有机元素,其来源只可能是活性艳红还原产物或活性艳红本身附着在 Al 条上。

　　图 6.18(b)、(c)与图 6.17 基体最大不同之处在于 C、O 相对含量。点 2 小坑处 C 含量大大高于点 1 基体含量,表明在此处会有大量的有机物质沉积。而点 3 白色物质处,与点 1 基体相比,C 的含量略有增加,但 O 的含量大大增加,表明此处会有大量铝的含氧化合物沉积,说明此处是氢氧化铝夹杂着大量的活性艳红还原产物或其本身沉积。

　　从图 6.19 可以看出,点 4 是具有明显晶态结构的白色物质,通过该点的能谱图可以看出,此处的 O 含量非常高,而 C 含量相对来说很低,说明该白色晶态物质应该是比较纯净的氢氧化铝。

　　从以上电子能谱图的结果可以大概推断出处理 pH=12 的活性艳红的催化铝内电解系统中铝刨花的钝化过程:反应开始时,由于在强碱性条件下,Al 迅速与碱反应生成了 AlO_2^-,同时活性艳红大部分被还原;AlO_2^- 是一种促凝剂(曲宗波等,2005),会促使其与活性艳红或其还原产物一起沉积在铝刨花表面,同时 AlO_2^- 解

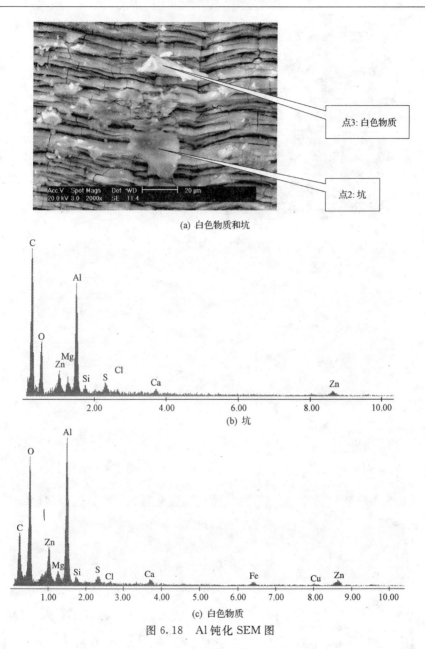

图 6.18　Al 钝化 SEM 图

析生成 Al(OH)₃;随着反应的进行,沉积物越来越紧密地附着在铝刨花表面形成
了一层致密的钝化膜,钝化膜不断加厚,阻止活性艳红废水和铝刨花的接触,因此
处理效率下降。若 Al(OH)₃ 中夹带了大量的有机产物时,本身不会形成类似于
晶体的结构,表现出无定形的状态;若 Al(OH)₃ 中含有微量或者不夹带有机产物
时,表现出一定的晶体结构。

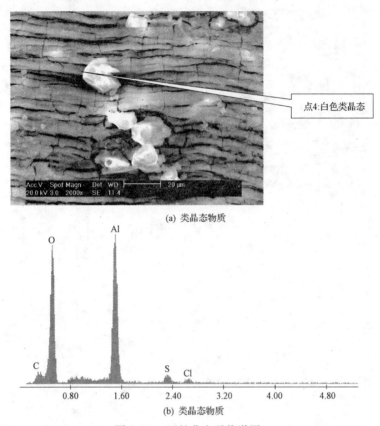

(a) 类晶态物质

点4:白色类晶态

(b) 类晶态物质

图 6.19　Al 钝化电子能谱图

6.3.3　催化铝内电解系统的活化

从 6.3.1 小节和 6.3.2 小节可知,催化铝内电解系统在处理偏碱性的废水时易发生钝化现象,严重影响系统的处理效果,应在钝化现象发生之后采用简单易行的方法来解决。由于铝的钝化是由于在其表面生成了一层钝化膜,采用酸洗的方式将钝化膜清洗下来,可使系统恢复反应活性。

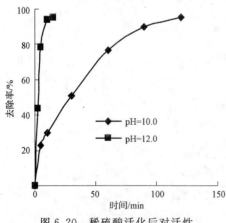

图 6.20　稀硫酸活化后对活性艳红催化还原效果

当催化铝内电解系统发生钝化后,用 1% 的稀硫酸浸泡催化铝内电解 1 系统 30 min 以进行系统的活化,测量活化后催化铝内电解系统对活性艳红的去除率。如图 6.20 所示。

从图 6.20 可以看出,当用 1‰稀硫酸活化钝化的催化铝内电解系统 30 min 后,系统的处理效果又恢复到原来的处理效果,甚至在 pH=10 时,处理效果要高于原来的系统(参见 6.1.3 节中图 6.3 和图 6.4),这也说明了酸对系统有很强的活化作用,是一种良好的活化用药剂。

6.4　用催化铝内电解系统处理实际印染废水

催化铝内电解系统应用于处理实际工业废水,是本研究的目的。以山东省某特大型纺织企业为研究对象,探讨了催化铝系统对实际废水处理的效果。

该厂每日产生污水量为约 1.5 万 m^3。污水主要包括预处理阶段的退浆废水、煮炼废水、漂白废水和丝光废水等,以及后续染色工序等废水,还有蜡印等难处理废水。所有生产段的废水 pH 都在 10 以上,而且大部分都在 12 以上,最大的含碱度数克/升。其中最难处理的是退浆废水,pH 高,COD 浓度大。

6.4.1　催化铝内电解方法转化染料效果

第三章 3.3 节曾研究过催化铁内电解体系处理染料废水,结果表明催化铁内电解体系在 pH<10 时能够取得较好的去除率,但当 pH>10 时,处理效果明显降低。因此,可以尝试用催化铝内电解法来处理强碱性废水,弥补催化铁内电解体系的不足。

为了使数据更有对比性,现采用等体积的铁和铝来处理废水,即将 70 g 新鲜铁刨花和 14 g 铜细条充分混合后置于 250 mL 锥形瓶中压实,堆积密度约为 0.05 kg/L。催化铁内电解与催化铝内电解体系处理碱性废水的效果对比,见图 6.21 与

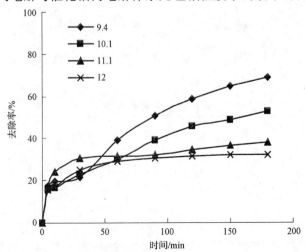

图 6.21　催化铁内电解体系在偏碱性条件下对活性艳红的处理效果

图 6.22 。

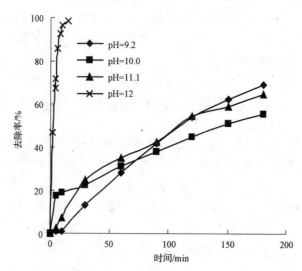

图 6.22　催化铝内电解体系在偏碱性条件下对活性艳红的处理效果

　　从图 6.21 和图 6.22 中可以看出,在弱碱性条件(pH＝9～10),催化铁内电解系统对活性艳红废水的处理效果要高于催化铝内电解系统,这可能是因为尽管 Al 能与碱反应,但 Al 在该 pH 范围,易与 O_2 结合形成钝化膜,阻止 Al 与活性艳红的接触;在强碱性条件(pH＞11),催化铝内电解系统的处理效果要明显高于催化铁内电解系统,在该 pH 范围内,Al 能与碱发生剧烈反应,释放出电子而溶解,Fe 不能与强碱反应。在 pH＝12 时,催化铝内电解系统对活性艳红的去除率要比相同条件下催化铁内电解系统的高 60％左右。

6.4.2　催化铝内电解处理印染废水

　　华纺印染废水包括退浆废水、蜡印废水和厂内污水处理中心的调节池进水。其水质见表 6.11。

表 6.11　印染废水水质

类别	pH	色度/倍	COD/(mg/L)	颜色
退浆废水	12.6	500	16 000	墨绿色
蜡印废水	12.1	1000	11 800	蓝紫色
进水	9.5	500	900	青绿色

　　表 6.12 是催化铝和催化铁内电解系统处理 100 mL 退浆废水、蜡印废水和调节池进水 2 h 后的效果。

表 6.12　催化铝内电解系统和催化铝内电解系统处理废水的对比

类别	原水 COD /(mg/L)	催化铝系统处理 /(mg/L)	催化铝系统去除率 /%	催化铁系统处理 /(mg/L)	催化铁系统去除率 /%
退浆废水	16 000	13 047	18.5	15 463	3.4
蜡印废水	11 800	8522	27.8	10 150	14
进水	1055	445	50.6	391	56.6

　　从表 6.12 可以看出,催化铝内电解系统对强碱性的废水处理效果要明显好于催化铁内电解系统,而在弱碱性条件下,二者处理效果相差不大。

第 2 篇　催化铁内电解法
处理技术与工艺

第 7 章　催化铁内电解生物预处理方法

　　精细化工废水中存在着大量人工合成的有机物,如硝基苯类、偶氮类、氯苯类以及其他芳香族衍生物,这些物质不仅难以生化方法处理,而且对生化方法处理中的微生物产生毒害抑制作用。目前对这类有机物的化学处理方法,主要是高级氧化法,试图将这些物质彻底氧化成无机物,从而消除污染,而往往这些物质也难于化学氧化。从前几章研究可以看出,通过催化铁内电解方法可以有效地转化这类污染物质,通过电化学还原作用,转化这些物质分子结构中的强拉电子基团,从而消除对微生物的抑制作用,大大提高可生化性,如硝基苯类、偶氮类生成为苯胺类,高氯代烃类转换为低氯代烃,或彻底脱氯生成相应的烃、醇或烯。因此,催化铁内电解方法从原理上来说,可以成为生物处理工艺的预处理方法。

　　目前,生物处理工艺预处理方法应用最为广泛的是物理方法,如沉淀、气浮、隔油等。化学氧化,特别是高级催化氧化方法也有作为生物预处理方法的,但如何控制化学氧化的程度,提高产物的可生化性,是一个理论与实践中的难题。而涉及化学还原技术的并不多,常见的有铁碳内电解法。

　　预处理方法的选择,首先应针对难降解工业废水中对生物处理有抑制作用和难生物降解的物质,如精细化工中的硝基苯类、偶氮类物质等。这类废水中较为可行的预处理方法仅为铁碳还原法这一种工艺,但铁碳还原法存在以下局限:①铁的消耗量大,产生大量的污泥,反应一段时间后铁屑易于板结,从而降低了处理效果;②适用于 pH 低的废水,中和废水需要大量的碱;③铁炭混合不易均匀,大大降低了处理效果,活性炭容易流失。催化铁内电解方法本质上也是一种还原工艺,该方法利用单质铁还原难于生物降解的含有硝基、亚硝基、偶氮基的化合物及一些卤代、碳双键化合物,提高它们的生物降解性;还原后生成的亚铁、三价铁还有很好的混凝作用;预处理后铁离子浓度增大、pH 提高,可沉淀废水中的磷酸根,因此还可以有很好的除磷效果。实验室实验证明:该方法对硝基苯和色度均有较好的去除作用,提高了生物处理的效率。

　　该方法与铁碳法有本质的不同:首先,阴极金属材料的存在大大提高了铁的还原能力,毒害有机物得到较充分的还原,而且由于不曝气,铁离子仅还原有机物,因此铁耗量大大降低,不足铁碳法的十分之一;其次,适用 pH 范围广,从酸性到弱碱性(pH<9.5)都有良好的处理效果;最后,操作简便,没有跑炭问题,富余的铁离子对除磷和提高活性污泥的沉降性能都大有好处。这些都是铁碳法所不具备的。

　　催化铁内电解工艺如下:

铁刨花、紫铜屑和其他活化材料组成还原床,后两者在反应过程中既不钝化也不消耗,而铁刨花在反应一段时间后会得到一定程度的活化;消耗材料只有铁屑,消耗量较小。

运行中反应床不曝气,但为了加速固液表面的传质,需要预处理水回流,回流比在五以下,因此预处理的能耗低。

预处理过程中产生极少量的废渣,但铁屑并不会板结,在反应池中只要有排泥出口即可。

预处理出水含有一定浓度的亚铁离子,在生化池中产生混凝作用,它既对生化作用有益,又可以促使磷酸根的化学沉淀去除,且对活性污泥的沉降性能有益。

7.1　上海市某化学工业区污水水质概况

上海市某工业区是 20 世纪 80 年代形成的以生产染料、涂料、医药等为主的精细化工园区,1993 年设计了日处理量为 60 000 m^3/d 的污水处理厂。到 21 世纪初,区内搬迁来大量的污染企业,产品种类繁杂,污水量和污水水质逐日逐月均有较大起伏。污水中大量存在硝基苯乙酮、糖精、C_9 烷基苯、苯基-β-萘胺和一些多碳($C_9 \sim C_{25}$)烷烃等物质,其中硝基苯类物质平均浓度超标达 6.13 倍。该厂污水处理始终存在着困难,大量难降解的及抑制性的物质造成生化处理效果不好,当实际水量为设计水量 56% 时,COD 的去除率只有 65%,而水量大、水质组成复杂又妨碍了一般化学处理方法的应用。因此,从建厂之日起,如何去除污水中难生化降解的物质,提高 COD、色度的去除率,始终是一难题。

7.2　试验工艺的设计

7.2.1　预处理段

催化还原铁内电解反应是在界面上发生的氧化还原反应,由两种金属形成原电池。因此,两种金属紧密接触才能有效地进行反应,且反应过程中需要足够的水流紊动,以利于更新界面。化学反应的程度取决于废水中可还原的有机物数量及性质,去除量还取决于形成 Fe^{2+} 产生混凝作用的效果。该方法适用的 pH 范围较广,在中性溶液中即可发生反应,一般废水不需要调 pH。温度因素主要影响化学反应速率,反应速率还取决于废水中有机物的性质。连续流试验的水力停留时间,采用了摇床试验达到完全反应 90% 程度时所需要的时间,对于上海市某化工区废水约在 2 h 左右。

所需水流紊动靠回流产生,连续流小试中回流未加控制,回流泵开启即产生足够的回流,达到充分的紊动效果,当然也可以不开回流泵。中试回流泵的回流比控制在 0~5。

7.2.2　生化段

取上海市某化工区污水处理厂生化池实际曝气时间为试验装置生化段的水力停留时间。考虑到抗冲击能力和硝化细菌时代时间长的情况,生化反应池中都投加悬浮填料。

中试中悬浮填料的投配比为 40%,活性污泥法加膜法,生化段水力停留时间为 16 h。试验装置如图 7.1 所示。

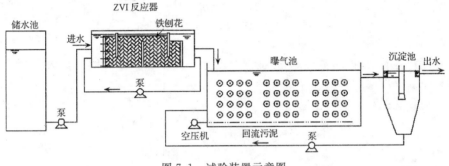

图 7.1　试验装置示意图

连续流小试分成两个时期,开始时生化段水力停留时间为 12 h,活性污泥法加膜法,悬浮填料投配率为 40%;运行 75 天后转化为为纯粹的膜法,水力停留时间为 16 h,悬浮填料投配率为 30%,即未投加新的填料(刘剑,2004)。

7.3　连续流试验结果及其分析

7.3.1　COD 和 BOD 的去除

稳定运行后 COD 的运行数据如图 7.2 所示。除第一个星期外,以后的出水 COD 值基本在 100 mg/L 以下,平均值为 69.8 mg/L。预处理段的处理效率为 37.0%,总的去除率为 79.3%,这样的出水水质和处理率,已达到了一般城市污水处理厂的处理水平。

从图 7.3 所示的 BOD_5 变化曲线上看,生化后出水的 BOD_5 也相当平稳,最大值为 14.3 mg/L,平均值为 6.8 mg/L。去除效率如下:预处理段 53.0%,总处理率 94.7 %。从图 7.3 中也可以看出,预处理和生化出水的 BOD 变化趋势一致,而进水 BOD 变化剧烈,甚至进水 BOD 比预处理出水还低,说明进水中由于有毒害有机物的作用,测定 BOD 时产生影响。即一些毒害有机物在较低浓度时就会对生

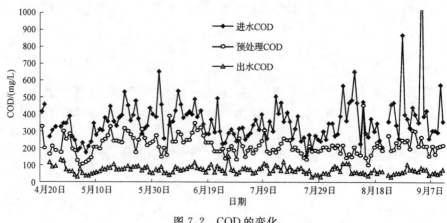

图 7.2　COD 的变化

化作用产生显著抑制,如硝基苯,抑制浓度为 5 mg/L,只要转换这类物质,生化处理效果就会明显提高。

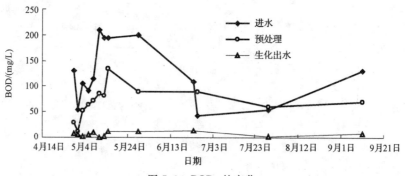

图 7.3　BOD_5 的变化

7.3.2　预处理工艺对 pH 的影响

从图 7.4 可以看出,从进水平均 pH=7.19,预处理后上升到 7.62,再曝气后升高到 8.09,整个过程上升了约 0.9。关于 pH 在处理过程中变化的原因,在第 14 章"曝气催化铁混凝工艺"做了分析。

预处理段出水 pH 处于两者之间,至于有时比较接近于进水,有时比较接近生化出水,除水质方面的原因外,有可能是由于取样分析的时间间距。进水和生化出水的 pH 与水样放置时间关系不大,而预处理段因为有大量 Fe^{2+},水样放置时间对 pH 影响较大。

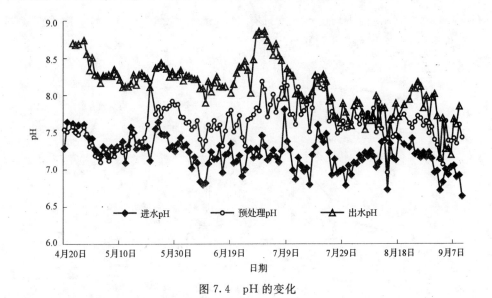

图 7.4　pH 的变化

7.3.3　生物脱氮效果及氨氮的去除

当系统以活性污泥法占主导地位（6 月 24 日之前），有机负荷为 0.50 kg COD/kg MLSS 左右,硝化细菌无法繁衍,系统几乎没有去除氨氮的效果,且由于精细化工产物中大量难以生化的含氮有机物,经常出现出水氨氮高于进水的情况。为了强化生物硝化,后将生化段的停留时间从 12 h 延长至 16 h(24 日后),且停止污泥回流,让能够在悬浮填料上固着生长的微生物成为主导,活性污泥量大幅下降,泥龄长的微生物占主导地位,硝化细菌得到大量繁殖。改变系统后约 7 d 开始明显出现了生物硝化的迹象,再 7 d 时间生物硝化已进行得很好,出水氨氮小于 5 mg/L(图 7.5),硝酸根浓度明显升高,基本稳定时平均出水浓度为 15.8 mg/L

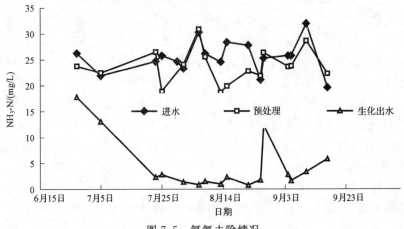

图 7.5　氨氮去除情况

(图 7.6),之后氨氮的平均出水浓度只有 2.9 mg/L,去除率达 88.8%,且亚硝酸盐生成量极少,平均只有 0.16 mg/L 。

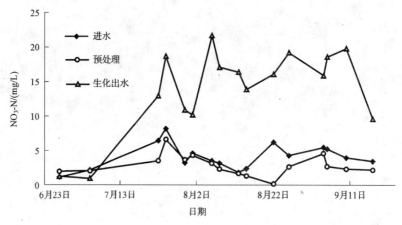

图 7.6 硝酸盐生成情况

7.4 中试结果及其分析

中试装置安装在该污水处理厂均质池旁,以均质池出水为进水,流程如图 7.7 所示。

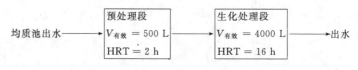

图 7.7 中试流程

中试的目的,主要是为了研究工艺中三种材料——铁刨花、紫铜屑和活化材料的组成、反应床的形式与反应效果。

中试采用两种形式的反应床,5 月 13 日至 20 日使用的是第一种,它的特点是由阴极材料作铜材做成鼠笼,鼠笼内还排列着层层叠叠的铜纱网,消耗材料铁屑装填其中。由于内电解反应需要两种金属材料充分接触,而铜材做成的纱网间距不可能太小,这影响了微电池反应;在操作上,又由于铜材纱网间距不大,装填铁刨花困难,造成双金属材料混合不均匀,影响了催化还原的效果。这一阶段预处理段 COD 的去除率为 18.5% 。

根据第一种反应床的经验教训,第二次从 5 月 21 日开始,采用第二种反应床,由钢筋做成鼠笼,笼内散装铁屑、铜材和活化材料,三种材料散投其中,事实证明效果良好。至 6 月 12 日,预处理段 COD 的平均去除率为 32.9%,与小试处理率

34.6% 非常接近。

7.4.1　中试有机碳(COD、BOD)的去除

在中试装置采取了上述措施后,中试试验效果相当稳定,出水 COD 值大多小于 90 mg/L,平均 74 mg/L,平均去除率达 77.9%(图 7.8)。

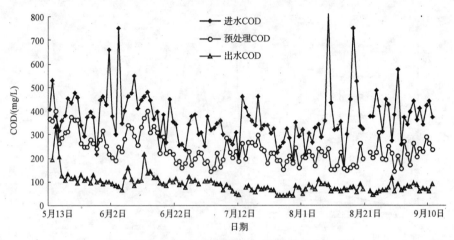

图 7.8　连续流中试污水 COD 的变化

7.4.2　生物脱氮效果及氨氮的去除

关于中试对氨氮的处理效果,从分析数据中可以发现,完全与小试有类似的结果(图 7.9)。

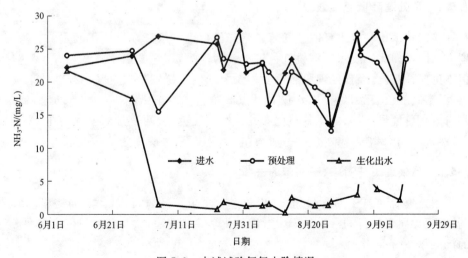

图 7.9　中试试验氨氮去除情况

　　从数据上看,7 月份始氨氮的进水、预处理、生化出水平均浓度分别为 22.2 mg/L、21.5 mg/L、2.41 mg/L。氨氮的去除率达 89.1%。

　　如同小试中发生的现象,硝酸盐在 7 月 30 日前一直很低,直到 8 月份才保持硝酸盐很高的水平,可以肯定硝化直到 7 月底才发生。但 7 月 5 日起,氨氮去除率已很高(图 7.10)。

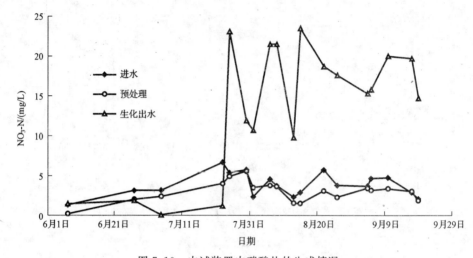

图 7.10　中试装置中硝酸盐的生成情况

7.5　其他污染指标的去除及运行中重要的影响因素

7.5.1　预处理降低色度效果

　　该新技术比较突出且明显的效果是降低色度。该厂水质变化剧烈,表现在色度方面同样如此。废水以深桃红色进水较为多见,还经常出现暗绿色、栗褐色等,但不论何种颜色,经预处理段后色度均大大降低。特别是对桃红色处理效果最为显著,本底颜色去除,生化出水仅有一点淡黄色。由于染料生产季节的原因,7、8 月份废水色度较浅,未出现冬季色度最大的褐红色,这两个月的色度均在 32 倍以上,经常出现 128 倍,出水色度一般均在 16 倍以下,去除率为 75%。

7.5.2　预处理工艺对磷、硝基苯的去除

　　预处理后铁离子的含量增加,生化过程中 pH 升高,这对去除磷酸根非常有利,原理类同于现行的污水除磷中常用的化学除磷方法,铁与磷酸根生成多种形式的沉淀物。

　　该预处理工艺有显著的除磷效果,小试中磷酸根、总磷的去除率分别为

61.1%、57.8%,中试装置中两者的去除率高达 90.4%、71.5%,出水中磷酸根达到二级排放的水平。

该厂存在着大量抑制生化作用的物质,其中硝基苯的影响最大,只要有 5 mg/L 就足以对生化反应产生抑制。文献表明:Fe^{2+} 可以还原硝基苯生成苯胺,苯胺的生化性能良好,不再对微生物呈抑制作用。该方法中,单质铁在阴极材料的电化学催化作用下,还原性更强,对硝基苯的还原作用远高于 Fe^{2+}。在进水检测出硝基苯的情况下,对硝基苯的去除率达 70% 以上,保证了生化阶段进水在 5 mg/L 以下。

7.5.3　铁离子的作用

在预处理阶段,氧化剂为含有拉电子基团的有机物,它们的氧化性并不强。因此,在预处理阶段生成的主要是 Fe^{2+},Fe^{2+} 在生化段继续被氧化为 Fe^{3+},在这个过程中除前述的除磷作用外,还有两大作用。

(1) 混凝剂作用。铁盐是污水处理中常用的混凝剂,该技术除了还原有机物改善废水的生化性能外,同时还利用大量廉价的铁屑成为混凝剂。新生铁离子的混凝作用,应好于同组成的铁盐。有机物被还原,COD 是不能被降低的,从 7.3.1 小节数据可以看到,预处理段 COD 去除率为 37.0%,BOD 的去除率为 53.0%,说明混凝的效果是极其明显的。

(2) 改善活性污泥的沉降性能和生物膜的固着性能。铁盐可以改善活性污泥的沉降性能是许多专家的共识。在本次试验中发现,生物膜的固着性能大大提高,大量的生物膜固定在悬浮填料上,处理水清澈透明。

总铁离子的浓度在预处理后在 25 mg/L 左右,根据某市城市排水监测站长期监测数据,系统出水总铁浓度分别为:小试 0.84 mg/L,中试 2.87 mg/L。满足二级排放要求。

第8章 化工区综合化工废水生物预处理工程

8.1 上海某工业区污水处理厂工艺概述

上海某工业区 2003 年基本状况为:区内污染企业达五十余家,产品种类繁杂、更换快,污水量和污水水质逐日逐月均有较大起伏。污水处理厂进水主要为染料、医药、化工等企业的生产废水,水质复杂,可生化性差。运行投产后相当长的一段时间出水指标不能达到设计要求。

该工业区污水处理厂改造前处理工艺流程如图 8.1 所示。

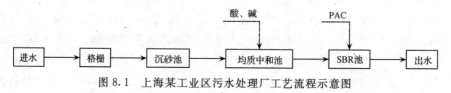

图 8.1 上海某工业区污水处理厂工艺流程示意图

SBR 池是生物反应的主要构筑物,原设计的思路是:序批式反应器(SBR)工艺灵活可调,适于工业废水的处理;再投加粉末活性炭(PAC),利用其吸附功能和作为生物载体的作用,提高对难降解物质或有毒有害物质的去除能力。SBR 池池型如图 8.2 所示。

为了实现连续进出水,SBR 池沿宽度平均分为四个槽。两个侧槽(1#、4#)轮流进水进行曝气反应、沉淀和出水,中间两槽(2#、3#)进行曝气反应,不沉淀,作用是调节两个侧槽调换的时间。侧槽的污泥用水力推进器推回中间两槽,保持全池污泥均匀,详细的运行程序见表 8.1。

近几年来,通过厂内严格运行管理,厂外排放源严格监控,加之厂外产业结构的变化,污水处理厂出水有所改善,但由于进水水质的原因,单纯的生

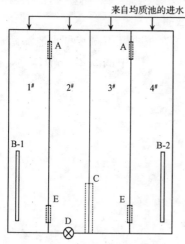

图 8.2 SBR 反应池构造

注:1#、2#、3#、4# 为反应槽;A 表示导流窗;B-1、B-2 表示滗水器;C 表示反应池通道;D 表示排泥口;E 表示水力推进器,流量 5000 m³/h

物处理工艺确实对工业废水中的难降解物质作用不大。因此，色度、NH_3-N、PO_4^{3-}-P 等仍然达不到二级排放标准（GB 18918—2002）。

表 8.1　原 SBR 工艺运行程序

阶　段	A	B	C	D
运行时间/min	144	36	144	36
槽 1#	进水曝气	静止沉淀	沉淀出水	
槽 2#	曝气	闷曝	曝气	进水曝气
槽 3#	曝气	进水曝气	曝气	闷曝
槽 4#	沉淀出水		进水曝气	静止沉淀
滗水器 B-1	关		开	
滗水器 B-2	开		关	

　　该污水处理厂现有的好氧活性污泥法工艺和前期试验研究所采用的厌氧-好氧悬浮填料生物膜法工艺均未能使出水达标排放，因此有理由相信仅通过单纯的生化处理工艺就能得到令人满意的处理效果是极其困难的。由于该进水主要是工业废水，废水中含有大量人工合成的有机物质，这是生物难降解的重要原因，此外，该厂水质还有一个特点：在生化处理过程中，氨氮浓度不断升高，抑制了生物硝化的进行，估计是含氮有机物不断降解所致。

　　2003 年 5 月某市计划委员会批复了该市某工业区污水系统改造工程可行性研究报告，该报告根据前期科研成果，提出以催化铁内电解法为生物预处理工艺，提高废水的可生化性能；通过投加悬浮填料改善生物的硝化条件，增加反硝化段达到生物脱氮的目的；改建后的工艺同时达到除磷的要求。工艺改造后处理单元变动情况简述如下：

　　（1）增加初次沉淀池，以提高进水 SS 的去除率，为后续的催化铁内电解法工艺创造条件，减少在该工艺段的堵塞与结块概率。

　　（2）增加催化铁内电解工艺，水力停留时间为 2 h，回流比为 2～4，设计铁消耗量为 40 mg/L。

　　（3）原均质池只起到水质均化的作用，现增加了催化铁内电解工艺后，不仅水力停留时间增加，而且由于有回流措施，均质效果大大增强。因此，原均质池的均质功能已无必要，为了强化生物硝化效果，现改为硝化池，并决定投加悬浮填料以提高硝化细菌的比例。

　　（4）完全保留原四槽式切换氧化沟构筑物，但为了减少工艺过程短流和水流短流，根据已有科研成果改变运行程序，以提高原有构筑物的生化处理水平。

　　催化还原铁内电解方法完全不同于传统的处理工艺，尚没有成熟的生产经验可以借鉴。试验研究表明催化铁内电解方法，适用水质范围广，耗铁量小，可以提高种类众多化学物质的生化性,很有必要进行生产性现场试验,进一步证实其效果,验证工程可行性,并通过现场试验取得工艺设计参数。

催化铁内电解预处理工艺改善有机物可生化性的同时,也为生物脱氮创造了条件。生物脱氮的控制因素是生物硝化,生物硝化不仅世代时间长,而且对温度、毒物浓度及水质、水量的冲击反应敏感。此外,悬浮填料可以保证足够长的世代时间,能抗击一定的毒物冲击。因此,通过研究确定该厂改造后的新处理工艺为:催化铁内电解-悬浮填料生物膜法与该厂原有的四槽切换 SBR 工艺相组合。工艺流程见图 8.3。

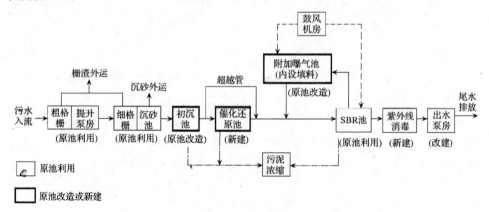

图 8.3　该污水处理厂改建后的工艺流程

8.2　催化铁内电解预处理生产性试验

尽管第 7 章连续流试验证明了催化铁内电解法作为生物预处理方法的优越性,毕竟这是一种完全新型的水处理工艺,催化铁反应池的流型及催化铁内电解滤料形式,既关系到预处理反应的效果,又关系到工程施工、运行维护,类似的工程装置尚未有大规模的工程实践,因此工程化的问题就显得十分迫切。滤料的形式现主要考虑为单元化的滤料,即铜、铁及适量的填充料混合以一定的密度组成一立体单元,以方便施工投加,以及运行维护与加工质量监控。单元化滤料还要配合反应器的流型,避免阻力分布不均匀造成水流短流。当流型与单元化滤料确定以后,要考虑池内流态,保证反应器各处有足够的水流紊动,以保证界面传质效果,促使原电池反应顺利进行。

生产性实验(曾小勇,2006;闵乐,2006)的目的是为该厂实际处理工程做准备,试验研究前对工艺的设计主要有:

1. 反应器形式

催化铁内电解反应床从组成上类似于滤床,反应床内水流阻力大,如何配水、减小短流是一重要问题;反应床内层层叠叠的刨花,具有巨大的水平投影沉淀面积,即类似滤床又类似斜板斜管沉淀池,进水中大量的悬浮物容易在床内积累。平流推流式的方式,滤料必须布满整个水流截面以免短流,但悬浮物容易在下部积累,断面均匀布水困难。竖流、上流式的方式,布水较为均匀,悬浮物容易排除,缺点是水深较大,单元面积不宜过大。该污水处理厂决定采用了这种反应器流形。为强化水流紊动,提高传质速率,该厂采用内回流比为 2。

2. 滤料组合形式

催化铁内电解法由铁刨花、铜刨花和适量填充料所组成,可简称为滤料。其中铁刨花为耗材,需要定期更换。因此,滤料的投加方式是一重要的问题。在工程上,直接投加产生问题,主要是换料时出料过程中对土建构筑物损伤,也有运行时的腐蚀问题等。对于竖流、上流式反应器要防止滤料漏散,以免堵塞配水装置。此外,还要考虑滤料层意外堵塞检修问题。这些问题唯一较好的解决办法就是采用单元化滤料装置(图 8.4)。单元化滤料装置可吊装,配合上流反应器形式,结构为

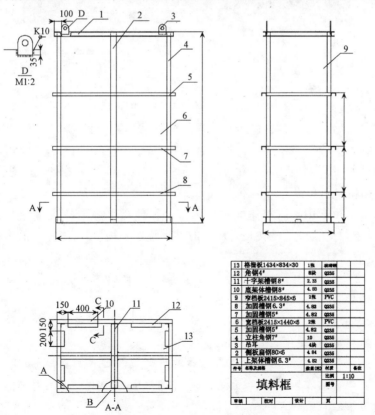

图 8.4　该污水处理厂上流式反应器所采用的单元化滤料装置外形

筐式,下部为筛板,周围四壁有封闭的板,以免水流中途短流。因此单元化滤料装置自成一配水系统。这样就较好地解决了换料、维修、配水等问题,且可工厂化生产,易于生产质量控制,有望成为定型的环保产品(刘霞等,2005)(图8.5)。

图 8.5　单元化滤料装置正在吊装到生产性实验试验装置中

生产性实验主要研究催化铁预处理反应池的工程化问题,同时对该厂的水处理工艺进行过程全模拟,包括工艺、反应池几何形状、流型、流态的模拟,运行程序的模拟,反应过程的模拟,滤料单元相似,装配投加模拟。以尽量暴露新系统在运行上的问题、操作上的问题、维护与管理方面的问题,同时检验新系统实际运行效果,优化运行工况,为生产实践提供运行参数与维护管理方面的技术支持。预处理段设计处理水量为 2 m³/h,水力停留时间为 1.87 h;后继生物处理工艺为厂方的四槽式 SRB 反应器,处理水量 0.5 m³/h,总的水力停留时间为 24 h 。

溶解氧是生产中运行控制的主要因素。因催化铁内电解法理论上是还原工艺,机理是通过电化学还原转化进水中的难降解有机物,因此溶解氧的影响应该更大。小试和中试中对催化铁内电解工艺一般采取密闭反应器,以保证无氧状态。但在工程上采用密闭反应器不仅增加了工程投资,而且增加了运行操作的难度,带来了运行的危害性(有害气体聚积等)。

催化铁内电解法还有一重要功能,就是产生 Fe^{3+} 促进后继生物处理能力的提高。溶解氧增加,可强化这一功能的发挥。

试验研究中发现,废水中存在着微量的溶解氧(DO < 1.5 mg/L),对电化学还原废水有机物的效果,不仅没有负面影响,而且显示具有一定的促进作用。可从下述电极电位公式解释:

$$Fe^{2+} + 2e \longrightarrow Fe$$

$$E = E^{\ominus}_{Fe^{2+}/Fe} + \frac{RT}{2F}\ln[Fe^{2+}] \tag{8.1}$$

式(8.1)中 Fe^{2+} 浓度减小,电极电位值减小,单质铁失去电子的能力提高。

由于微量的溶解氧首先氧化液相主体中的 Fe^{2+},对带有强拉电子基团的难降解有机物在铜电极的还原影响不大。但大量曝气,高浓度的溶解氧将会影响单质铁对难降解有机物的还原,此时产生的大量 Fe^{3+},则对混凝反应有利,且有助于后续生化反应。

生产性实验中研究了催化铁预处理段及全流程对废水的处理效果(图 8.6、图 8.7)。

图 8.6　生产性试验装置各处理单元及流程

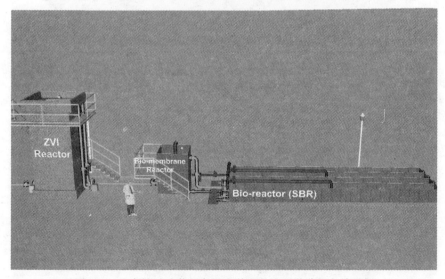

图 8.7　生产性试验装置各处理单元及流程设计立方效果图

表 8.2　催化铁预处理段不同运行条件下的试验结果

去除效果	缺氧 (DO<0.5 mg/L)	微氧 (0.9≤DO≤1.4 mg/L)	曝气 (DO>4.6 mg/L)
COD 去除率/%	14.0±6.1	54.5±9.3	44.0±13.2
色度去除率/%	38.5±6.1	41.3±10.0	37.2±19.3
PO_4^{3-}-P 去除率/%	57.0±1.5	87.5±9.8	71.2±2.1
铁离子含量/(mg/L)	14.0±6.1	54.5±9.3	44.0±13.2
反冲洗情况	运行 30 天后需进行排泥和反冲洗,以活化铁滤料	可持续运行,偶尔进行排泥和反冲洗即可	可持续运行,基本不需排泥和反冲洗

注：由于催化铁预处理段使用了厂方调节池的出水,调节池中有曝气搅拌,造成有一定的溶解氧。

缺氧工况(DO<0.5 mg/L),铁对有机物的还原作用较好而混凝作用较弱,色度去除效果较为明显,出水色度均在 60 倍以下,因进水色度低于 100 且出水含有 Fe^{3+},导致表观色度的平均去除率只有 38.5%;而 COD 去除率很低,一般为 14% 左右,磷酸盐的去除率可达 57.0%。出水一般为浅黄色,总铁含量较少(表 8.2)。

曝气工况(DO>4.6 mg/L),铁对有机物的还原作用较弱而铁离子的混凝作用较强,COD 去除率显著提高,平均可达 44.0% 左右,色度去除效果比缺氧工况时略差,但出水色度也都在 70 倍以下,因进水色度低表观色度去除率平均为 37.2%,磷酸盐的去除率高达 71.2%(表 8.2)。

微氧工况(0.9≤DO≤1.4 mg/L),COD 去除率比较高,一般可达到 54.5%,色度去除效果比以上两种工况都强,出水色度均在 30 倍以下,表观色度去除率达到 41.3%,磷酸盐的去除率可达 87.5%,是比较理想的工况条件。

整个系统的处理效果见表 8.3(Ma et al.,2008)。

表 8.3　催化铁内电解-SBR 整体工艺试验处理效果

水质指标	进水	预处理出水	去除率/%	终出水	总去除率/%
pH	7.3	7.6	—	8	—
色度/倍	65	45	31	25	62
COD/(mg/L)	888	316	64.4	94.0	89.4
PO_4^{3-}-P/(mg/L)	2.1	0.81	61.4	0.42	80.0
NH_3-N/(mg/L)	48.2	37.7	21.7	12.5	74.1
NO_3-N/(mg/L)	0.71	0.62	—	0.51	—
总铁/(mg/L)	4.73	10.62		2.56	

8.3　废水中氨氮对催化材料铜消耗的影响

铜作为铁内电解的电极材料理论上是不消耗的,为了避免铜材内部形成"微电池"内电解,并在废水中形成重金属污染,要求铜材选择为含铜量超过 99％紫铜。尽管如此,在废水中紫铜有可能受到溶解氧或其他氧化性物质的腐蚀形成铜离子,再者废水含有氨氮,能与氧化铜反应生成深蓝色的铜氨络离子。在常见的废水处理中,氨氮的存在较为普遍,因而不能忽视其对催化材料可能产生的影响。

在没有铁屑保护的条件下,废水中的氨氮对铜造成较大腐蚀,在铵溶液中铜与水解生成的氨发生如下络合反应,能看到铜氨络离子形成的深蓝色:

$$2Cu + 8NH_3 + O_2 + 2H_2O \longrightarrow 2[Cu(NH_3)_4]^{2+} + 4OH^- \tag{8.2}$$

溶液中可以观察到白色的混浊:

$$Cu^{2+} + 2OH^- \Longrightarrow Cu(OH)_2 \tag{8.3}$$

从式(8.2)每生成 1 mol 铜氨络离子,将消耗 1 mol 氢离子,同时生成 1 mol OH⁻,导致 pH 的升高,而式(8.3)反应在将使溶液的 pH 下降。

图 8.8 为铜刨花在低浓度氨氮溶液中浸泡 6 h,溶液中生成的铜离子的浓度。

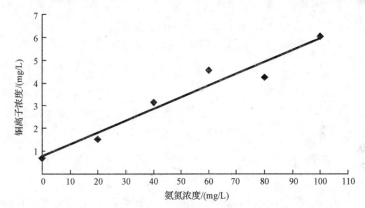

图 8.8　低氨氮人工废水中单质铜的腐蚀

腐蚀速率:

$$y = 0.0087x + 0.0156(x < 100 \text{ mg/L}) \qquad R^2 = 0.9463$$

式中:y 为单位时间内生成的铜离子的浓度[mg/(L·h)];x 为废水中氨氮的浓度(mg/L)。

当存在铁屑时,与铜形成原电池反应,铜作为阴极得到保护。溶液中除存在上述式(8.2)反应之外,还存在以下反应:

$$[Cu(NH_3)_4]^{2+} \longrightarrow Cu^{2+} + 4NH_3 \tag{8.4}$$

$$Fe + Cu^{2+} \longrightarrow Fe^{2+} + Cu \tag{8.5}$$

$[Cu(NH_3)_4]^{2+}$ 的稳定常数为 $K_s^\circ = 3.9 \times 10^{12}$。

根据能斯特方程(李荻,1999):

$$\Delta G^\circ = -RT \cdot \ln(1/K_s^\circ)$$

计算得到式(8.3)反应的标准自由能变化为

$$\Delta G_3^\circ = 104.0 \ kJ/mol$$

在标准状态下,铁铜原电池的电动势为

$$E^\circ = \phi^\circ(Cu^{2+}/Cu) - \phi^\circ(Fe^{2+}/Fe) = 0.34 - (-0.44) = 0.78(V)$$

根据能斯特方程:

$$\Delta G^\circ = -nFE^\circ$$

计算得到式(8.5)反应的标准自由能变化为

$$\Delta G_4^\circ = -150.5 \ kJ/mol$$

式(8.4)与式(8.5)相加得到

$$Fe + [Cu(NH_3)_4]^{2+} \longrightarrow Fe^{2+} + Cu + 4NH_3 \tag{8.6}$$

该反应的自由能变化可通过式(8.4)和式(8.5)计算得到

$$\Delta G_5^\circ = \Delta G_3^\circ + \Delta G_4^\circ = 104.0 + (-150.5) = -46.5 \ (kJ/mol)$$

在等温条件下,吉布斯自由能可按下式计算:

$$\Delta G = \Delta G^\circ + RT \cdot \ln Q_p$$

当 $\Delta G < 0$ 时,化学反应能够自发进行,当 ΔG° 的绝对值很大时,ΔG° 的正负号就基本决定了 ΔG 的正负号。一般来说,当 $\Delta G^\circ > 40 \ kJ/mol$ 时,可以认为反应是不能进行的,当 ΔG° 在 -40 与 $40 \ kJ/mol$ 之间时,反应进行的方向与进行的程度受外界条件的影响较大。当 $\Delta G^\circ < -40 \ kJ/mol$ 时,反应能够顺利地进行。反应式(8.6)的标准吉布斯自由能 $\Delta G_5^\circ = -46.5 \ kJ/mol$,显然在常温常压下上述反应能够顺利地进行。

上述原理充分说明催化铁内电解过程铜材料将受到阳极铁屑的保护,从而能减少或避免消耗。

设计了催化铁内电解的人工废水摇床实验和生产性废水的连续流实验,作用时间为 6 h,结果如表 8.4 所示(叶张荣,2004)。

表 8.4　氨氮对不含铁屑与含铁屑的反应体系中铜的影响情况

氨氮/(mg/L)		0	20	40	60	80	100
铜离子	无铁屑	0.68	1.55	3.14	4.54	4.24	6.06
/(mg/L)	加铁屑	0.00	—	—	0.16	—	0.63

从表 8.4 中可以发现,在催化铁内电解体系中,氨氮对铜材料的腐蚀程度要小得多。

对于生产性废水的连续流实验,进水铜离子浓度为 0.76 mg/L,出水在 0.326 mg/L,所以铜的消耗量也忽略不计。

8.4 催化铁内电解法工程实践及生产运行效果

8.4.1 基本情况

1. 反应器单元分隔及连接形式

某化工区污水处理厂日处理水量 6 万 t,根据小试和中试结果,预处理段水力停留时间为 2 h,由此得出该厂催化铁预处理池体积为 5000 m³。如前所述,上流式反应器水平面积不能过大,催化铁还原池必须分成若干单元,该厂分成了 12 个单元。又因为每个单元运行一个阶段后需要排泥操作,因此每个单元必须可以单独运转,所有单元并联的方式连接。上流式流型流态均匀,处理效果好,但流程复杂,单元的进、出水管道多。

图 8.9 为该厂控制室控制软件中催化铁反应池的图案。该厂在工程实施过程中,铜材价格大幅度上涨,由 18 000 元/t 上涨至 70 000 元/t。由此,该厂催化铁单元化装置安装了一半。下半池 6 个单元已安装了 576 只催化铁单元化装置,上半池未安装(图 8.9)。

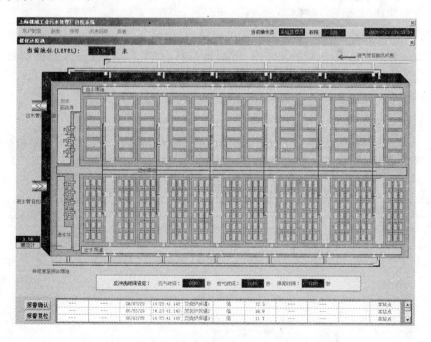

图 8.9 该厂控制室控制软件中催化铁反应池的图案

2. 清渣排泥方式

如前所述,单元化滤料内容易积累悬浮物(SS)。反应床内 SS 的积累并不是由于电化学产生铁离子的混凝作用,因为在 pH 中性、无氧条件下 Fe^{2+} 难以产生混凝作用,也难以生成 $Fe(OH)_2$ 沉淀,悬浮物几乎全部是由进水带入的。因此,该厂在催化铁预处理段前增加了初次沉淀池。为了有效地排除进入反应床中的悬浮物,可采用快速落水的方式。目前采用的是某市政设计研究院的专利技术:池底部多余空间(泥斗外)设计成储气包,当需要落水排泥(滤料层的悬浮物)时,快速排气,池内水进入储气包,不仅水面迅速下降,而且产生剧烈紊动,达到较好的冲刷排渣目的。

3. 工程实施后运行的基本情况

该厂是 2005 年 1 月正式通水的,至 2007 年 7 月,已正式运行了一年半的时间,催化铁单元化装置经历了一年四季中多种运行条件的考验,对催化铁预还原处理单元的运行特点、规律及运行效果已有一定的认识,催化还原处理单元具备了正常运行所要求的硬件条件和运行管理方面的软件条件。

在催化还原池安装滤料以前,各方担心的运行方面的主要问题有:

(1) 单元化滤料是否会显著增加水流阻力,造成水流分配不均匀?

(2) 单元化滤料中的金属材料,特别是铁屑,会不会脱落,从而造成运行机械危害?

(3) 单元化滤料会不会堵塞、板结,从而造成失效?

针对这些问题进行了生产现场研究,得出结果:

(1) 催化铁滤料的阻力很小,与池配水系统阻力相比,可忽略不计;且 6 个池阻力非常接近,水头差异很小,各池水流分布十分均匀。结果见表 8.5。

表 8.5　催化铁反应池各单元水头损失测定结果

单元池编号 (由左到右)	加填料平均 水头损失/cm	未加填料平均 水头损失/cm	水头损失差 /cm
1#	71.96	73.08	−1.12
2#	72.59	72.27	0.32
3#	72.03	71.26	0.77
4#	73.39	71.38	2.01
5#	71.04	71.3	−0.26
6#	66.48	65.05	1.43

（2）一年半来，经过多次池快速落水排渣操作，未发现单元化滤料中任何金属材料的脱落；填料高度变化小，铁刨花机械强度仅略有下降，不会从框中脱落到水池，造成其他机械的伤害。

（3）一年半来，经过多次池快速落水排渣操作，未发现单元化滤料的堵塞、板结现象，证明快速落水排渣操作对防止堵塞和板结是有效的。

8.4.2 处理效果的现场测试研究

经过一年半的运行，按照有关管理部门严格制定的取样及分析测试要求，得到了大量的试验数据，初步证明了催化铁还原单元处理效果优于原设计指标。但通过分析发现，监测分析数据时有不合乎逻辑的情况，如初沉池出水色度远高于进水。造成这些问题的原因是厂进水质波动剧烈，进出水样对应性差，因此这些监测分析数据尽管反映出总体的处理情况，但难以表达处理装置对具体废水瞬时的处

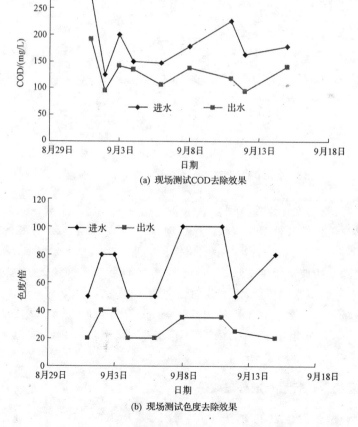

(a) 现场测试COD去除效果

(b) 现场测试色度去除效果

图 8.10 现场测试进出水各水质指标的变化

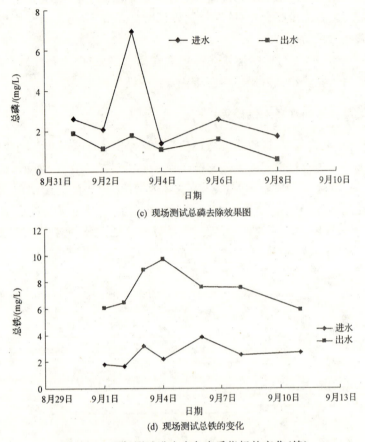

(c) 现场测试总磷去除效果图

(d) 现场测试总铁的变化

图 8.10　现场测试进出水各水质指标的变化(续)

理效果。为此,我们设计了如下现场取样方法,以弄清装置在具体时刻对某种进水的处理效果。催化铁预处理采取水力停留时间跟踪法,即进水水样和出水水样取样时间,间隔一个水力停留时间,在催化铁预处理池为 2 h。这种取样方法,可一定程度上消除水质波动产生的影响。每次取三个单元池表面溢流出水水样,平行测定,计算效果时以平均值计,事实证明三个池水样差异很小。

根据现场测试的数据,COD 的去除率为 29.7%,色度去除率为 60.0%,总磷的去除率为 53.6%,出水 Fe^{3+} 的浓度 7.5 mg/L,比进水增加了约 4.9 mg/L(图 8.10)。

8.4.3　工程投入运行后长期处理效果

该厂由权威部门在 2006 年 9 月、10 月、12 月及 2007 年 1~3 月进行了 132 天水质监测测定,数据如表 8.6 所示。

表 8.6　该厂长期运行水质指标统计

参数	BOD$_5$		COD$_{Cr}$		色度		氨氮		总磷	
	进水	出水	进水	出水	进水	出水	进水	出水	进水	出水
平均值	119	14.6	320	67.6	134	26.2	25.3	3.8	4.9	1.8
最大值	658	21.6	1655	114	1024	256	36.6	8.8	9.6	3.4
最小值	60	6.7	132	26.1	16	4.0	15.3	1.5	3.1	0.9

从监测的数据可以得出以下结论：

（1）近几年由于该市产业结构的变化，该厂的进水水质有了较大的变化，进水 COD$_{Cr}$、氨氮、总磷浓度从 2001 年的 487 mg/L、33.0 mg/L、5.16 mg/L 降低至 2007 年前后的 320 mg/L、25.3 mg/L、4.9 mg/L，但主要由工业废水组成的这一性质仍然没有改变，进水色度可高达 1024 倍。

（2）工艺改建后，处理能力显著增强，出水效果改善，出水 COD$_{Cr}$、氨氮、总磷浓度从 2001 年的 129.9 mg/L、28.6 mg/L、2.29 mg/L 降低至 2007 年前后的 67.6 mg/L、3.8 mg/L、1.8 mg/L，达到了我国废水处理的一级 B 标准。

（3）从 COD 处理情况看，处理率达 78.9%，去除情况良好，132 天中有 3 天出水超过 100 mg/L，分别为 114 mg/L、105 mg/L、105 mg/L，其中 114 mg/L 为进水浓度最高日，进水浓度达 1655 mg/L，因此当天 COD 去除率计算值为 93.1%。

（4）工艺改建后，生物脱氮效果明显，氨氮去除率达 85.0%。而改建前几乎没有生物脱氮效果，氨氮去除率仅为 13.3%，可以认为是被微生物同化去除的。

（5）工艺改建后，除磷效果明显，总磷去除率为 63.3%。而改建前总磷的去除率为 55.6%，而这次改建并没有增加生物除磷功能，且由于强化了生物脱氮，泥龄大大增长，生物除磷效率只应下降，因此除磷效率提高的原因是由于催化铁预处理段与生物段结合，起到了化学与生化共同作用除磷的效果。

（6）色度去除率高达 80.4%。色度的去除，基本上有 3 种途径：电化学还原破坏分子中的发色基团去除色度；Fe^{3+} 的混凝去除色度；生物降解发色类有机物去除色度。而生物降解对色度的去除是极为有限的，因此色度的去除以前两者为主。

8.4.4　运行情况总评

增加催化铁预处理的目的，是提高该厂进水的可生化性，强化生物处理工艺，从目前该厂污水处理效果来看，目的已完全达到。

催化铁反应池经一年多的运行考验，证明该工艺效果显著、运行稳定、有较好的操作弹性，工艺已趋成熟（图 8.11～图 8.13）。

图 8.11　单元化滤料装置正在吊装到实际反应池

图 8.12　催化铁反应池施工阶段远眺

图 8.13 催化铁单元化滤料装置投加放池情况

第9章 印染废水的脱色及生物预处理工艺

9.1 概 况

某省大型综合印染企业,系在香港上市的股份公司,年产量1.6亿m,总资产18亿元人民币。每日产生污水量1.2万t左右,其污水主要包括预处理段的退浆废水、煮炼废水、漂白废水和丝光废水以及后续染色、蜡印等工序产生的难处理废水(黄理辉,2006)。

废水水质变化如表9.1所示。

表9.1 废水水质变化

指标		COD/(mg/L)	pH	色度/倍	占总水量百分比/%
前段水	退浆废水	10 000～40 000	11～13	600～800	10～15
	丝光废水	600～1200	含碱5 g/L	100～300	5%
后段水	印染废水	1000～1400	9～11	600～1200	75～80
其他废水	蜡印废水	25 000～34 000	11～14	1000～2000	5～10

其水质的主要特点为:

(1)退浆废水中浆料可能是PVA,也可能是淀粉,这由布料决定。废水可生化性变化较大。

(2)丝光废水经过碱回收后,废水的含碱量仍然较高,以NaOH计,高达5 g/L,而且该废水中悬浮物较多,易沉淀,色度较小。

(3)后段印染废水,水质色度变化大,废水颜色主要与产品有关,所用染料包括绝大多数种类染料,但偶氮类等影响市场准入的染料已不再应用。

(4)由于2005年前后花布利润较大,该厂蜡印生产线扩大。蜡印废水,含有大量的松香等,COD高,pH也高,属于难处理废水。

9.2 催化铁内电解法连续流小试研究

根据在该省某化工区污水处理厂长期的生产性研究发现:作为生物预处理工艺,催化铁内电解法在无氧条件下可以较好地还原难降解有机物、去除部分色度,铁的消耗量小,混凝作用不强;而在微氧条件下运行,并不影响催化铁对难降解有机物的还原及废水色度的去除,且混凝作用比无氧条件有所提高,但铁的消耗量明显地增加。本章中研究催化铁内电解法在无氧和微氧条件下预处理印染废水的效果。

催化铁内电解反应器小试装置如图 9.1 所示,总体积为 10 L。

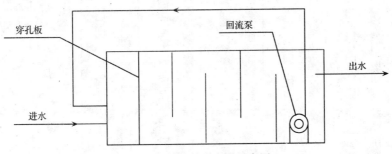

图 9.1 催化铁反应器示意图

反应器为隔板翻水式流型,内填铁屑、铜屑和催化材料组成的催化铁体系,使用潜水泵循环水流,以达到增加水流紊动、提高固液界面反应速率的目的。

9.2.1 催化铁内电解工艺无氧运行方式研究

在传统铁反应器中,加入某些导电材料,如铜片、碳粒等,构成了催化铁内电解工艺,其优点之一是扩大了废水 pH 的适应范围,在处理其他类废水的应用中已经获得了验证。本节将以碱性印染废水为处理对象,以废水在铁反应器中的停留时间为控制因素,考察在无氧运行方式下,催化铁内电解工艺处理印染废水的效果(表 9.2 和图 9.2)。

表 9.2 试验水质

COD/(mg/L)	BOD/(mg/L)	pH	色度/倍
900~1150	140~180	8.0~8.5	800

1) 对 COD 的去除

随着停留时间的延长,COD 去除率逐渐提高,当停留时间由 2 h 提高至 3 h 时,COD 去除率提高较快。当停留时间为 5.0 h 时,COD 去除率达到最大值 31%。由于进水 pH 较高,所形成的 Fe^{3+} 也较少,加之运行方式为无氧,铁还原作用占主导地位,难降解物质得电子生成各种还原产物,表现在 COD 值上,改变甚微。该阶段 COD 的去除,以混凝沉降作用为主。

2) 可生化性的提高

催化铁内电解工艺可转化难降解物质,因此可生化性是其重要指标。经过催

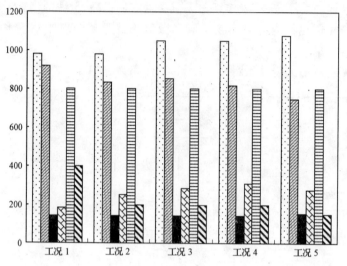

图 9.2 催化铁内电解各工况运行情况

工况 1,停留 2.0h;工况 2,停留 3.0h;工况 3,停留 3.5h;

工况 4,停留 4.0h;工况 5,停留 5.0h

化铁内电解工艺预处理后,废水的可生化性有较大的提高:停留时间为 3.0 h, BOD_5/COD 为 0.3;4.0 h, BOD_5/COD 为 0.38。可见,催化铁内电解法在无氧运行方式时,能较大提高废水的可生化性。

　　3) 色度的去除

　　随着预处理段停留时间的延长,色度去除率逐渐提高,停留时间为 3.0~4.0 h,色度去除率为 75%;停留时间为 5.0 h,色度去除率最大为 81%。印染废水成分复杂,主要是以芳烃和杂环化合物为母体,并带有显色基团(如—N=N—、—N=O)及极性基团(如—SO₃Na、—OH、—NH₂)。色度是废水中污染物质的表现方式,色度的去除实质上是显色基团转化为不显色的基团,如氮-氮键或者极性基团等的断链加氢,从而更易为生物降解。

　　经催化铁内电解床反应后,pH 下降,出水 pH 为 7.2~7.6。实验证明,催化铁内电解床有较强的缓冲能力,原水为酸性或弱碱性经反应后都会接近于中性。

9.2.2　催化铁内电解工艺有氧运行方式研究

　　催化铁内电解工艺在无氧运行方式中,表现出较好的对难降解有机物的还原作用,色度去除率、可生化性提高明显。但反应效率偏低,反应时间在 4.0 h 才表现出较好效果。本节在催化铁内电解法微曝气的有氧条件下进行(表 9.3、图 9.3)。

表 9.3　试验水质

COD/(mg/L)	BOD/(mg/L)	pH	色度/倍
920~1250	120~180	5.0~8.5	800

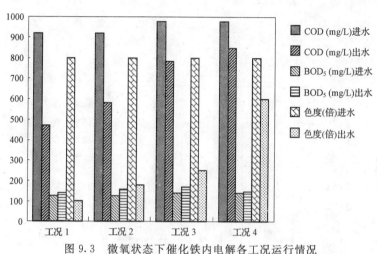

图 9.3　微氧状态下催化铁内电解各工况运行情况

工况 1,pH 5.0;工况 2,pH 6.0;工况 3,pH 6.8;工况 4,pH 8.0

1）对 COD 的去除

当停留时间为 2.0 h 时,随着进水 pH 的降低,反应器出水 COD 也随之降低。pH=5.0 时,COD 去除率较高为 49%;当 pH=8.0 时,COD 去除率最低仅为 13%。可见对于微氧方式运行,pH 愈低,COD 去除效果愈好。进水为酸性时,铁反应生成大量铁离子,经曝气形成的氢氧化铁具有良好的絮凝作用,从而混凝沉淀去除部分 COD。当进水 pH>7.0 时,产生的铁离子数量较少,混凝沉淀效果不明显,所以 COD 的去除率较低,仅为 13%。

2）可生化性 BOD_5/COD 的提高

与无氧运行方式相比,微曝气运行时,废水 pH 的高低,还影响到废水可生化性的提高。当 pH=5.0 时,出水的 BOD_5/COD 提高较多,达到 0.29;随着 pH 的升高,出水 BOD_5/COD 逐渐降低,pH=6.0 时可生化性尚可;当 pH=8.0 时,废水的可生化性已经比较差了。pH 较低时,铁的腐蚀剧烈,产生大量新生态的氢,对难降解有机物有很强的还原能力。因此,在进水 pH>7.0,微曝气运行方式,还原难降解物质作用降低,对提高废水生化性不如无氧方式明显。

3）色度的去除

当进水 pH<7.0 时,采用微曝气运行方式,对色度去除效果较好。进水 pH 愈低,色度去除率愈高,当 pH=5.0 时,去除率高达 88%;随着 pH 的升高,色度的去除率也逐渐降低,当进水 pH>7.0 时,去除率最低,仅为 13%。在酸性条件下,铁的腐蚀剧烈,产生大量的铁离子和新生态的氢,新生态氢能还原印染废水中的显色物质,如偶氮键或某些极性基团等,从而使色度降低。当进水为碱性时,由于铁的腐蚀较慢,加之氧对电子的争夺,无论是混凝、新生态氢的氧化还是单质铁的还原作用都较弱,因此出水色度较高。

4）停留时间的影响

采用微曝气方式运行,废水 pH＝6.0,确定废水在催化铁反应器中的停留时间。试验结果如图 9.4 所示。

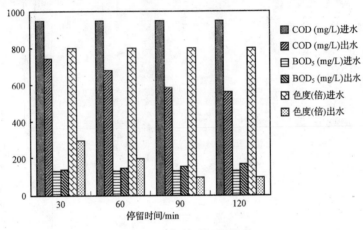

图 9.4　停留时间的影响

当反应时间由 30 min 延长到 90 min 时,COD、可生化性以及色度去除率都提高较多,其中,COD 去除率由 22％提高到 38％,可生化性由 0.19 提高到 0.27,色度去除率由 63％提高到 88％。再延长反应时间,虽然 COD、可生化性以及色度去除率都有所提高,但增长幅度较低,当反应时间为 120 min,COD 去除率为 41％,可生化性 BOD_5/COD 为 0.3,色度去除率为 88％。

微曝气的运行方式,通过氧化液体相主体的 Fe^{2+},加快了铁表面的氧化,反应速率加快。与无氧方式相比,可采用更短的停留时间。进水的 pH 越低,停留的时间越短。

9.3　催化铁内电解工艺预处理中试试验研究

通过小试重点研究了催化材料与铁的混合方式和比例、运行方式,在此基础上对染整废水、综合废水以及退浆废水进行了连续流试验。结果表明:经预处理后的印染废水可生化性能大大提高,经过后继生物处理,出水 COD 为 200～300 mg/L,色度去除率高达 90％。此外,预处理后对生物接触氧化池内 PVC 载体挂膜有促进作用,载体生物膜量增多,有机物降解功能得到强化。

为了考察生产性长期运行时,铁的活性、布水方式等问题,在该公司生产现场设计了中试试验(图 9.5)。催化还原床反应器形式采用底部布水的上流式,上部出水采用周边出水方式,以保持较好的流态。当以无氧运行方式时,仅开启循环泵扰动,以改善废水与反应材料的相扩散条件;当以微氧运行方式时,用循环泵布水的环形穿孔管曝气,能保证反应所必需的氧,装置运行具有灵活性。在中试中,后继生物处理采用生物接触氧化法,内填悬浮 PVC 圆柱形填料。

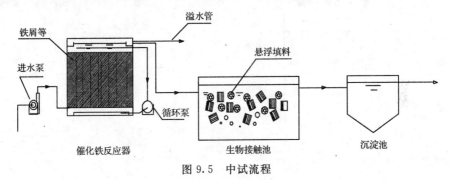

图 9.5　中试流程

9.3.1　试验内容

催化铁反应器停留时间为 3.0 h,后继生物处理停留时间为 24 h,内填悬浮填料,填充率为 35%,采用 PVC 圆柱形载体,每日处理水量 8 m³。

中试进水直接从调节池抽取,包括了印染厂所有种类废水,随着企业节水措施的强化,与小试阶段相比,废水的 COD、色度以及 pH 等有所提高(表 9.4)。

表 9.4　试验水质

指标	COD/(mg/L)	色度/倍	pH
进水	1100~1500	800~1200	7.0~9.0

本阶段共进行了 3 个工况的研究:工况 1 通过循环泵循环来保证反应器内足够的相面摩擦,以脱除铁表面的钝化物质,保持铁足够的活性;工况 2 通过曝气方式,使反应器以有氧方式运行,保持反应器内足够的氧气;工况 3 也是曝气方式,但控制曝气量,保持反应器内足够的缺氧状态,曝气只起到扰动状态,为反应介质和污水的反应提供条件(表 9.5)。

表 9.5　运行工况

工况	反应材料	运行方式	铁反应器停留时间/h	生物接触氧化池停留时间/h
1	Fe/Cu	泵循环	3.0	24
2	Fe/Cu	曝气	3.0	24
3	Fe/Cu	微曝气	3.0	24

9.3.2　试验结果

中试试验结果见表 9.6 和图 9.6、图 9.7。

表 9.6　中试试验结果

指标	COD /(mg/L)				BOD$_5$ /(mg/L)		可生化性 BOD$_5$ /COD		pH		
	进水	铁床出水	生物出水	去除率/%	进水	铁床出水	进水	铁床出水	进水	铁床出水	生物出水
工况 1	1214	823	328	73	142	315	0.12	0.39	8.0	7.4	7.2
工况 2	1258	758	466	63	155	184	0.12	0.19	7.5	7.2	7.0
工况 3	1200	857	378	69	132	282	0.11	0.32	8.2	7.5	7.1

指标	色度/倍				PO$_4^{3-}$ /(mg/L)				总 Fe/(mg/L)		
	进水	铁床出水	生物出水	去除率/%	进水	铁床出水	生物出水	去除率	进水	铁床出水	生物出水
工况 1	800	200	150	81	6.2	5.6	1.1	82	0.4	4.2	0.6
工况 2	800	300	200	75	8.1	1.7	0.5	93	0.3	1.2	0.5
工况 3	800	200	150	81	7.5	2.1	0.2	97	0.1	2.5	0.2

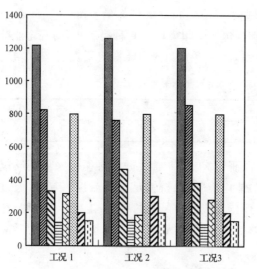

图 9.6　中试试验结果 1

工况 1,厌氧;工况 2,曝气;工况 3,微曝气

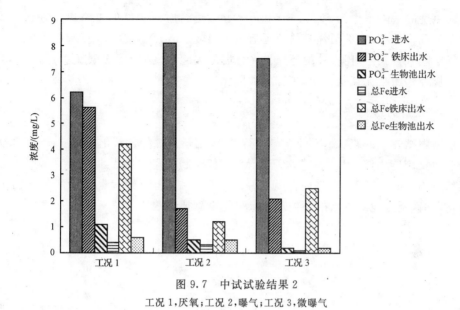

图 9.7　中试试验结果 2

工况 1,厌氧;工况 2,曝气;工况 3,微曝气

9.3.3　试验结果分析

1. 对 COD 去除

由试验结果知,在 3 个工况中,经过后继生物接触氧化后,COD 去除效果比较接近,其中工况 1 采用无氧方式运行,COD 去除率最好,为 73%;其次是微氧曝气方式运行,COD 去除率为 69%;采用曝气方式,COD 去除率最低为 63%。这表明,曝气对于催化铁内电解工艺预处理印染废水的效果是不利的,这一结论与小试基本一致。值得注意的是,与小试相比,在工况 1 和 3 中,经过铁床的 COD 去除率提高显著。采用上流式进水方式后,无论是无氧还是微氧曝气,流态都要比小试中平流式的好得多,反应比较充分。

2. 对可生化性的影响

当采用无氧方式,废水经催化铁反应器后,可生化性提高较多,由进水的 0.12 提高到 0.39;反应器采用微氧曝气方式时,可生化性提高亦很明显,由进水的 0.11 提高到 0.32;当采用曝气方式时,可生化性提高较低,由进水的 0.12 仅增加到 0.19。废水可生化性的提高幅度,直接影响到后继生物接触氧化的效果,经生物处理后,工况 1、3 的最终出水都较低,分别为 328 mg/L、378 mg/L。

3. 对色度的去除

催化铁工艺对色度的去除最为明显,工况 1、3 色度的去除率为 81%,工况 2

中对色度的去除率也为 75%。采用无氧方式运行时对色度的去除最为有利。试验中发现,当废水中的活性染料等可溶性染料较多时,无氧运行方式对色度的去除要好于曝气方式。可见,铁的还原性在色度的去除中发挥了更重要的作用,显色基团或极性基团在无氧状态中,更容易被转化。

4. 铁屑的活化

因中试使用的废水 pH 较高,易于在铁表面形成铁的氢氧化物沉淀,当催化铁反应池反应能力降低时,在进水管通入硫酸,控制反应器内废水 pH=6.0~7.0,然后采用短时间曝气,曝气时间为 1~2 h,曝气结束后,继续采用无氧的运行方式,催化铁反应池对废水的预处理效果可恢复到原来水平。

第 10 章　生物法/催化铁内电解法处理精细化工废水

由于精细化工废水中的污染物大多属于结构复杂、有毒、有害和生物难降解的有机物质,治理难度大,已成为工业废水治理中的难点和重点。某省国家级精细化工园区以染料、医药、化纤废水为主,其典型特征为色度高、成分复杂、COD 高、可生化性差,污水处理厂投入运行后处理效果一直未能达到设计要求。近年来园区内企业水量日益增大,污水成分日益复杂,氨氮、总磷、色度和 COD 等几个主要指标达不到排放要求。目前该厂日处理量约 70 000 m^3/d,其中,工业废水占 70% 左右、生活污水占 30% 左右,工业废水中 90% 左右为染料废水,具有高 COD、高色度、高氨氮的特点。

该厂污水工艺流程为:混凝气浮、厌氧和 MSBR(modified sequencing batch reactor)。厌氧水力停留时间为 8 h,MSBR 停留时间为 21 h。MSBR 反应池由 4 个主要部分组成:进水区、曝气槽和两个交替序批处理格。主曝气槽在整个运行周期过程中保持连续曝气,而每半个周期过程中,两个序批处理槽交替作为曝气池和澄清池。通过原水与循环液混合,可以形成缺氧区,容易实现硝化反硝化。2005年该厂处理效果很不理想,大部分主要污染物指标均未达到排放要求。出水 COD 平均浓度超过 450 mg/L,氨氮平均出水浓度超过 100 mg/L,色度出水平均为 512 倍,总磷超过 2 mg/L。

本章以该厂污水为处理对象,在现场连续流试验研究的基础上,考察催化铁预处理-悬浮填料生物膜法组合工艺对该精细化工废水的处理效果,为污水处理厂工艺扩建提供依据。在此基础上进一步考察催化铁内电解预处理对处理精细化工的实用性,完善其与生物法耦合的工艺流程。

10.1　催化铁内电解预处理工艺

工艺流程的选择主要考虑色度、COD、氨氮几个主要指标进行的。进出水水质指标参照原设计值(表 10.1)。

表 10.1　进出水水质设计值

指标	COD/(mg/L)	色度/倍	氨氮/(mg/L)
设计进水浓度	1500	1100	100
出水浓度	120	80	25

注:试验过程中进水浓度远高于此值。

　　通过摇床试验,结果表明催化铁内电解对该废水具有较好的去除色度的作用,去除率达80%以上。根据已有研究成果,催化铁内电解作为生化预处理,可改善微生物的挂膜性能,提高沉降性和可生化性,提高系统的处理效率。因此,选择催化铁内电解法作为生化预处理工艺,用以去除色度和提高系统处理效率是较为合适的。

　　经过比较选择,最终确定的中试工艺流程如图10.1所示。

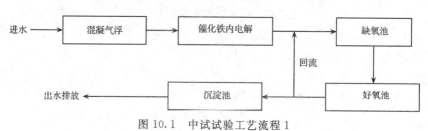

图 10.1　中试试验工艺流程 1

图 10.2　中试装置全景

　　试验前期,设计流量 1 m³/h,催化铁内电解反应器体积为 2 m³,设计停留时间 2 h,反应器采取自下而上推流式运行。中试装置照片见图 10.2。但由于运行效果不理想,按照 0.8 m³/h 的流量进行试验,实际停留时间为 2.5 h,催化铁内电解反应器以无曝气、无回流方式运行。中试系统进水为污水处理厂混凝气浮池出水,催化铁内电解段作为生化预处理进行试验。

1. COD 的去除效果

由图 10.3 可以看出,催化铁内电解对 COD 有一定的去除效果,平均去除率为 12%。试验前期 COD 去除率略高于试验后期的去除率。在此试验期间,COD 整体去除率较低。

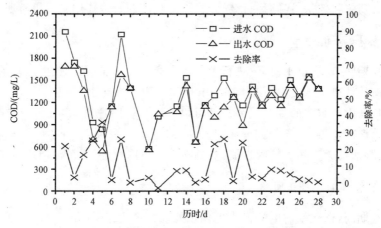

图 10.3　催化铁内电解进出水 COD 变化情况

2. TP 的去除效果

由图 10.4 可以看出,催化铁内电解对 TP 去除率波动较大。在此试验期间,平均去除率为 28%,试验前期处理率略优于试验后期去除率。

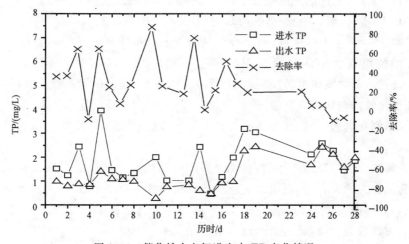

图 10.4　催化铁内电解进出水 TP 变化情况

3. 色度的去除效果

在以往的研究中,催化铁内电解对色度具有较理想的去除效果。而在此试验期间,中试试验前期对色度有 30%~50% 的去除,对桃红、紫红等颜色废水具有较为明显的去除效果,但对黄色、棕色等废水基本无去除作用。试验前期处理效果优于试验后期去除效果,连续运行 2 周之后,对色度的去除作用就变得不明显。

4. 总 Fe 变化情况

试验期间,对进出水总 Fe 进行了 9 次取样检测,经过催化铁内电解的处理,出水有较高的铁离子浓度,平均为 16.9 mg/L。

催化铁内电解法的主要优势在于可以较好地去除色度,并且可以通过电极反应生成的铁离子、亚铁离子进行除磷、去除 COD。其次是溶出的 Fe^{3+} 进入生化系统,可改善活性微生物的挂膜性能,提高污泥的沉降性能,二沉池出水清澈透明。

5. 预处理工艺存在问题

试验期间,催化铁内电解作为生化预处理并未达到预期的目标,分析原因主要为:在连续运行一段时间后,铁刨花表面出现一层黏附物质(厚度在 1 mm 左右)。约一个星期之后,铁刨花表面的黏附物质就覆盖了整个铁刨花的表面,使铁刨花与铜片、污水的有效接触面积大大减小,电子传递受到阻碍,处理效率降低。在本书中,将这种现象简称为"结垢"。

对于产生的"结垢"现象,分析其原因为:

(1) 中试系统进水为混凝气浮出水,处理后 SS 浓度仍为 129 mg/L,是通过投加 PAC、PAM 后形成的具有较好沉降性且具有一定黏性的大颗粒。

(2) 进厂污水中以染料、医药、化纤废水等为主,从而含有较多具有黏性的污染物(如腈纶废水中的低聚物、衬布废水中的聚乙烯醇 PVA 等)(冯晓西等,2000)。进入催化铁内电解反应器的 SS 在 $Fe(OH)_2$、$Fe(OH)_3$ 的作用下,粒径变大,在催化铁内电解反应器的"铁刨花滤床"和黏性物质的双重作用下,絮体沉积并黏附在铁刨花表面,并以此为核心再扩大黏附面积,最后在整个铁刨花表面形成黏附层。

为解决产生的"结垢"问题,首先对黏附物质的成分进行了实验分析。首先将黏附物质分为两类:一类是通过反应器气水反冲洗冲刷出来的,此类物质定义为黏附外层;另一类通过气水反冲洗后,仍然黏附在铁刨花表面,此类物质定义为黏附内层。对这两类物质取样进行分析,结果如表 10.2 所示。

从表 10.2 可以看出,黏附外层主要为有机物,有机物所占的比例为 73.4%;黏附内层主要为无机物,无机物所占的比例为 78.4%。通过黏附内层烘干后的颜色可判断黏附物质中 Fe_2O_3 占有较大的比例。黏附外层中则含有较少的 Fe_2O_3。根据黏附内层的成分比例,分析产生"结垢"现象的原因为:在铁刨花表面形成一层黏附物质之后,铁继续溶出,但大部分溶出的铁在"结垢"层下面形成氢氧化物沉积而未完全发挥应有的效果,因此"结垢"层越来越厚。

表 10.2　"结垢"物质成分分析

指标	SS(105℃)/g	NVSS(600℃)/g	NVSS/SS	600℃烘干后颜色
黏附外层	2.77	0.736	26.6%	黑色
黏附内层	0.882	0.690	78.4%	红褐色和灰色

(3) pH 对"结垢"的影响。试验期间,使用 2 个 2 L 的装满铁刨花和铜片反应器进行对比试验。其中在一个直接添加混凝气浮出水,另一个添加混凝气浮出水后加盐酸 pH 调节至 7.0,每天换水 3~5 次。在经过一段时间的运行之后(1~2周),两个反应器内的铁刨花取出观察,发现两个反应器内的铁刨花有明显的区别,未调 pH 反应器内的铁刨花表面已有"结垢"迹象,有很多斑斑点点的黏附在铁刨花表面,而调 pH 的则在这段时间内未观察到此现象。

6. 摇床试验

通过摇床试验,首先确认了在不出现"结垢"的情况下,催化铁内电解对该废水色度和 COD 去除效果明显。并对该区内具有代表性企业的污水(排量大、色度高)利用催化铁内电解法单独进行了试验,试验结果如表 10.3 所示。

从表 10.3 中可以看出,催化内电解法对大多数废水的总磷具有较好的去除效果。对于色度,对不同颜色的废水具有不同的去除效果。如对红色的废水(H、L)脱色率较高,都达 95% 以上;对于紫色(B、G、I)、蓝色(A、C、M、N)的脱色率也较高,平均去除率达 70% 以上,但对于黄色(C、F、J、K)、棕色(K)的脱色率较低,除了个别原水色度很低的之外,去除效果很不明显。试验中发现,对于颜色偏黄类废水虽然部分有一定的去除作用,但是色度的去除往往依赖废水反应产生 Fe^{2+} 的絮凝作用,因为试验中将处理后的废水倒入比色管之后,刚倒出时废水颜色未发现区别,而静置一段时间之后,上清液色度有所降低。而对于红色、紫色、蓝色废水,色度的去除则是通过还原作用,处理后的废水色度明显有大幅度降低,在静置沉淀之后废水更加清澈,却没有进一步的色度降低现象发生。对于棕色废水(K),反应中发生了脱色作用,但静置于空气中一段时间后,会有反色现象发生。对调节池综合污水时,处理完成并静置后的废水基本上都是呈现(淡)黄色,少数水质会有反色现象,每次试验反色都为棕(黄)色。

表 10.3　催化铁内电解法对精细化工园区典型化工废水的处理效果

编号	颜色	COD/(mg/L)			总磷/(mg/L)			pH			色度/倍		
		处理前	处理后	去除率/%	处理前	处理后	去除率/%	处理前	调整后	处理后	处理前	处理后	去除率/%
A	蓝	930	802	13.8	1.98	1.1	44.4	10.67	6.8	11.19	1000	600	40
B	紫	1663	1636	1.6	—	—	—	9.9	6.01	9.44	1600	800	50
C	蓝	978	610	37.7	2.14	0.79	63.1	10.33	7.01	10.71	1200	300	75
D	金黄	373	226	39.4	0	0	—	6.27	6.27	9.21	1500	900	40
E	墨绿	139	71	48.9	5.39	2.18	59.6	8.75	6.9	9.32	600	40	93
F	黄绿	883	622	29.6	0.71	0.49	31.0	7.78	7.78	10.64	600	500	17
G	紫	364	302	17.0	1	0	100.0	7.61	7.61	7.98	1000	150	85
H	桃红	211	185	12.3	0.96	0.34	64.6	8.62	8.62	9.53	1200	60	95
I	紫色	162	113	30.2	8.9	2.36	73.5	9.75	6.89	10.51	800	100	88
J	浅黄	2828	2622	7.3	0	0	—	7.19	7.19	9.28	160	50	69
K	棕黄	6153	5940	3.5	—	—	—	8.45	7.01	7.88	2000	1800	10
L	大红	252	165	34.5	1.26	0.07	94.4	3.48	3.48	8.31	10 000	200	98
M	深蓝	659	47	92.9	1.54	1.24	19.5	8.37	6.4	10.66	5000	500	90
N	天蓝	172	165	4.1	—	—	—	7.1	7.1	8.23	200	16	92

注：反应条件为经催化铁内电解反应 45 min(L 反应时间为 3 h)，摇床振荡速度为 130 r/min，其中 L 为原水稀释 100 倍，M 为排出原液稀释 30 倍进行的试验。

10.2　生物法/催化铁内电解法

10.2.1　工艺流程的改进与开发

　　为了贯通中试试验流程,在试验及分析的基础上提出了较为可行、设备管路更换较为简便的方法,即将催化铁内电解反应器在工艺流程上置于生化之后,经过催化铁内电解处理的污水部分回流至生化,部分出水进行进一步混凝处理。

　　在工艺改造之前,先通过试验考察"结垢"现象:将一部分铁刨花和铜片(按照中试比例)长期浸泡于生化出水中,经过 2 个月左右的观察,无任何"结垢"迹象发生。

　　将催化铁内电解段置于生化之后是可行的:

　　(1) 经过生化的处理之后,大部分有机物已经得到降解,黏性物质部分得以去除,而不能被生物降解的物质也部分被生化池内中的污泥所吸附,大大降低了进入催化铁内电解反应器的有机物浓度。

　　(2) 催化铁内电解反应器置于生化池之后,催化铁内电解进水为二沉池的出水,二沉池出水 SS 一般较低。

　　催化铁内电解置于生化后有以下优点:

　　(1) 生化出水进入催化铁内电解反应器后,催化铁内电解将主要作用于剩余的未被处理的生物难降解有机物,使得催化铁内电解处理时更加的具有针对性,可得到更好的处理效果。生化出水水质稳定,可缩短催化铁内电解反应器的停留时间。

　　(2) 生化出水 pH 多在 7.5 左右,而试验期间进水平均 pH=8.0。实验发现,催化铁内电解 pH 在 6~7.5 左右时效果更好,当 pH<5 时,铁的消耗量较大;当 pH>8 时,反应速率减慢。

　　(3) 通过将催化铁内电解出水部分回流至生化系统,可使得催化铁内电解阶段产生亚铁化合物,具有较强的还原能力,可有效转化毒害有机物,提高了色度的

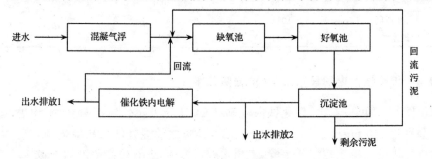

图 10.5　中试试验工艺流程 2

去除效果,而且催化铁内电解段产生的 Fe^{3+} 和 Fe^{2+} 进入生化系统后,可以改善微生物的挂膜性能,提高污泥沉降性。

开发的新工艺流程如图 10.5 所示。

10.2.2　悬浮填料段污泥中的铁含量

采用催化铁内电解法对废水进行处理时,Fe^{2+} 随废水进入曝气池,在中性好氧条件下,很快被氧化成 Fe^{3+};部分 Fe^{2+} 可能通过正负电荷的作用沉积于 PVC 载体表面,或者与微生物结合,改变载体或微生物的表面性质,从而促进微生物在载体表面的固定和生长(金冬霞等,2002;刘雨等,2000)。

此外,催化铁内电解产生的 Fe^{2+} 被分子态氧氧化成 Fe^{3+},进而形成 $Fe(OH)_3$ 沉淀物,在沉淀物表面,由于表面电荷作用,促使微生物大量生长。因此 Fe^{3+} 的产生将大大改善菌胶团的沉淀性能和对填料的固着性能。

中试试验中,进水总铁浓度很低,催化铁内电解反应器内溶出的总铁浓度高于生化出水的总铁浓度,因此,催化铁内电解反应器内消耗的单质铁可能有部分以胶态或颗粒的形态沉积于污泥中,试验结束之时,可认为达到稳定状态,并且对污泥中的铁含量进行了测定。

分别在中试系统生化池和污水处理厂 MSBR 池取 100 mL 泥水混合液,过滤后于 105℃下烘干。称取 0.1 g 干污泥用于测定总铁量,用以计算干污泥中铁的质量分数。

从表 10.4 中可以看出,经过长期的运行之后,中试系统的活性污泥中铁含量远远高于污水处理厂的活性污泥中的铁含量,从而改变了污泥的沉降性能和生物膜的固着性能,提高了处理效果和出水水质。试验研究表明,中试系统二沉池出水 SS 远低于现有污水处理厂的出水,COD、BOD_5、氨氮和总磷的去除效果上也有了不同程度的提高。

表 10.4　中试系统和污水处理厂生化系统污泥中铁含量

指标	干污泥量/g	总铁/mg	干污泥中铁含量/%
污水处理厂	0.1011	2.4	2.4
中试系统	0.1001	9.7	9.7

10.2.3　催化铁内电解段对 COD 的去除效果

由图 10.6 可以看出,催化铁内电解对 COD 的去除效果不明显,平均进、出水浓度分别为 340 mg/L、313 mg/L。原因为经过之前混凝气浮和生化的处理,大部分污染物质已经得到较好的去除,但出水较为浑浊,含有较高浓度的 Fe^{3+} 和 Fe^{2+},添加部分聚丙烯酰氨(PAM)之后,去除 COD 的效果可以得到明显的提高。

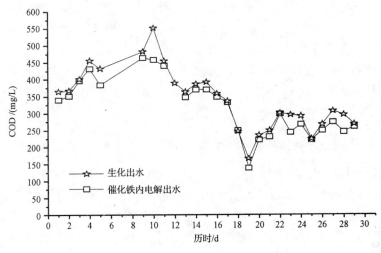

图 10.6　催化铁内电解对 COD 的去除效果

10.2.4　催化铁内电解对色度的去除效果

生化对色度基本无去除作用。因此,整个中试过程中色度的去除都为催化铁内电解去除色度的效果。在此中试试验中,进水色度平均 512 倍,出水色度为128～256 倍,催化铁内电解对色度的去除率平均为 65%,对除黄色之外的颜色均去除明显,无论进水水质如何,出水均呈现黄色。

10.2.5　催化铁内电解处理后 pH 的变化情况

在试验某期间催化铁内电解处理前后 pH 变化如图 10.7 所示,处理前后 pH 变化不大,上升 0.1～0.2。

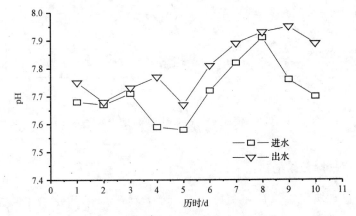

图 10.7　催化铁内电解进出水 pH 变化

10.3 两工艺流程运行效果对比

工艺流程 1 中,催化铁内电解作为生化预处理进行试验,在工艺流程 2 中,催化铁内电解置于生化之后,出水以 $R=2$ 的比例回流至生化,流程如图 10.1 和图 10.5 所示。

10.3.1 COD 和 BOD_5 去除效果的对比

稳定运行期间流程 1 和流程 2 的 COD 去除情况如图 10.8 所示。流程 1 稳定运行期间,装置进水的 COD 平均值为 1308 mg/L,出水的平均 COD 为 395 mg/L,总去除率为 69%,流程 2 稳定运行期间,装置进水的 COD 平均值为 1259 mg/L,出水的平均 COD 为 313 mg/L,总去除率为 73%。流程 1、流程 2 均显示了较好的抗冲击能力。装置进水与污水处理厂进水始终保持一致,污水处理厂的生化处理效果去除率为 61%。中试 COD 去除率比污水处理厂现行工艺要高很多,但是由于进水水质波动大,COD 较高,仍未达到排放要求。流程 1 出水 BOD_5 一般在 20~30 mg/L,流程 2 出水更优,基本在 20 mg/L 以下,这与悬浮填料挂膜情况有关,流程 2 在流程 1 之后进行,挂膜情况更加良好。

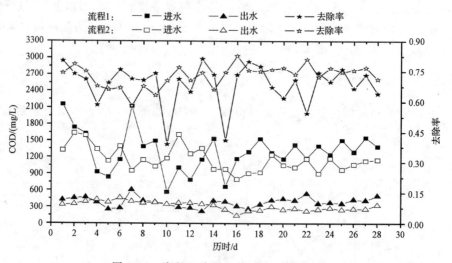

图 10.8　流程 1、流程 2 对 COD 的去除效果

10.3.2 氨氮去除效果的对比

流程 1 运行期间进水的氨氮平均浓度为 134 mg/L,出水的平均浓度为 64 mg/L,总去除率为 51%。流程 2 进水的氨氮平均浓度为 146 mg/L,出水的平均

浓度为 119 mg/L,总去除率仅为 19％。污水处理厂的生化氨氮平均去除率为11％,时常有出水氨氮浓度高于进水氨氮浓度的现象发生。

10.3.3　色度去除效果的对比

在整个中试期间,此化工区的污水色度波动较大。在此期间对化工区源头工厂的废水进行了考察,污水颜色包括蓝、黄、墨绿、黄绿、紫、桃红等颜色,其中以黄、紫和桃红排放的水量较大,按照流程 1 运行时,催化铁内电解法对色度的去除作用不是很理想,进水色度平均为 512 倍,出水则为 256～512 倍,去除率始终在 50％以下,催化铁内电解出水进入生化后,生化段对色度无去除作用。按照流程 2 运行后,色度去除效果得到明显的改善,最终出水中只显黄色(对黄色的去除率较低),其他颜色均得到比较充分的去除。进水平均色度为 512 倍,出水色度则为 128 倍左右,出水无反色现象。

10.3.4　问题与讨论

在 COD 和色度的去除效果上,流程 2 的运行方式优于流程 1 的去除效果。主要是由于进水污染物浓度较高,原有的催化铁内电解作为预处理时停留时间不够,而催化铁内电解反应器置于生化后时,有机污染物绝大部分已在生化阶段去除,催化铁内电解段主要针对难降解物质及其发色基团进行还原反应,大大降低了催化铁内电解段的负荷,可以缩短所需的反应时间。流程 2 催化铁内电解反应器出水一部分回流至生化进行处理,使得一些原本不能生化降解的物质还原后在生化段中得以降解,从而提高了可生化性。

从流程 1 运行方式改为流程 2 运行方式之后,氨氮去除率在 2 天内就有了大幅度的下降,一个星期之后去除就已经很不明显。出现这种现象的原因,是催化铁内电解法有较强的还原能力,可将生化处理出水中的硝酸根还原成氨氮。催化铁内电解法不论采取何种方式与生化进行耦合,在 COD、氨氮、色度的去除率上均比原污水处理厂工艺有较大幅度的提高,充分体现了催化铁内电解产生 Fe^{3+} 进入生化后改善微生物的挂膜能力,提高污泥沉降性能和提高可生化性的作用。

工艺流程 1 即催化铁内电解作为预处理时,具有更强的抗毒性废水能力,氨氮的去除率的差别证实了这点。对于处理进水中含有大量黏性 SS 物质,或溶解性抑制性有机物含量较小的废水,可以考虑使用流程 2,这样减少催化铁内电解的停留时间,提高处理效率,减少投资。生化池中由于 Fe^{3+} 的存在使得污泥沉降性能较好,生化出水 SS 较低,且黏性物质较少,因此,按照流程 2 方式运行则可避免“结垢”的发生。

第 3 篇　催化铁内电解方法拓展

第11章 催化铁法与生物法耦合短程脱氮硝化反硝化工艺

从第7章内容可见,催化铁内电解法作为生物预处理工艺可以大幅度提高难降解工业废水的可生物处理性,主要是利用无氧条件下催化铁对有机物的电化学还原作用,去除难降解有机物的强拉电子基团。研究同时也发现:电化学过程中产生的铁离子,可以显著提高活性污泥法污泥的沉降性能和生物膜法生物膜的挂膜性能。从微生物生理生化的基础原理中,尚未发现亚铁离子对废水生物处理微生物的毒害或抑制作用,在一定条件下甚至可以提高微生物的生物活性,试验研究也未发现铁离子对后续生物处理的生物活性产生负面影响。基于上述依据,进行了催化铁反应床与好氧生物处理直接耦合的尝试,开发出催化铁/生物法耦合短程脱氮工艺和催化铁/生物法耦合同时脱氮除磷工艺(支霞辉,2006;张艳,2007)。

试验证实,设置催化铁/生物法耦合反应器能实现稳定的短程硝化反硝化生物脱氮。即在较高的 DO 浓度、较宽的 pH 条件下,仍然可以实现短程脱氮,证实了在常温条件(20~25℃)下,通过控制进水氨氮浓度,微调城市废水中的 pH,完全可以实现短程硝化反硝化生物脱氮,这与普通短程脱氮有不同之处。研究发现,一定浓度铁离子有助于亚硝酸菌的增殖,使亚硝化过程对 pH、DO 浓度、温度的敏感度降低。

11.1 耦合短程脱氮工艺影响因素的控制研究

11.1.1 耦合生物反应器启动

实验采用两个 SBR 反应器,如图 11.1 和图 11.2 所示。反应器内径 20 cm,有效容积 20 L。搅拌器、pH 计探头、溶氧探头以及加热装置固定在反应器内。该 SBR 反应器材料为有机玻璃,内设三层水平多孔挡板,用于固定催化铁材料及搅拌装置。

催化铁选取 38CrMoAl 铁刨花,化学元素组成见第 1 章。试验所采用废水取自上海市曲阳污水处理厂调节池,主要为生活污水。污水水质见表 11.1。

表 11.1 生活污水基本水质

COD/(mg/L)	BOD/(mg/L)	NH_4^+/(mg/L)	NO_3^-/(mg/L)	NO_2^-/(mg/L)	SS/(mg/L)	温度/℃
300~800	100~150	40~80	<3	<1	>200	10~20

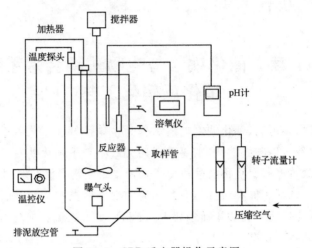

图 11.1　SBR 反应器操作示意图

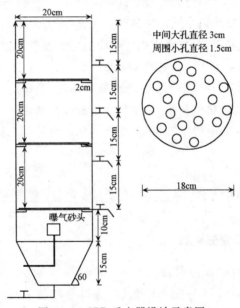

图 11.2　SBR 反应器设计示意图

1# 反应器为内设催化铁床的生物耦合反应器,2# 为常规反应器。SBR 运行周期的操作程序见表 11.2。

表 11.2　SBR 运行周期

阶段	进水	反应	沉淀	排水	闲置
时间/h	0.5	6~9	1~2	0.5	1~2

正式运行前首先进入驯化阶段。为了使亚硝酸盐出现积累,氨氮浓度控制在 70～100 mg/L,温控仪控制水温 25～30℃。采用 NaOH 调节废水的 pH 在 8～9。

$1^\#$ 反应器内置铁刨花初始量为 70 g,培养 2 个月后,反应器内总铁含量达到 20 mg/L,出水颜色淡黄,并出现亚硝酸盐的累积,NO_2^- 浓度大于 3 mg/L。此时, $2^\#$ 反应器同样出现亚硝酸盐的积累。进入调整阶段,曝气时间仍为 7～9 h,增加反硝化时间为 2～3 h,系统内亚硝酸盐的量降低到接近零。

短程硝化反硝化废水脱氮实验的稳定运行 6 个月。此后,再次调整控制条件, 降低氨氮浓度,有规律的降低进水 pH,实现由短程硝化反硝化到全程硝化反硝化生物脱氮的转化。

11.1.2　生物耦合短程脱氮的影响因素

控制硝化过程停止在亚硝酸盐阶段是实现短程硝化反硝化脱氮的关键所在。 短程硝化的标志是稳定且高效的亚硝酸盐积累且亚硝酸化率较高。影响亚硝酸盐积累的主要因素有游离氨(FA)、溶解氧(DO)、温度、pH、污泥龄、金属离子浓度、 C/N 值、有害抑制剂等。

1. 游离氨

研究了耦合生物反应器在常温 25℃,DO ＝ 3～4,进水 pH 在 8.5～9.0 范围内,采用逐渐加大进水氨氮浓度的方法考察不同进水氨氮浓度下氨氮降解和亚硝酸盐积累的情况。

由图 11.3 可知,耦合生物反应器内氨氮降解情况良好,一周期(7～9 h)内,氨氮去除率达到 85% 以上。当进水氨氮浓度大于 100 mg/L,氨氮去除率仍可达到 90%, 这也说明,反应器添加铁床后有利于硝化系统的维持,适宜于高氨氮废水的处理。

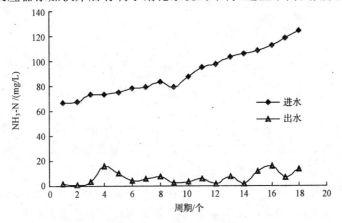

图 11.3　进出水氨氮浓度的变化

　　由图 11.4 可知,在进水 pH 变化不大的情况下,25℃时,进水氨氮浓度控在 100 mg/L 以上,硝化阶段结束后的亚硝酸盐的浓度能维持在 30 mg/L 以上,甚至达到了 53.9 mg/L。这是因为,高氨氮导致 FA 也随之增加,完全抑制了硝酸菌的增长,在这个范围内亚硝酸菌基本不受影响,实现了亚硝酸盐的积累。这说明在 pH 不变的情况下,进水氨氮浓度是影响短程硝化反硝化的重要影响因素。图 11.5 是不同进水氨氮浓度下的处理效果图。

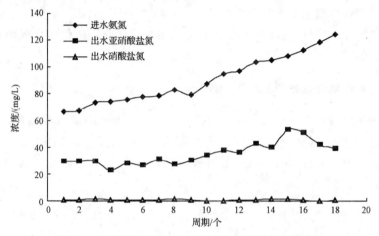

图 11.4　不同进水氨氮浓度下出水亚硝酸盐氮的累积

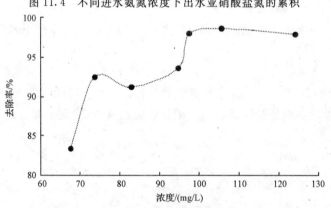

图 11.5　不同进水氨氮浓度的氨氮去除率

　　另外,在实验中发现,进水氨氮的浓度对短程硝化反硝化的反应时间也存在一定的影响。图 11.6 是温度为 25℃时,进水氨氮浓度分别为 68.8 mg/L 和 89.23 mg/L 时,一周期内氨氮降解、亚硝酸盐积累的曲线图。

　　当进水氨氮浓度提高时,为了达到较高的氨氮去除率就必须延长硝化反应时间。图 11.6 则显示硝化反应时间的增加致使相应的亚硝态氮积累也逐渐增加,所需的反硝化时间也就增大了。在低进水氨氮浓度时,硝化时间为 5 h,反硝化时间

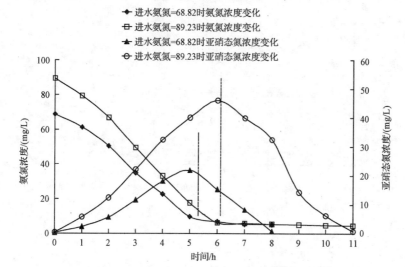

图 11.6　不同氨氮浓度时硝化反硝化过程反应时间比较

为 3 h;在高进水氨氮浓度时,硝化时间为 6 h,反硝化时间在 3 h 以上。这说明提高进水氨氮浓度虽然可以促使亚硝酸菌生殖,在硝化阶段结束后积累大量亚硝酸盐,也相应延长了反硝化时间,随着反应的进行,亚硝酸菌对废水水质产生适应性,硝化时间会缩短。整个运行周期的反应时间也将会缩短。

实验发现:在 FA 浓度在 12 ~ 20 mg/L 范围内,系统可以稳定的实现短程脱氮,且亚硝酸盐的累积量不受 FA 的影响。在 FA>20 mg/L,亚硝酸盐的累积量减少,亚硝化作用受到明显抑制。

2. 溶解氧

硝化反应必须在好氧条件下进行。尽管大多数学者认为低 DO 会造成亚硝酸盐的积累,但实际工程中活性污泥兼具去除有机物和脱氮的两种作用。而硝化菌在整个活性污泥中仅占 5%,且处于生物絮体内部。国内外学者大多只对脱氮系统进行论述,而对于短程脱氮过程中 F/M 与 DO 关系方面的论述较少。

实验对不同 DO 浓度下,1# 与 2# 反应器硝化结束后氨氮的降解情况进行了研究。进水氨氮 95~100 mg/L,进水 pH 为 8.5 左右,进水 COD 为 700 mg/L,反应器中 DO 取三个梯度,分别为 1.5 mg/L、4.0~4.5 mg/L、7.5~8 mg/L。图 11.7~图 11.9 为常温 25℃,1# 耦合反应器与 2# 常规反应器在不同的 DO 浓度下,硝化过程中的短程脱氮的情况。由于进水氨氮在 80 mg/L 左右,且进水 pH 在 8.5 左右,所以 1# 与 2# 反应器在硝化结束后均出现了亚硝酸盐的积累。

图 11.7 显示了 DO = 1.5 mg/L,低溶氧状态下,两反应器的脱氮去除情况。

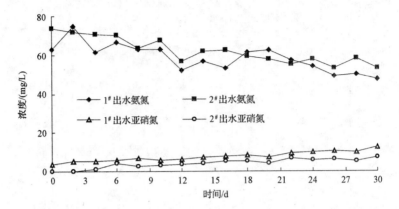

图 11.7　DO=1.5 mg/L,1$^\#$ 与 2$^\#$ 反应器脱氮情况

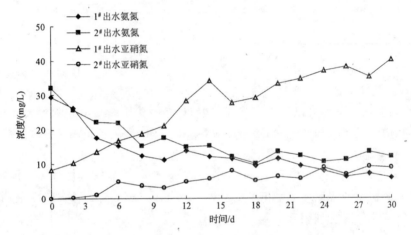

图 11.8　DO=4.0 mg/L,1$^\#$ 和 2$^\#$ 反应器内的脱氮曲线

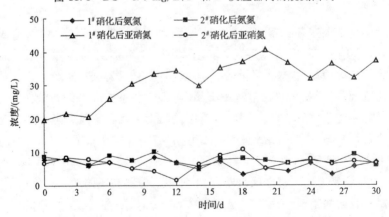

图 11.9　DO=8.0 mg/L,1$^\#$ 和 2$^\#$ 反应器内的脱氮情况

由图 11.7 可知,低溶氧对硝化脱氮影响巨大,氨氮的去除率明显降低,平均去除率仅为 35％左右,经过一个月的稳定运行,氨氮去除率也仅为 50％。由于氨氮去除率的下降导致亚硝酸盐的累积量减少。硝化结束后,仍检测不到硝酸盐,亚硝酸盐也仅为 10 mg/L,耦合反应器的亚硝氮累积量较 2# 反应器稍多。

图 11.8 和图 11.9 分别显示了 DO 为 4.0 和 8.0 mg/L,两反应器的脱氮去除情况。由图可知,DO＝4.0 mg/L,1# 反应器氨氮去除率明显升高,达到 80％以上,氨氮去除率优于 2# 反应器,且亚硝酸盐累积量高至 40 mg/L,2# 反应器仍有一定量的亚硝酸盐的累积,但在运行半月之后系统内已经可以检测出硝酸盐的存在。

DO 的提高导致亚硝化速率加快有以下两个原因:一方面,高溶解氧加速铁刨花的腐蚀,导致混合液中铁离子浓度明显提高,铁离子对亚硝化的促进作用明显,是维持亚硝酸菌成为优势菌的主要因素,从而实现亚硝酸菌的增值。所以在溶解氧浓度在 4～8 mg/L 的范围内,耦合反应器仍然可以实现短程硝化反硝化。另一方面,硝化每克氨氮、亚硝酸菌和硝酸菌分别增值 0.146 g 和 0.019 g,亚硝酸菌的世代周期 8～36 h,而硝酸菌的世代周期 12～59 h。由于亚硝酸菌的世代周期短,当促进其生长的因子存在时,比硝酸菌增殖快。当水中溶解氧浓度提高时,对氨氮的亚硝化过程促进作用比较强,从而导致亚硝酸菌的生长速率大于硝酸菌,而生成的高浓度亚硝酸盐积累对硝酸菌又有毒害作用,使其增殖受到影响。再者,氨氮亚硝化利用溶解氧,亚硝酸硝化利用来自水分子的化合态氧,多了一个化学过程,反应也易受限制。

DO＝8 mg/L,1# 与 2# 反应器内的氨氮降解明显加快,6 h 内氨氮基本降解完全。此时,2# 开始向全程硝化反硝化脱氮转化,亚硝酸盐的含量继续降低。在高溶氧量状态下仍能维持亚硝酸盐的累积,这是耦合反应器与常规 SBR 生物脱氮的明显不同之处。由此可得出结论,在 DO 较高的状态下,混合液中 Fe^{3+} 浓度与高 FA 就成为造成短程脱氮的主要影响因素。

图 11.10 显示了耦合反应器的平均 DO 浓度分别为 1.5 mg/L、4.0 mg/L、

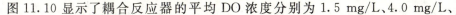
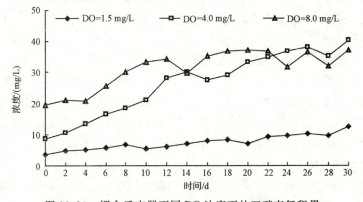

图 11.10　耦合反应器不同 DO 浓度下的亚硝态氮积累

8.0 mg/L,系统的亚硝化情况。由此可知,DO > 2.0 mg/L 是维持耦合反应器短程脱氮的条件 之一。

3. pH

pH 对于硝化过程的影响至关重要。理论证明,每氧化 1 g NH_4^+ 为 NO_2^{2-},消耗碱度 7.14 g(以 $CaCO_3$ 计),一般的污水对于硝化反应来说,碱度往往是不充足的,造成硝化反应过程中 pH 急剧降低。硝化菌对于 pH 的变化十分敏感。当 pH 在 7.0 ~ 8.0 时活性最强,pH 超出这个范围活性大大减少。而亚硝酸菌适宜生长的 pH 范围一般为 8.0 ~ 9.0,所以这就为根据硝酸菌与亚硝酸菌的 pH 适宜范围的不同,通过控制 pH 实现亚硝酸菌的增殖,从而把硝化控制在亚硝酸盐阶段提供了可能。最近的研究表明,亚硝酸盐积累率很高;亚硝酸盐生成速率在 pH 为 8.0 附近达到最大;而硝酸盐生成速率在 pH 为 7.0 附近达到最大。所以在混合体系中亚硝酸菌和硝酸菌的最适宜 pH 为 8 和 7 左右。利用亚硝酸菌和硝酸菌的最佳 pH 的不同,控制混合液中就能控制硝化类型及硝化产物。

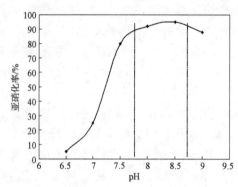

图 11.11　pH 与亚硝化率的关系

1)常规短程脱氮反应中 pH 的变化特性

实验研究了 25℃、DO = 2 ~ 3 mg/L、COD> 320 mg/L 条件下进水 pH 与亚硝化率之间的关系。由图 11.11 可知,当 pH<6.5,亚硝化率<10%。随着 pH 的上升,亚硝化率也逐渐增大。当 pH 在 8.0~9.0 的范围内,系统的亚硝化率>80%。由图可以得出实现短程脱氮的最佳 pH 的控制范围是 8.5~8.8。

根据亚硝酸菌对 pH 的最佳适应范围,实验研究了温度 28℃、DO 在 2~3 mg/L、pH 为 7.85、COD 为 327 mg/L、NH_4^+-N 为 74.4 mg/L,短程硝化反硝化过程氨氮、硝态氮、亚硝态氮浓度变化曲线如图 11.12 所示。

从图 11.12 中可以看出,由于 pH 控制在适宜亚硝酸菌生长的范围,且进水氨氮较高,可以实现短程脱氮。硝化时间为 5 h,硝化结束,亚硝酸盐浓度为 38 mg/L。所以在短程脱氮过程中,通过提高 pH,可以达到实现亚硝酸菌增殖,缩短硝化时间的目的。从而从根本上省了动力费用。

2)硝化过程中 pH 的变化规律

由于整个硝化过程消耗碱度,直接影响硝化过程中 pH 的变化,所以 pH 直接反映硝化和反硝化阶段的进程。

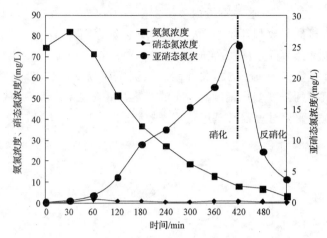

图 11.12 进水 pH＝7.85 时氨氮、亚硝态氮、硝态氮浓度变化曲线

一个运行周期内的 pH 的变化情况如图 11.13 所示。可以看出其变化规律：在反应开始 0.5 h 内 pH 迅速上升至 A 点,然后开始缓慢下降至 B 点,B 点标志硝化过程结束,反硝化开始 pH 缓慢上升,直到升至最大值 C 点。

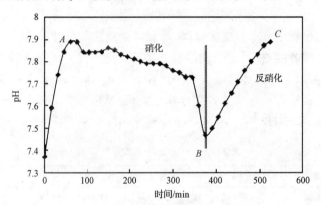

图 11.13 硝化反硝化过程 pH 的变化

由图 11.13 可以看出,在整个硝化反硝化阶段,pH 的变化共出现了 3 个特征点,即最初 pH 短时间上升到的凸点 A,标志硝化阶段结束的 B 点,标志反硝化阶段结束的 C 点。这些特征点与反应过程中"三氮"的变化有非常好的相关性。

反应初期 pH 快速升高的原因有三：其一,废水中含有机酸,当微生物对有机物进行吸附和利用有机酸,从而引起 pH 升高;其二,异养微生物对有机物的合成代谢和分解代谢都要产生 CO_2,随着曝气吹脱,体系内 CO_2 的量减少而引起 pH 升高;其三,微生物的呼吸活动会消耗体系内的 H^+,也会引起 pH 升高。在特征点 A 点之后出现了一个相对 pH 下降缓慢的时期。这一阶段是有机物去除的阶段,氨氮基本不去除。在这一阶段内主要发生微生物对有机物的合成作用,合成作用导致一些有机酸释放到环境中,从而 pH 发生缓慢下降。

3) 短程硝化反硝化过程的实时控制

图 11.14 是氨氮与 pH 的相关曲线。根据每间隔 1 h 获取的检测结果,可以看出系统内氨氮的浓度变化幅度和 pH 的变化幅度存在对应关系,从而得出结论,可以通过 pH 的变化对短程脱氮进行实时控制。

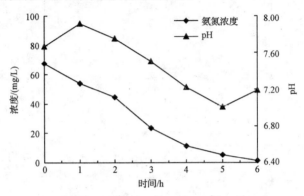

图 11.14　氨氮与 pH 的变化曲线

根据硝化过程中 pH 的变化规律,对短程硝化反硝化过程实行实时控制,调整曝气时间与搅拌时间,相对于传统控制有显著的优越性。首先,以氨氮降解结束为时间控制点,可以避免因过度曝气带来的动力损耗;其次,可以节省反应时间,对硝化系统的稳定运行有利。以下列进水水质为例:温度 28℃、DO=2~3 mg/L、进水 COD=327 mg/L、NH_4^+-N=74.4 mg/L,进水 pH 分别为 7.85 和 8.73(表 11.3)。

表 11.3　不同运行方式运行工况

运行方式	运行工况		合计
预先设定控制	曝气 7 h	搅拌 2.5 h	9.5 h
实时控制	曝气 5 h	搅拌 3 h	8 h

由表 11.3 可知,如果采用实时控制曝气与搅拌,可以更合理地进行硝化与反硝化的阶段划分,从而节省时间 1.5 h。根据硝化反硝化时间可以计算硝化速率和反硝化速率,其中 MLSS 以 4500 mg/L 计,如表 11.4 所示。

表 11.4　不同运行方式下硝化速率与反硝化速率的比较

运行方式	硝化速率/[mg NH_4^+-N/(g MLSS·min)]	反硝化速率/[mg NO_x^--N/(g MLSS·min)]
预先设定	0.0397	0.041
实时控制	0.0556	0.069

4) 耦合生物短程脱氮反应中 pH 的变化特性

铁的腐蚀分为两种。一般来讲,在偏酸性的溶液中,铁发生析氢腐蚀。反应如下:

$$Fe + 2H^+ \longrightarrow Fe^{2+} + H_2 \tag{11.1}$$

在酸性溶液中,由于 H^+ 充足,铁首先消耗溶液中大量的氢离子,与酸反应产生氢气,导致溶液的 pH 升高。随着反应的进行,氢离子浓度逐渐减小,pH 的变化也随之和缓,最后趋向稳定。

在偏碱性的溶液中,铁发生吸氧反应。反应如下:

$$2Fe + 2H_2O + O_2 \longrightarrow 2Fe(OH)_2 \tag{11.2}$$

铁在偏碱性的溶液中,产生 $Fe(OH)_2$ 沉淀,反应过程中,会不断产生氢离子和溶液中的氢氧根发生中和,从而使溶液中的 pH 不断下降。

在常规的硝化反应中,由于硝化阶段消耗碱度,溶液中 pH 呈不断下降趋势,在反硝化阶段产生碱度,pH 不断上升。生物耦合反应内置铁床,反应系统中有大量单质铁存在,在曝气状态下与废水充分接触,产生铁腐蚀,所以探究生物反应器内大量铁存在时的 pH 变化规律及其重要。

实验研究了不同初始 pH 条件下,1# 耦合反应器硝化过程中 pH 的变化规律。其他条件如下:进水氨氮 80～90 mg/L,COD=450～500 mg/L,DO=4～5 mg/L,$T=25℃$。图 11.15～图 11.18 是进水 pH 分别为 5.220、7.797、9.17、9.602,硝化过程中 pH 的变化曲线。

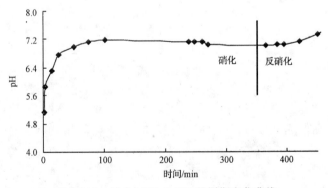

图 11.15　进水 pH＝5.220 的周期变化曲线

由图 11.15 可知,进水 pH＝5.220,铁刨花发生析氢腐蚀。尽管硝化反应消耗碱度,但由于酸性废水中含有大量氢离子,和铁反应产生氢气,消耗氢离子,所以在硝化开始 20 min 内,pH 迅速上升。在反应进行 0.5 h 以后,由于氢离子的消耗减慢,pH 趋于平缓,直到硝化结束。反硝化阶段 pH 略有增高,反硝化阶段 pH 的变化规律与常规反硝化反应 pH 的变化是一致的。

图 11.16,进水 pH＝7.797,铁刨花发生吸氧腐蚀[式(11.2)]。但由于碱性比较弱,所以吸氧腐蚀作用非常有限,在曝气状态下,溶解氧较高,在 4～5 mg/L,所以析氢腐蚀同样可以发生,即

$$Fe + 2H^+ \longrightarrow Fe^{2+} + H_2 \tag{11.3}$$

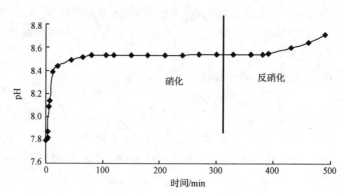

图 11.16　进水 pH＝7.797 的周期变化曲线

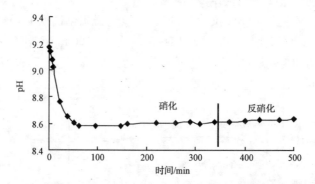

图 11.17　进水 pH＝9.17 的周期变化曲线

pH 呈现和偏酸性废水相似的变化规律:在硝化开始 20 min 内,pH 迅速升高。在反应进行 0.5 h 以后,由于氢离子的消耗减慢,pH 趋于平缓,直到硝化结束。反硝化阶段 pH 略有增高。当进水 pH＞9(图 11.17、图 11.18),吸氧腐蚀比较明显,零价铁生成 Fe^{2+},由于在曝气作用下反应器内存在大量溶解氧,继而生成 $Fe(OH)_3$ 沉淀,从而使溶液中的 OH^- 被消耗,导致 pH 降低。值得注意的是,该反应在最初的 30 min 内反应明显,30 min 后 pH 下降趋于平缓,整个硝化过程 pH 的变化比较平稳,反硝化阶段略有升高。

由此可得出结论:内设催化铁床的耦合生物反应器与常规反应装置相比,对进水初始 pH 缓冲范围,进水 pH 可扩展到 7.5～9.5,而在常规反应器内亚硝酸菌最佳生长的 pH 的范围为 8～9。

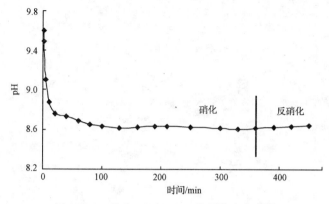

图 11.18　进水 pH＝9.602 的周期变化曲线

4. 温度

试验研究了 pH＝8.5,DO＝2～3 mg/L,MLSS＝4500 mg/L 的情况下,进水氨氮浓度在 85～90 mg/L,温度分别为 20℃、25℃、30℃,pH 控制为 8.5,DO＝3～4 mg/L,硝化时间为 6 h,反硝化时间 2 h。系统内氨氮的降解和亚硝酸盐的积累情况见表 11.5。

表 11.5　不同温度下氨氮的去除和亚硝化比增长速率

指标	30℃	25℃	20℃
进水 NH_4^+-N/(mg/L)	89.25	85.35	87.33
出水 NH_4^+-N/(mg/L)	6.16	15.41	27.24
出水 NO_2^--N/(mg/L)	41.07	23.85	15.69
NH_4^+-N 去除率/%	93.09	81.94	68.81
亚硝化比增长速率/d^{-1}	0.037	0.019	0.011

从氨氮降解曲线上来看(图 11.19),在反应初期 2 h 内,氨氮的降解情况基本相同,下降曲线较为平缓。硝化前两个小时的氨氮去除率达到 20% 左右。在硝化阶段的后 4 h 内,30℃ 废水的氨氮降解速率加快,20℃ 废水的氨氮降解速率最慢。在 6 h 的硝化阶段结束后,20℃ 废水的氨氮去除率为 68.8%,25℃ 时废水的氨氮去除率为 81.9%,30℃ 时废水的氨氮去除率为 93.1%。

从亚硝酸盐浓度曲线上来看,曝气前 1 h 内,亚硝酸盐的积累情况基本相同,后 5 h 内亚硝酸盐的积累情况有明显差异,T＝30℃ 时,系统内亚硝化速率明显提高,亚硝酸盐的积累量加大,高于 20℃ 和 25℃ 时的亚硝酸盐的积累量。硝化阶段结束后,温度分别为 20℃、25℃、30℃ 时的系统内亚硝酸盐浓度分别为 41.07 mg/L、23.85 mg/L、15.69 mg/L。这说明:①耦合反应内常温条件下仍可实现亚硝酸

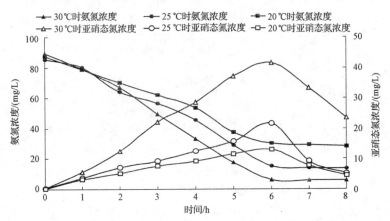

图 11.19　耦合反应器内温度分别为 20℃、25℃、30℃时氨氮、亚硝态氮浓度变化

盐的积累,这是由于铁床对亚硝酸菌的促生作用导致了亚硝酸菌成为优势菌,从而导致了亚硝酸盐的积累;②耦合生物硝化反应仍遵循随温度升高硝化反应速率提高的规律。

由于高温废水硝化阶段结束后积累的亚硝酸盐量多,在 2 h 反硝化后,系统内仍存在一定量的亚硝酸盐没有反硝化完全,需要延长反硝化时间才能使亚硝酸盐全部转化为氮气。所以,一般情况下,30℃时短程脱氮的反硝化时间在 3 h 以上,这说明提高反应温度可以促使亚硝酸菌生殖,在硝化阶段结束后积累大量亚硝酸盐,需延长反硝化时间,但随着反应的进行,亚硝酸菌对废水水质可产生适应性,硝化时间将缩短。为了研究铁对硝化反应维持温度的影响,对耦合生物反应器(1#)与常规 SBR 反应器(2#)进行了不同温度的对比性实验研究。硝化反应开始时耦合反应器内总铁浓度为 20～30 mg/L。

图 11.20 和图 11.21 是 1# 和 2# 反应器在 25℃与 30℃的氨氮降解与亚硝氮积累曲线图,由于整个硝化阶段检硝酸盐浓度一直低于 1 mg/L,所以图中并未标出。因为控制进水氨氮在 85～90 mg/L,浓度较高,且进水 pH 控制在 8.5 以上,所以两个反应器均发生短程硝化反硝化。这说明,通过控制进水氨氮浓度以及进水 pH,完全可以在常温 25℃状态下出现亚硝酸盐的累积,从而实现短程脱氮。由图可知,相同温度下,1# 系统氨氮的降解速率明显高于 2# 系统,常温下 6 h 氨氮去除率可到达

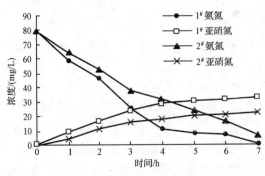

图 11.20　25℃下氨氮降解和亚硝化趋势

·0%,硝化结束后亚硝酸盐累积量也有所提高,系统内亚硝酸盐累积率大于 2# 系统。由此可知,生物铁活性污泥更易在常温状态下造成短程硝化的产生,且硝化时间也明显缩短。

图 11.22 表明在常温状态下,1# 与 2# 反应器内活性污泥均可被驯化,实现稳定的短程脱氮,在相同进水氨氮浓度下,投加铁刨花的耦合反应器内的亚硝酸盐平均累积量大于未投加铁刨花的反应器。

在较低温度下经过一段时间的驯化,生物铁活性污泥可逐步适应,硝化及短程脱氮稳定。调节温

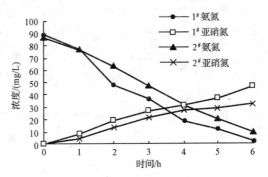

图 11.21　30℃下氨氮降解和亚硝化趋势

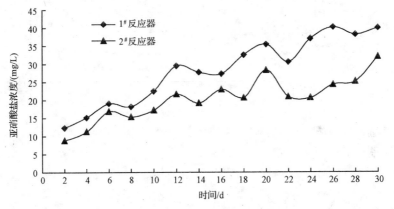

图 11.22　25℃ 1# 和 2# 反应器亚硝氮累积

度至 20℃,稳定运行两周,发现此温度下仍能维持较大的亚硝酸盐累积率。见图 11.23。

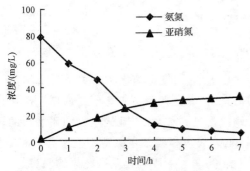

图 11.23　20℃下氨氮降解和亚硝化趋势图

从图 11.23 我们可以看出,进水氨氮浓度为 79.88 mg/L 的废水经过 7 h 的硝化反应,氨氮降解到 5.69 mg/L,去除率达到 90% 以上。曝气结束后,系统内的亚硝酸盐的浓度为 30.88 mg/L,亚硝化率达到 90% 以上。这说明,即使在温度较低的情况下,通过驯化后的生物铁活性污泥仍然可以实现亚硝酸菌的优势状态,进

行短程脱氮反应。

5. 铁离子浓度

在曝气的状态下,铁刨花与废水充分接触,提高了铁的腐蚀程度,废水中含有大量的铁离子。根据铁离子对硝酸菌和亚硝酸菌的效应的不同,试验考察了混合液中铁离子浓度对硝化以及硝化方式的影响。

图 11.24 为一个运行周期内,曝气过程中 Fe^{2+}、Fe^{3+} 和总铁浓度的变化情况。$DO=4$ mg/L,实验中所测得的 Fe^{2+} 与 Fe^{3+} 均为混合过滤后水样中所含的可溶性铁离子。图 11.25 显示了铁离子浓度与氨氮去除率的关系。由图 11.25 可知,废水中铁离子浓度 $30\sim60$ mg/L,氨氮的去除率维持在 90% 左右。

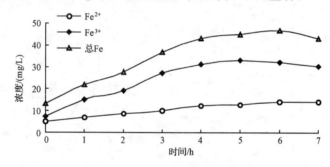

图 11.24　混合液铁离子浓度在硝化过程中的变化

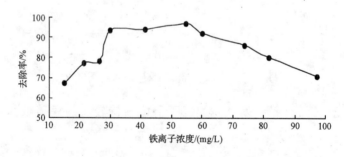

图 11.25　铁离子浓度对氨氮去除率的影响

表 11.6 列出了溶液中平均可溶性总铁在 $15\sim98$ mg/L 范围内氨氮的去除以及亚硝酸盐的累积情况,图 11.26 则表示了铁离子与亚硝化率的关系。由图表可知,铁离子的浓度与亚硝化过程有密切的关系,一定浓度的铁离子之所以对硝化过程有促进作用,主要是加速了氨氮向亚硝酸盐的转化,而对亚硝酸盐向硝酸盐的转化没有明显的促进作用。由于铁离子对亚硝酸菌和硝酸菌效应存在差异,导致了硝化过程结束后反应器内亚硝酸盐的积累,实现了短程硝化反硝化生物脱氮。

表 11.6　铁离子浓度对硝化过程的影响

周期	平均总铁 /(mg/L)	进水 NH_4^+ /(mg/L)	出水 NH_4^+ /(mg/L)	出水 NO_2^- /(mg/L)	出水 NO_3^- /(mg/L)	亚硝酸盐 累积率/%	硝酸盐 累积率/%
1	15.23	80.12	26.21	12.7	16.33	43.8	56.2
2	21.4	83.6	19.3	13.12	9.18	58.83	41.17
3	26.52	83.56	17.68	27.55	6.93	78.85	21.15
4	30.17	89.5	6.18	37.6	3.2	92.15	7.85
5	41.53	80.78	4.7	39.81	1.07	>95	—
6	54.69	93.2	5.3	47.67	—	>95	—
7	60.33	85.69	4.66	42.21	—	>95	—
8	74	80.57	11.17	31.16	—	>95	—
9	82	90.19	17.22	23.2	—	>95	—
10	97.6	93.2	26.88	25.19	—	>95	—

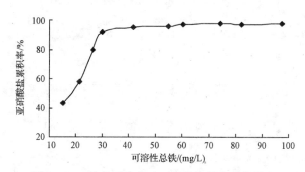

图 11.26　铁离子浓度对亚硝酸盐累积率的影响

从表 11.6 中可知,当铁离子浓度>70 mg/L,对亚硝化过程的促进作用不明显,但由于此时亚硝酸菌已经成为优势菌,硝酸菌不会很快增殖,很难实现短程脱氮向全程脱氮的转化。

经过一段时间的稳定运行,沉淀后的出水水样中铁离子浓度也较为稳定。实验中发现,尽管混合液中的可溶性总铁含量较高,但沉淀后的出水水质清澈,铁离子含量较少,维持在 3~7 mg/L。

6. 盐度

一些工业废水含有较高的盐度。对于高盐、高氨氮有机废水处理,国内外学者研究较少。实现含盐废水的短程硝化反硝化将大大节省处理成本,提高处理效率。研究盐度对短程脱氮的影响,需要对污泥进行耐盐性的培养驯化。培养驯化前期,以生活污水为处理废水,以出现亚硝酸盐的积累为主要目的,驯化期为一个月。系统内出现了亚硝酸盐的积累后,向反应器内添加配置的无机盐混合液,严格控制进水氨氮浓度、pH 和温度等条件。各种无机盐的配比按照海水中各种离子的比例进行配比,组成如表 11.7 所示。

表 11.7　　无机盐混合液成分组成(mg/L)

项目	Na$^+$	K$^+$	Ca^{2+}	Mg^{2+}	SO$_4^{2-}$	Cl$^-$	总盐度
浓度	10 770	399	412	1290	1712	19 354	35 186

　　由图 11.27 可知,不同含盐量条件下,7 h 氨氮去除率能稳定在 85% 以上,硝化结束后检测不到硝酸盐。在一定的范围内,随着盐度的增加,去除率有所增加。这说明生物铁污泥中的亚硝酸菌在充分适应含盐废水的水质情况下,耐盐性逐步得到提高。盐度不仅不会抑制亚硝酸菌生长,反而对短程脱氮有一定的促进作用。

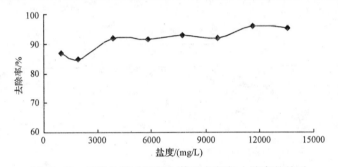

图 11.27　无机盐混合液投加体积与氨氮去除率的关系

　　图 11.28 和图 11.29 是一个运行周期内,不同盐度下,氨氮的降解以及亚硝氮的积累曲线(25℃,pH＝8～9,进水氨氮浓度在 80 mg/L 左右)。由图可知,硝化过程中氨氮的降解速率随着含盐量的增加有所加快;随着含盐量的增加,亚硝酸盐的积累也逐步增加,亚硝化率提高。但反硝化阶段由于积累的亚硝酸盐较多,反硝化时间也就越长。

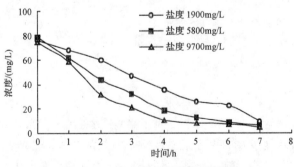

图 11.28　盐度与氨氮降解的关系

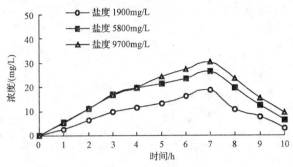

图 11.29　盐度与亚硝酸盐变化的关系

实验结果显示,适当的含盐量可以提高污泥絮凝性,还对生物处理系统起到稳定作用。通过实验证实亚硝酸菌有很高的耐盐性,在盐度为 13 500 mg/L 的废水中仍能保持良好的活性。

11.2　耦合反应器中污泥生物学特性

11.2.1　生物铁活性污泥微生物量

耦合反应器由普通 SBR 反应器内置铁床而成,其活性污泥中含有一定量的 $Fe(OH)_3$,形成生物铁活性污泥,这是耦合生物反应器中活性污泥最主要的特征。实验发现,经过一段时间的运行,$1^\#$ 和 $2^\#$ 反应器内的污泥浓度都达到较高值。其中,$1^\#$ 污泥中 $Fe(OH)_3$ 沉淀明显增多,导致 MLSS 持续增长,120 天时达到 8076 mg/L,$2^\#$ 反应器稳定在 6500 mg/L 左右。但经过一段时间的运行,经过定量排泥,$2^\#$ 反应器污泥中无机部分可稳定在一定范围内。这种场合,用 MLVSS(挥发性悬浮固体浓度)指标要优于 MLSS(悬浮固体浓度)。运行一个月后生物铁污泥的 f 值(MLVSS/MLSS)由原来的 0.76 下降为 0.65;经过长期运行,一直稳定在 0.6~0.65。

11.2.2　生物耦合工艺改善污泥沉降和压缩性能

实验研究了生物铁活性污泥和普通活性污泥絮凝沉降性能的差异。图 11.30 为相同条件下,即 DO＝4.0 mg/L,进水 pH＝8.5,$T＝$ 25℃,污泥沉降曲线的对比。

由图 11.30 可知,$1^\#$ 生物铁污泥成层沉降阶段沉速为 115 mL/min、SV＝25％;$2^\#$ 污泥成层沉降阶段沉速为 80 mL/min、SV＝40％,这说明 $1^\#$ 反应器内污泥沉降性能和压缩性能都明显好于 $2^\#$ 反应器。

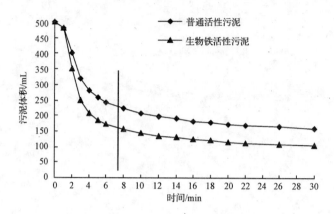

图 11.30　1# 和 2# 反应器污泥沉降曲线的对比

由于无机盐的存在,1# 与 2# 反应器在长期运行过程中,活性污泥的 SVI 有明显的区别,试验研究了 1# 耦合反应器与 2# 反应器 SVI 值的变化情况。$T = 25℃$,进水 $pH = 8.5$,$DO = 3.5 \sim 4.0$ mg/L。由图 11.31 可知,生物耦合反应器内的污泥沉降性能好于普通 SBR 反应器。

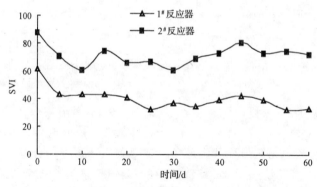

图 11.31　1# 反应器与 2# 反应器内 SVI 的对比

11.3　污泥生物学形态的研究

11.3.1　硝化菌与亚硝化菌种的鉴定

为了明确亚硝酸菌的增值情况,需要对两种活性污泥中硝化菌属进行数量的鉴定。硝酸菌和亚硝酸菌的计数采用最大可能数 MPN(most probable number)法。

在 2# SBR 反应器接种污泥中微生物菌种分离结果显示硝酸菌数量远大于亚

硝酸菌的数量,硝酸菌数量为 3.6×10^8 cfu/mL 污泥,而亚硝酸菌数量仅为 2.7×10^7 cfu/mL 污泥,硝酸菌与亚硝酸菌数量比为 13.3。

从 1# 反应器生物铁污泥接种的微生物分离结果则显示了亚硝化菌的大量增殖。根据鉴定结果,硝酸菌数量仅为 1.6×10^7 cfu/mL 污泥,而亚硝化菌则达到了 7.8×10^8 cfu/mL 污泥。亚硝酸菌与硝酸菌数量比为 48.75。菌种分离结果充分显示了亚硝化菌的大幅增殖。

11.3.2　扫描电镜图片

图 11.32 为亚硝化稳定运行期 1# 耦合反应器的悬浮溶液放大 8000 倍的电子扫描电镜照片,由图中可以看出,生物铁污泥微生物主要为球杆状和球状,基本上没有丝状菌,球状菌细胞外部分泌的黏性物质形成菌胶团,使细菌被紧密包围在一起。可以得出结论,生物铁活性污泥在运行良好的状态下微生物的特征为:以球状菌为主,外部细胞分泌物的包裹使其紧密结合在一起,微生物繁殖旺盛。

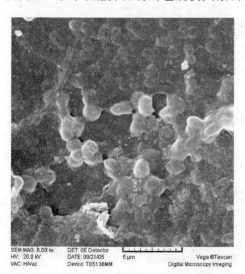 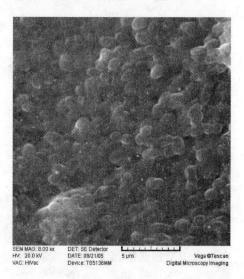

图 11.32　1# 反应器悬浮液放大 8000 倍电子扫描电镜照片

图 11.33 为活性良好的 1# 反应器和发生污泥膨胀的 2# 反应器内悬浮液放大 3000 倍的电子扫描电镜照片。

经测定,1# 生物铁污泥含铁量为 0.306 mg/L,活性良好,微生物分布密集。2# 污泥中丝状菌大量增长,絮状菌数量明显减少,菌胶团松散。

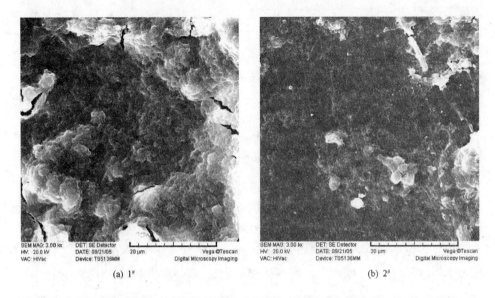

(a) 1#　　　　　　　　　　　　　　　　　　(b) 2#

图 11.33　1# 反应器和 2# 反应器(发生膨胀)内悬浮液放大 3000 倍

11.4　单质铁对脱氮的影响

11.4.1　单质铁与氨氮直接发生化学反应的可能性

　　为了判别单质铁对亚硝酸盐的积累通过何种性质的反应(生物、化学)完成,设计如下反应:按照耦合反应器内废水和铁刨花的质量比,将铁刨花与废水置于同一反应器中,不添加活性污泥,进行充氧。pH=8 左右,25℃,初始氨氮浓度分别选取了两个梯度 50 mg/L 与 95 mg/L,为了加速铁刨花的腐蚀,DO = 4.0 mg/L,反应时间为 8 h。试验结果表明:没有活性污泥,就没有生物硝化反硝化过程,仅仅在废水中投加铁刨花,两种初始浓度不同的废水中氨氮不会有任何程度的降解,去除率为零。从而证明,亚硝化菌的存在是维持短程脱氮的最基本的条件。单纯依靠铁对氨氮的去除不会有任何影响。

11.4.2　不同 pH 条件下还原铁粉和铁刨花对硝酸盐的去除

　　零价铁具有释放电子的趋势,能够通过还原作用降解包括一些阴离子在内的化学物质。根据目前国内外对还原铁粉去除地下水中硝酸盐氮的研究可以证实:还原铁粉在酸性条件下通过还原反应可以实现对硝酸盐的去除,还原产物大部分为铵态氮,只有极少量的亚硝酸盐氮产生,或者直接被铁粉吸附。反应方程式如下:

$$NO_3^- + 10H^+ + 4Fe = NH_4^+ + 3H_2O + 4Fe^{2+}$$
$$\Delta G^{\ominus} = -460 \text{ kJ/mol} \tag{11.4}$$

为了判断耦合短程脱氮中,单质铁是否参与了上述反应从而导致亚硝酸盐的累积,设计如下试验:选用铁刨花作为还原材料,分别在不同 pH 条件下,与初始浓度为 50 mg/L 的硝酸盐溶液进行反应。为排除其他物质的干扰,硝酸盐溶液采用纯水与硝酸钾配置,为使其混合充分,采用摇床振荡,转速 120 r/min。

从图 11.34 可以看出,酸性条件下,铁粉对硝酸盐氮的去除有明显的作用,pH=2,10 min 内硝酸盐氮的去除率即可达到 50%,随着 pH 的升高,硝酸盐去除率明显降低,中性溶液中,硝酸盐的去除率低于 10%,碱性(pH=8.5)条件下,铁粉与硝酸盐氮不发生反应,去除率为零。

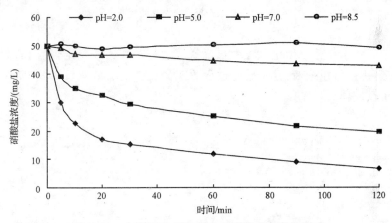

图 11.34　不同 pH 下铁刨花对硝酸盐去除的影响

上述实验证明:pH 是影响硝酸盐去除率的最重要的条件,随着酸性的增强,铁的还原能力也逐渐增强;主要还原产物 80% 为氨氮,在氧化还原反应过程中还生成了其他含氮中间产物,如 N_2O、NO_2、N_2H_4 等,这些产物是不稳定的,很快又分解掉或者又转化为氨氮。

11.5　耦合反应器同时反硝化

为了明确耦合生物短程脱氮过程的机理以及可能存在生化反应,试验对耦合短程脱氮硝化过程中氮的转化做了初步研究。图 11.35 为常温 25℃,pH=8.5~9.0,DO=4~5 mg/L 条件下,一个运行周期内氮平衡曲线。实验检测了总氮、亚硝酸盐氮、氨氮和有机氮的变化曲线。由于整个过程中硝酸盐氮的检出量极低,图 11.35 中未给出硝酸盐氮的变化曲线。

由氮平衡图可以看出,硝化过程中总氮有明显降低,硝化过程结束后总氮损失

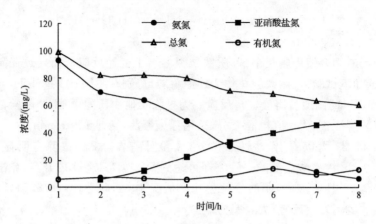

图 11.35　硝化过程中氮的变化

25%左右。由于在整个硝化过程中有机氮的含量一直比较稳定,且硝酸盐氮的检出量很低,由此可以推断:整个硝化过程为亚硝化伴随着好氧反硝化(SND),生成气体逸出反应器。

第12章　催化铁内电解法去除废水中阴离子表面活性剂

12.1　LAS废水处理技术研究现状

表面活性剂的分子结构特点是具有不对称性。整个分子可分为两部分:一部分是亲油的(lipophilic)非极性基团,又叫做疏水基(hydrophobic group)或亲油基;另一部分是亲水的极性基团,叫做亲水基(hydrophilic group)。因此,表面活性剂分子具有两亲性质(赵国玺,2003)。洗衣粉的有效成分是十二烷基苯磺酸钠,这是一种典型的表面活性剂,亲水基是—OSO_3^-,疏水基是含有苯环的碳氢链。

通常按表面活性剂分子的化学结构将表面活性剂分成若干类型。由于表面活性剂的亲油基基本上只含有碳、氢两种元素,表现在亲油性上的差异不是很明显。但各种表面活性剂分子中的亲水基却可以很不相同,差异较大,所以人们总是按照表面活性剂分子中亲水基的结构和性质来划分表面活性剂的种类。按其离子类型可分为:离子型表面活性剂和非离子型表面活性剂。而离子型表面活性剂按其在水中生成的表面活性离子的种类,又可分为阴离子型表面活性剂、阳离子型表面活性剂、两性表面活性剂等。此外,还有一些特殊表面活性剂(图12.1)。

$$
\text{表面活性剂}
\begin{cases}
\text{离子型} \\
\text{表面活性剂}
\begin{cases}
\text{阳离子型表面活性剂(如 } C_{17}H_{35}COO^-Na^+) \\
\text{阴离子型表面活性剂(如 } C_{11}H_{23}CH_2NH_3^+Cl^-) \\
\text{两性表面活性剂(如 } C_{12}H_{25}NH_3^+CH_2CH_2COO^-)
\end{cases} \\
\text{非离子型表面活性剂[如}(R—OCCH_2CH_2O)_nH, n\text{=正整数]} \\
\text{特种表面活性剂[如 } CF_3(CF_2)_6COO^-Na^+]
\end{cases}
$$

图12.1　表面活性剂的分类(赵世民,2005)

近年来我国洗涤剂工业发展迅速,其产量逐年增加。1960年我国合成洗涤剂产量为0.85万t,2004年达到了445.0万t(王军等,1997;计石祥,2001,2002,2005)。目前我国应用比较多的表面活性剂中(陈荣圻,1990):阴离子表面活性剂(以直链烷基苯磺酸钠LAS为主)占总量的70%;非离子表面活性剂占总量的20%;其他占10%。最后大部分形成乳化胶体状废水排入自然界,其首要污染物LAS进入水体后,与其他污染物结合在一起形成一定的分散胶体顺粒,对工业废水和生活废水的物化、生化特性都有很大影响。废水中的LAS本身有一定的毒性(李轶等,2000),对动植物和人体有慢性毒害作用,LAS还会引起水中传氧速率降低,使水体自净受阻。

我国环境标准中把 LAS 列为第二类污染物质。我国《生活饮用水卫生规范》规定生活饮用水中的 LAS 的含量不能超过 0.3 mg/L,国家规定城镇污水处理厂处理出水及工业废水中 LAS 的排放标准见表 12.1。

表 12.1　工业废水 LAS 最高允许排放标准(mg/L)

排放标准	一级标准		二级标准	三级标准
城镇污水处理厂污染物排放标准 GB18918—2002	A 标准 0.5	B 标准 1	2	5
污水综合排放标准 GB8978—1996　合成洗涤剂工业	5		15	20
其他排污单位	5		10	20

目前阴离子表面活性剂废水的处理方法主要有物理法、化学法和生物法(姜安玺等,2004)。

1. 泡沫分离法

泡沫分离法是指向待处理的废水中通入大量压缩的空气,产生大量气泡,使废水中的 LAS 吸附于气泡表面上,并随气泡浮升至水面富集形成泡沫层,除去泡沫层即可将 LAS 从水中分离出来,使废水得到净化。泡沫分离法在我国已工业化,运行良好。分离形成的泡沫机械消泡器去除,浓缩液回用或进一步处理。

2. 膜分离技术

膜分离法指利用膜的高渗透选择性来分离溶液中的溶剂和溶质。可用膜分离中的超滤和纳滤技术来处理 LAS 废水。当废水中的 LAS 主要以分子和离子形式存在时,用纳滤技术处理效果更好。一般纳滤膜更适用于 LAS 浓度较低情况下的处理。由于 LAS 为阴离子表面活性剂,所以在膜材料方面应选用带有阴离子型或负电性较强的膜材料。膜分离的关键是寻找高效高渗透膜和提高处理量,并解决好膜污染问题。

3. 化学絮凝法

混凝沉淀法的特点是适用于高浓度的 LAS 废水处理,在化学混凝处理中,pH 是影响混凝处理效果的一个主要因素(曹征,1993)。表 12.2 给出了几种常用混凝剂处理 LAS 废水的最佳 pH。

表 12.2　常用混凝剂处理 LAS 废水的最佳 pH

混凝剂	聚合硫酸铁	硫酸亚铁	硫酸铝	聚合氯化铝
pH	8~10	8~10	5~6	5~6

有资料表明(祁梦兰,1994;肖锦等,1994;冯晓西等,2000),十二烷基苯磺酸钠可用三氯化铁、硫酸亚铁、三氯化铝或硫酸铝,在 pH 为弱酸性时沉淀氢氧化铁或氢氧化铝,并用吸附十二烷基苯磺酸钠的方法去除。铁系混凝剂的效果一般较好。

4. 催化氧化法

催化氧化法是利用催化氧化过程中产生的具有强氧化能力的羟基自由基($\cdot OH$)从而使许多难以降解的有机污染物分解为 CO_2 或其他简单、易降解的化合物。

5. 吸附法

常用的吸附剂包括活性炭、沸石、硅藻土等各种固体物料。吸附工艺多应用于饮用水中 LAS 的去除。对 LAS 废水用活性炭法处理效果较好,活性炭吸附符合 Freundlich 公式(刘文杰等,1998),但活性炭再生能耗大,且再生后吸附能力亦有不同程度的降低,因而其应用受到限制。

6. 生物氧化

LAS 被定为生物可降解物质,LAS 的生物降解主要有两步(Scott et al.,2000):第一步,微生物通过烷烃单氧酸酶的催化作用,将直链末端的甲基转变成羟基,然后氧化为醛基、羧酸,最终变成 CO_2 和 H_2O;第二步是脱去苯环上的磺基,磺基脱除后,转变成硫酸盐。LAS 在水面形成的泡沫,阻碍氧气向水中的扩散。对于通常好氧生物处理工艺,进水 LAS 的浓度要求控制在 80 mg/L 以下。

7. 微电解法

采用铁碳微电解/石灰乳混凝沉淀法(李亚峰等,2006)处理高浓度(300 mg/L)LAS 废水效果良好,LAS 的去除率达到 97%,COD 的去除率在 90% 以上,出水中的 LAS 和 COD 均达到国家排放标准。

除了用铁屑及铁碳法处理表面活性剂,张乐群等(2005)用海绵铁处理 LAS 也取得了较为理想的效果。海绵铁主要成分为铁氧化物。海绵铁与传统的铁屑滤料相比,虽然组成相似,但它具有比表面积大,比表面能高,较强的电化学富集、氧化还原性能、物理吸附以及絮凝沉淀等优点。

12.2　催化铁内电解法处理 LAS 废水可行性研究

1. 催化铁内电解法实验(石晶,2007)

将 100 g 清洗好的铁刨花与 10 g 铜屑混合均匀,放入 500 mL 广口试剂瓶中压实,堆积密度约为 0.3 kg/L,加入 350 mL 待处理的废水,盖上试剂瓶塞,放入摇床恒温振荡,无特殊说明,摇床转速为 100 r/min。

2. 混凝法实验

FeCl₃ 和 FeSO₄ 的混凝实验在六联搅拌器中进行,将混凝剂加入到装有 500 mL LAS 溶液的 1000 mL 烧杯中,快速搅拌(200 r/min)2 min,慢速搅拌(50 r/min)15 min,然后静置沉降 60 min,取上清液测定。

3. 催化铁内电解法最佳反应时间的确定

反应开始阶段,LAS 去除速率很快,10 min 时去除率已达 47%;到 90 min 时,LAS 和 COD 的去除率均达到了 85%,此后催化铁系统去除效果无显著变化,因此最佳反应时间为 90 min。

12.2.1　催化铁内电解法处理 LAS 效果研究

将 100 g 铁刨花和 10 g 铜屑混合均匀后,置于 500 mL 广口瓶中压实,加入初始浓度为 500 mg/L 的 LAS 废水,每次反应 90 min,取上清液测定;反应后保留剩余反应液,并向广口瓶中注满自来水,盖上瓶盖,以防止铁铜填料暴露而氧化;至下次反应时,倒出上次剩余的旧溶液,加入新反应液直接进行下一次实验。

由图 12.2 可知,采用催化铁内电解法处理 LAS 废水,具有稳定的处理效果。对于初始浓度为 500 mg/L 的 LAS 废水,经催化铁内电解法处理 90 min 后,出水 LAS 浓度为 100 mg/L 左右,平均去除率达到 78%。在实际 LAS 废水处理中,可用催化铁内电解法作为高浓度(大于 100 mg/L)LAS 废水的预处理工艺,这样不仅能够有效地降低废水中 LAS 的含量,而且处理后溶液中的铁离子对后续生化工艺有利,可大大改善活性污泥的沉降性能以及生物膜的固着性能。

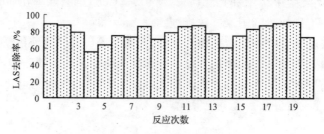

图 12.2　催化铁内电解法处理 LAS 废水

12.2.2　催化铁内电解法机理研究

催化铁内电解法处理废水是基于电化学中原电池反应原理,单质铁在内电解

反应中第一步生成 Fe^{2+}，存在溶解氧的条件下，Fe^{2+} 被氧化成 Fe^{3+}，系统中大量存在的 Fe^{2+} 和 Fe^{3+} 在水中能发生水解反应，生成具有较长线形结构的多核羟基络合物，如 $[Fe_3(OH)_4]^{5+}$、$[Fe_5(OH)_7]^{8+}$ 等，这些含铁的羟基络合物能有效地降低胶体的 ζ 电位，通过电中和、吸附架桥及絮体的卷扫作用使胶体凝聚，再通过沉淀分离将胶体去除；不溶性铁的氢氧化物也可以通过表面配合和静电吸附去除污染物，配合作用是污染物作为配合体与铁的氢氧化物的配合，具体可表示为

$$L\text{-}H(aq) + (HO)OFe(s) \longrightarrow L\text{-}OFe(s) + H_2O$$

静电吸附使铁的氢氧化物颗粒带有明显电荷，它能够吸附去除带有相反电荷的污染物。除此，催化铁内电解系统中的铁铜填料表面，还会对污染物有一定的吸附作用。

采用催化铁内电解法处理 LAS 废水，LAS 初始浓度为 500 mg/L。实验测定了在三种 pH 条件下，催化铁内电解法处理 LAS 废水过程中 LAS 和 COD 的去除情况（图 12.3）。

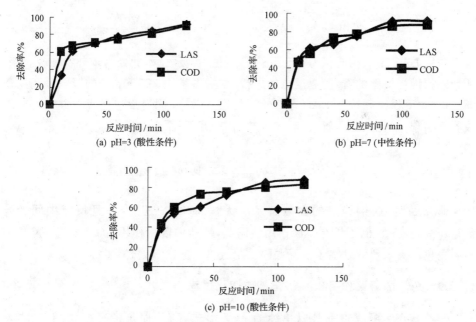

(a) pH=3 (酸性条件)

(b) pH=7 (中性条件)

(c) pH=10 (酸性条件)

图 12.3　不同 pH 条件下铁铜系统处理 LAS 情况

在三种 pH 条件下，铁铜系统处理 LAS 的去除率均可达到 80%。从 LAS 和 COD 的去除情况来看，二者的变化基本保持一致，这说明催化铁内电解法处理 LAS 的主要机理是铁离子的混凝作用以及吸附作用，而不是还原作用。因此还原过程并不能使废水的 COD（化学需氧量）降低。试验结果表明，COD 的去除情况基本与 LAS 的变化一致，因此推断催化铁内电解法处理 LAS 主要是絮凝和吸附

作用,而不存在还原作用。为进一步证实此结论,实验还对反应过程中的废水进行了紫外-可见光分析,分析结果见图 12.4。

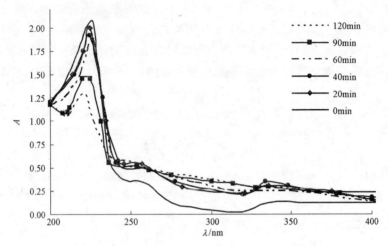

图 12.4　反应后 LAS 出水紫外-可见光谱图

　　初始 LAS 废水在波长为 225 nm 处有明显的吸收峰,此处为苯环特征吸收峰,从紫外扫描光谱图的看,随着反应的进行,铁铜系统中 225 nm 处的吸收峰高度逐渐降低,说明铁铜系统对 LAS 有着较好的去除效果,同时反应过程中并没有新的吸收峰出现,催化铁内电解处理 LAS 过程中无新还原产物生成。

12.3　铁离子对 LAS 混凝去除过程

　　研究表明,铁铜构成的内电解系统无法将 LAS 还原,并且反应中间产物 $Fe(OH)_2$ 对 LAS 也不具有还原作用。因此,铁盐的混凝作用对 LAS 的去除扮演重要角色。本节研究铁离子混凝去除 LAS 过程,考察其处理效果。

12.3.1　Fe^{3+} 的凝聚作用和 LAS 溶液胶团化过程

　　三价铁在水溶液中不是以单纯的 Fe^{3+} 形式存在,而是带有 6 个结晶水,即 $[Fe(H_2O)_6]^{3+}$,会生成各种形式的多核羟基配位化合物,其水解反应产物随 pH 的变化而不同,部分典型的水解反应如下(严瑞瑄,2003):

$$[Fe(H_2O)_6]^{3+} \Longrightarrow [Fe(OH)(H_2O)_5]^{2+} + H^+$$
$$[Fe(OH)(H_2O)_5]^{2+} \Longrightarrow [Fe(OH)_2(H_2O)_4]^+ + H^+$$
$$2[Fe(OH)(H_2O)_5]^{2+} \Longrightarrow [Fe_2(OH)_2(H_2O)_8]^{4+} + 2H_2O$$

二聚体的进一步缩合反应生成更高级的高分子聚合物,由于羟基间的桥联而形成$[Fe_2(OH)_2(H_2O)_8]^{4+}$及$[Fe_3(OH)_4(H_2O)_5]^{5+}$等。逐步水解的结果是形成各种不溶于水的氢氧化铁沉淀物$Fe(H_2O)_3(OH)_3(s)$。这些沉淀物、带正电荷的水合单核离子及多核离子配位化合物会吸附带负电荷的胶体粒子。

表面活性剂分子一般总是由非极性的、亲油(疏水)的碳氢链部分,和极性的、亲水(疏油)的基团共同组成。如在十二烷基硫酸钠分子中,亲油基为十二烷基,亲水基为$-SO_4^-$。此种分子就会在水溶液体系中(包括表面、界面)相对于水介质而采取独特的定向排列,并形成一定的组织结构。

由于疏水作用,水溶液中的表面活性剂分子的碳氢链有力图脱离水包围的趋势,易于自身互相靠近、聚集起来。表面活性剂在溶液中往往形成一种缔合胶体,即在一定浓度以上许多分子缔合成胶团。胶团的大小与一般胶体相似。在溶液中,胶团与分子或离子处于平衡状态。溶液性质发生突变时的浓度,亦即形成胶团时的浓度,称为临界胶团浓度(简写为 cmc)。此过程称为胶团化作用。

图 12.5 给出了表面活性剂溶液胶团化过程。当溶液中表面活性剂浓度极低时,表面活性剂以单个分子(离子)形式存在;如果稍微增加表面活性剂的浓度,水中的表面活性剂分子三三两两地聚集在一起,互相把疏水基靠在一起,开始形成小胶团;进一步增大表面活性剂浓度到饱和吸附时,表面活性剂溶液形成紧密排列的单分子膜,表面活性剂分子形成大的胶束;若浓度继续增加,溶液的表面张力几乎不再下降,只是溶液中的胶团数目和聚集数增加。

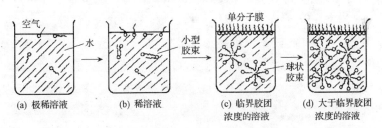

图 12.5　表面活性剂溶液的胶团化过程(徐燕莉,2004)

12.3.2　铁盐对 LAS 的去除

实验采用$FeCl_3 \cdot 6H_2O$混凝处理 LAS 废水,如无特殊说明,混凝实验处理废水均为 500 mL,快速搅拌(200 r/min)2 min,慢速搅拌(50 r/min)15 min,然后静置沉降 60 min,取上清液测定。实验分别对初始 LAS 浓度为 50 mg/L、500 mg/L 和 1000 mg/L 的溶液进行混凝实验。图 12.6 给出了三种浓度下,随$FeCl_3$投加量的变化,LAS 的去除情况。

由实验结果可知,对于低浓度(50 mg/L)的 LAS 废水,随着混凝剂投加量的增加,其 LAS 去除率升高,当三氯化铁投加量达到 60 mg/L 时,其 LAS 去除率不

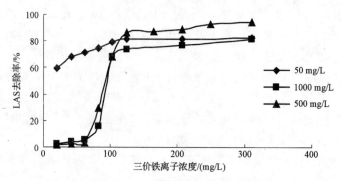

图 12.6   FeCl₃ 混凝处理 LAS 的去除情况

再增加。对于高浓度的 LAS 废水(500 mg/L 和 1000 mg/L),在 FeCl₃ · 6H₂O 投加量低于 40 mg/L 时,LAS 均无明显的去除;当 FeCl₃ · 6H₂O 投加量达到 50～60 mg/L 时,LAS 去除效果发生飞跃,之后再增加混凝剂用量,LAS 的去除率变化不大。

测定反应前后溶液的 pH 分别为 6.8 和 2.9,这是因为在溶液中三氯化铁经历下列反应:

$$FeCl_3 + 3H_2O \Longrightarrow Fe(OH)_3 \downarrow + 3H^+ + 3Cl^-$$

不断水解生成的 H^+ 使得溶液的 pH 降低。同时其中一部分:

$$Fe(OH)_3 + HCl \longrightarrow FeOCl \rightarrow FeO^+ + Cl^-$$

由于多个 $Fe(OH)_3$ 彼此聚集能形成胶核 $[Fe(OH)_3]_m$,根据 Fajans 规则,这种 $[Fe(OH)_3]_m$ 胶核应选择性吸附与 $[Fe(OH)_3]_m$ 能形成不溶物的 FeO^+ 离子而不是 H^+ 和 Cl^-,因此氢氧化铁溶胶为正溶胶(图 12.7)。氢氧化铁溶胶的胶团也可由下式表示成

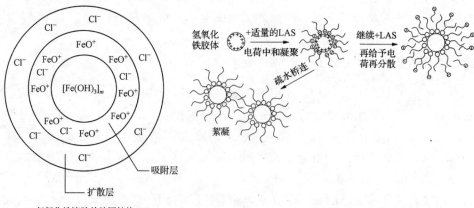

氢氧化铁溶胶的胶团结构

图 12.7   LAS 对带正电荷的氢氧化铁溶胶粒子的分散与絮凝作用(徐燕莉,2004)

$$\{[Fe(OH)_3]_m \cdot n\, FeO^+ \cdot (n-x)Cl^-\}^{x+} \cdot xCl^-$$

带正电的氢氧化铁胶团能够通过电中和作用和胶体吸附作用,而将溶液中带有负电荷的胶体去除。

阴离子型表面活性剂 LAS 与氢氧化铁溶胶带有相反电荷,当加入适量的 LAS 后,通过静电吸引而吸附于带电氢氧化铁粒子表面并将其表面电荷中和,静电斥力消除,使氧化铁粒子凝聚或通过疏水链的疏水吸附桥连而絮凝。继续向溶液中投加 LAS,电荷被中和后的氢氧化铁粒子在 LAS 浓度较高时可通过疏水链的疏水吸附仔吸附一层离子型表面活性剂,其离子头伸入水相使氧化铁粒子重新带电,又可分散稳定于水溶液中。因此在上面的混凝实验中,当溶液中 Fe^{3+} 的浓度低于 80 mg/L 时,对于初始浓度为 50 mg/L 的 LAS 溶液有着较高的去除率,而对于初始浓度为 500 mg/L 和 1000 mg/L 的 LAS 溶液却几乎没有去除率。

同时,观察反应过程中溶液产生的现象,发现对于 50 mg/L 的 LAS 溶液,当 $FeCl_3 \cdot 6H_2O$ 投加量为 100 mg/L 时,溶液中便出现黄色絮体;而对于两个浓度较高的 LAS 溶液,当 $FeCl_3 \cdot 6H_2O$ 投加量达到 300 mg/L 时,溶液仍无絮体生成,但溶液由初始的无色透明状变为白色乳浊状。若向 LAS 溶液中投加硫酸镁达到一定量时,同样会使溶液由无色透明状变为白色乳浊状。表 12.3 给出了不同浓度的 LAS 溶液中产生白色乳浊状所需硫酸镁的量。

表 12.3　不同浓度的 LAS 溶液中产生白色乳浊状所需硫酸镁的量

LAS 浓度/(mg/L)	$MgSO_4 \cdot 7H_2O$/投加量/(mg/L)	实验现象
50	3600	产生白色乳浊状,溶液呈半透明
500	360	产生白色乳浊状,溶液不透明
1000	180	很少量便使得溶液出现明显白色乳浊状

对于离子型表面活性剂,临界胶团浓度随无机盐的加入会显著降低。在这里起作用的主要是与表面活性离子所带电荷相反的无机离子(常称之为反离子)。无机电解质对离子型表面活性剂临界胶团浓度的影响是由于加入电解质使反离子在溶液中的浓度上升,促使更多的反离子与表面活性离子结合。这使得胶团的表面电荷密度,或缔合成为胶团的表面活性离子的平均电荷量减小,电性排斥变弱。其结果是,胶团易于形成,临界胶团浓度降低。通常,临界胶团浓度的对数与反离子浓度的对数呈线性关系。作为规律,反离子价数越大、水合半径越小,影响越大。对于 LAS 其 cmc 为 1.2×10^{-3} mol/L,加入硫酸镁后,其镁离子会使得 LAS 溶液的 cmc 降低,使得 LAS 更易形成胶团,当溶液中胶团数量达到一定程度时,溶液便由原来的透明状变为乳浊液。

也就是说,对于 500 mg/L 和 1000 mg/L 的 LAS 溶液,当 $FeCl_3 \cdot 6H_2O$ 投加量较低时,Fe^{3+} 的加入仅仅改变了其临界胶束浓度,使得溶液性状发生改变;同时由于溶液中 LAS 的量过多,使得氢氧化铁溶胶不能絮凝沉淀,从而使得 LAS 无法得到去除。

硫酸亚铁在水中溶解时,将分解成 Fe^{2+} 和 SO_4^{2-}。$FeSO_4 \cdot 7H_2O$ 与 $FeCl_3 \cdot 6H_2O$ 混凝处理 LAS 的结果极为相似,其用量远远大于 $FeCl_3 \cdot 6H_2O$。对于初始浓度为 500 mg/L 的 LAS 溶液,当 LAS 去除率为 87% 时,Fe^{2+} 投加量为 300 mg/L,而 Fe^{3+} 仅需 170 mg/L。因此,对于混凝处理 LAS,硫酸亚铁的效果不如三氯化铁,主要是由于氢氧化亚铁胶体凝聚速度慢,使得铁离子的利用率较低。

12.3.3　催化铁系统对 LAS 的去除作用

实验测定了催化铁内电解法处理 LAS 废水(初始浓度为 500 mg/L)过程中溶解氧和 pH 的变化情况。由表 12.4 可知,催化铁内电解法处理 LAS,在反应进行 10 min 时,溶液中的溶解氧的含量迅速降低,同时溶液的 pH 由初始的 6.5 上升到 10.5。这正是由于铁单质在中性条件下的水溶液中发生了吸氧腐蚀,铁的腐蚀消耗了系统中的溶解氧,使得溶液中的溶解氧含量降低,同时铁吸氧腐蚀后产生大量的 OH^-,使得溶液的 pH 上升。溶解氧和 pH 的变化均表明,催化铁内电解反应系统中,反应初期铁的腐蚀速率是比较快的。

表 12.4　催化铁内电解法处理 LAS 废水过程中溶解氧及 pH 变化情况

反应时间/min	0	10	20	40	60	90	120
溶解氧/(mg/L)	4.38	1.58	0.88	0.85	0.83	0.83	0.66
pH	6.5	10.5	10.6	10.6	10.6	10.7	10.7

为了进一步定量的考察催化铁对 LAS 的絮凝去除效果,设计如下实验:①考察 EDTA 对铁盐絮凝实验的掩蔽情况;②催化铁处理 LAS 絮凝作用的研究;③饱和 EDTA 对铁铜系统的影响;④铁铜系统处理 LAS 吸附作用的研究。

1) EDTA 掩蔽铁盐絮凝实验

首先,通过在 $FeCl_3$ 和 $FeSO_4$ 的混凝实验中加入 EDTA,考察 EDTA 对铁离子凝聚作用的掩蔽情况。实验在 500 mL 初始浓度为 500 mg/L 的 LAS 溶液中加入一定量的 EDTA 后,分别进行混凝实验。混凝剂的用量取前面混凝实验中的最佳用量,即 $FeCl_3 \cdot 6H_2O$ 的投加量为 600 mg/L、$FeSO_4 \cdot 7H_2O$ 的投加量为 1500 mg/L。实验结果见图 12.8。

由实验结果可知,EDTA 与铁离子发生络合,而导致铁离子不能够水解生成胶体,从而掩蔽了铁离子对 LAS 的絮凝作用。在溶液中 EDTA 同铁离子是按 1∶1 的比例发生络合,因此掩蔽 600 mg/L 的 $FeCl_3 \cdot 6H_2O$ 和 1500 mg/L 的 $FeSO_4 \cdot 7H_2O$,EDTA 理论值分别为 850 mg/L 和 2000 mg/L。实验过程中,随着 EDTA 投加量的增加,其掩蔽效果增强,当 EDTA 投加量达到理论值后,再继续增

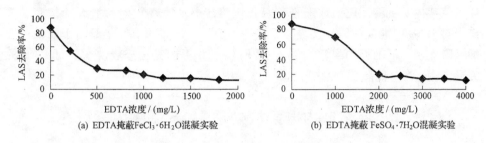

(a) EDTA掩蔽FeCl₃·6H₂O混凝实验　　(b) EDTA掩蔽 FeSO₄·7H₂O混凝实验

图 12.8　EDTA 掩蔽铁离子混凝实验

加 EDTA 的用量,并不能显著地提高其掩蔽效果。同时,实验结果还表明,不论是对于 Fe^{3+},还是 Fe^{2+},EDTA 的加入都不能完全掩蔽掉铁离子的絮凝作用。即使加入过量的 EDTA,铁离子对 LAS 都仍有 12%~15% 的去除效果。

EDTA 掩蔽铁离子对 LAS 絮凝作用的实验表明,向 LAS 溶液中投加 EDTA 的确能够掩蔽铁离子的絮凝作用,当投加足量的 EDTA 时,其对铁离子絮凝 (LAS)作用的掩蔽程度能够达到 85% 左右。

2) 催化铁系统处理 LAS 絮凝作用的研究

实验向初始浓度为 500 mg/L 的 LAS 溶液中投加 EDTA。表 12.5 给出了 EDTA 的加入量对铁铜系统处理 LAS 效果的影响。

表 12.5　EDTA 对铁铜系统处理 LAS 的影响

EDTA 加入量/(mg/L)	0	500	800	1000	1200	1500	2000	3000	5000
LAS 去除率/%	86.9	77.7	75.2	59.6	58.0	33.3	15.3	13.6	13.2

图 12.9 给出了 EDTA 的加入对催化铁内电解法处理 LAS 过程的影响。反应溶液的初始 LAS 浓度为 500 mg/L,EDTA 加入量为 2000 mg/L。加入 EDTA 的催化铁反应系统,反应进行 10 min 时 LAS 去除率为 17%,当进行到 40 min 后,LAS 的去除率不再有明显变化。同时观察反应后的 LAS 溶液,加入 EDTA 的溶液中无明显的混浊及絮状体生成,而对于未加 EDTA 的系统,则可以看到产生大

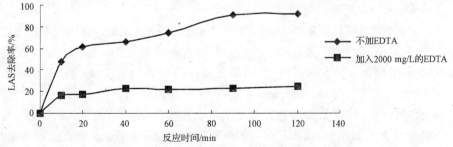

图 12.9　EDTA 对铁铜系统处理 LAS 过程的影响

量黄色絮体及沉淀。说明加入的 EDTA 同溶液中的铁离子发生络合,而掩蔽了铁离子对 LAS 的混凝作用。实验结果表明,初期 LAS 的去除可能是由于铁铜系统的吸附作用。而前面的实验结果表明,EDTA 并不能完全掩蔽铁离子对 LAS 的混凝作用。

12.4　催化铁内电解法处理 LAS 影响因素研究

催化铁内电解法处理 LAS,主要是利用铁铜系统中由于内电解作用而产生的铁离子混凝将 LAS 去除。因此,系统中铁离子的产生情况,以及 LAS 的性质都会对处理效果产生很大的影响。鉴于此,实验对如下反应因素进行了考察。

12.4.1　LAS 浓度的影响

将 100 g 清洗好的铁刨花与 10 g 铜屑混合均匀,放入 500 mL 广口试剂瓶中压实,铁刨花的堆积密度约为 0.3 kg/L,加入 350 mL 不同初始浓度的 LAS 废水,盖上试剂瓶塞,放入摇床恒温振荡,摇床转速为 100 r/min。分别测定反应过程中 LAS 和 COD 的去除情况。

对于初始浓度较低($\leqslant$100 mg/L)的 LAS 废水,经过催化铁内电解法处理 120 min,其去除率均能达到 95% 以上;对于 10 mg/L 的 LAS 废水,反应 10 min 时,溶液中 LAS 含量仅为 1.2 mg/L,而往后的 LAS 的去除速率迅速降低,到达 20 min 后,LAS 和 COD 的值都不再减少。采用 $FeCl_3 \cdot 6H_2O$ 混凝处理 LAS 的实验表明,当混凝剂投加量为 600 mg/L 时,初始浓度为 10 mg/L 的 LAS 废水的去除率仅有 66%,而对于 50 mg/L 的则有 82%,因此认为对于低浓度的 LAS 的去除,铁铜系统的吸附作用占了很大部分。

同时由图 12.10 还可以看到,在反应初期,LAS 去除速率较快,这主要是由于催化铁内电解法处理 LAS 主要是利用系统中铁吸氧腐蚀产生的铁离子絮凝作用。在反应初期,系统中溶解氧含量高,使得铁腐蚀速率快,铁离子产生得较多,能够大量地絮凝去除溶液中的 LAS;随着反应的进行,系统中的溶解氧降低,铁腐蚀速率变慢,LAS 的去除速率也变慢。

对于高浓度的 LAS 废水,随着初始 LAS 浓度的增加,其 LAS 和 COD 的去除率降低,但由图 12.11 可知,LAS 的绝对去除量则是增加的。这从 $FeCl_3$ 混凝处理 LAS 的实验也可得到同样的结论,当混凝剂投加量为 600 mg/L 时,对于浓度为 500 mg/L 和 1000 mg/L 废水的 LAS 去除率分别为 87% 和 74%。

在水溶液中,LAS 的临界胶团浓度为 1.2×10^{-3} mol/L(约为 460 mg/L),当 LAS 的浓度大于该值时,增加 LAS 的量,溶液中单个 LAS 分子的浓度不再增加,而是使其形成更多的胶团。相对于 LAS 分子来说,其形成的胶团容易被氢氧化铁

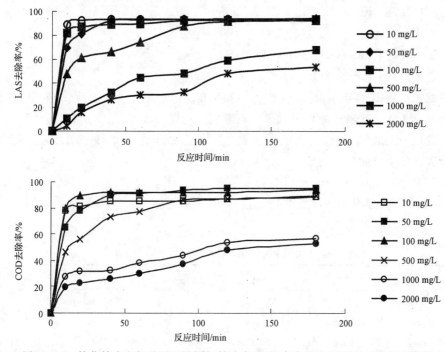

图 12.10　催化铁内电解法处理不同初始浓度 LAS 废水的 LAS 和 COD 去除情况

胶体凝聚去除。因此,当混凝剂投加量
一定时,增加 LAS 的浓度,可以提高其
LAS 的绝对去除量。

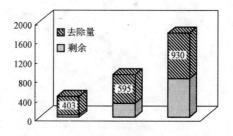

图 12.11　催化铁内电解法对于
高浓度 LAS 废水的绝对去除量

12.4.2　溶液初始 pH 的影响

阴离子表面活性剂 LAS 在酸性和碱
性中都是稳定的,但溶液的 pH 对系统中
铁的腐蚀和铁离子的水解凝聚都有着很
大的影响。一般来说,铁在酸性溶液中,
以析氢腐蚀为主,此时的腐蚀过程是

阳极反应：$Fe \longrightarrow Fe^{2+} + 2e$

阴极反应：$2H^+ + 2e \longrightarrow H_2 \uparrow$

总的反应：$Fe + 2H^+ \longrightarrow Fe^{2+} + H_2 \uparrow$

析氢腐蚀以带电氢离子作为去极化剂,其迁移速率快,扩散能力大,腐蚀速率
快;阴极产物以氢气泡逸出,电极表面溶液得到附加搅拌,利于腐蚀进行。而在中
性和碱性溶液中,铁的腐蚀是以中性氧分子为去极化剂进行的,只能靠扩散和对流
传输,腐蚀速率较慢。

阳极反应：$Fe \longrightarrow Fe^{2+} + 2e$

阴极反应：$1/2O_2 + H_2O + 2e \longrightarrow 2OH^-$

二次反应：$Fe^{2+} + 2OH^- \longrightarrow Fe(OH)_2$

总的反应：$Fe + 1/2O_2 + H_2O \longrightarrow Fe(OH)_2$

式中腐蚀产物 $Fe(OH)_2$ 是二次产物。若氧充足，$Fe(OH)_2$ 还会逐步被氧化。同时溶液 pH 对于铁离子的絮凝效果也有着较大的影响，对于三价铁盐，其最适宜絮体形成的 pH 是 5.0~6.0，而硫酸亚铁盐絮凝剂的最适当 pH>8.0。为此，实验考察废水 pH 对催化铁内电解法处理 LAS 的影响。

实验过程中用 NaOH 和硫酸调节溶液初始 pH。分别测定反应过程中 LAS 和 COD 的浓度变化和 pH 变化情况，测定反应后溶液中的铁离子含量（表 12.6）。结果见图 12.12 和图 12.13。

表 12.6 不同 pH 条件下反应后溶液中铁离子含量

pH	1.7	3.0	6.5	10.1	12.0
总 Fe/(mg/L)	3120	53.9	18.1	14.5	10.4
Fe^{2+}/(mg/L)	921	5.44	3.12	2.63	2.02
Fe^{3+}/(mg/L)	2200	48.4	14.9	11.9	8.34

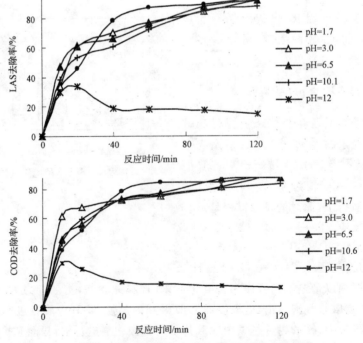

图 12.12 不同 pH 条件下 LAS 和 COD 的去除情况

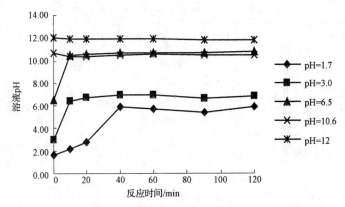

图 12.13　铁铜系统处理 LAS 过程中 pH 变化情况

　　总体来说,除了在强碱条件下(pH＝12),pH 对铁铜系统处理 LAS 的影响不大。在强酸条件下,LAS 的去除效果同其他 pH 条件相当,LAS 的去除速率比较稳定,反应后溶液中铁离子含量高,溶液呈明显的黄色。因此认为,催化铁内电解法处理 LAS 废水,适合的 pH 范围为 1.5～10。

12.5　催化铁内电解法处理多种表面活性剂

　　采用催化铁内电解法尝试处理几种常见的表面活性剂。根据上述研究结果,催化铁系统除去 LAS 主要是利用铁离子的絮凝作用。由于其他几种表面活性剂尚无标准测定方法,因此实验以反应前后溶液的 COD 值,表示催化铁内电解法絮凝去除各种表面活性剂的情况。

　　表 12.7 给出实验所用表面活性剂的所属类型及主要用途。每种表面活性剂的配置初始浓度均为 500 mg/L 左右,反应时间为 120 min;取反应后出水,快速离心 5 min 后进行测定。

　　阴离子表面活性剂是整个表面活性剂中应用比例最高的。实验所用的月桂酸钠属于羧酸盐型阴离子表面活性剂,羧酸盐在 pH＜7 的水溶液中不稳定,易生成不溶的自由酸而失去活性;十二烷基苯磺酸钠是实际应用中使用最为广泛的,并且在酸碱溶液中性质稳定,而且具有良好的发泡性和去污性;十二烷基硫酸钠具有良好的乳化和起泡性能。

　　阳离子表面活性剂中,大部分是含氮的有机化合物,包括各种各样的胺盐和季铵盐,实验所用的十六烷基三甲基氯化铵、溴化十六烷基吡啶和十二烷基三甲基苄基溴化铵均属季铵盐。这一类的阳离子表面活性剂在水中溶解度较大,在酸碱性水溶液中大多稳定,即不受 pH 变化的影响(郑忠等,1995)。阳离子表面活性剂虽然在整个表面活性剂中所占比例不高,却具有其他类型活性剂所没有的特性而不

表 12.7　实验所用表面活性剂的分类及用途

编号	表面活性剂名称	相对分子质量	所属表面活性剂类型	主要用途
1	十二烷基硫酸钠	288.37	硫酸酯盐型阴离子表面活性剂	主要用作起泡剂、洗涤剂、乳化剂等
2	十六烷基三甲基氯化铵	320.00	烷基季铵盐型阳离子表面活性剂	纤维柔软剂 CTAC
3	十二烷基苯磺酸钠	348.48	烷基苯磺酸盐型阴离子表面活性剂	洗涤剂(洗衣粉的主要成分)
4	溴化十六烷基吡啶	384.50	含杂环的季铵盐型阳离子表面活性剂	主要用作纤维放水剂,也可用作染色助剂和杀菌剂
5	月桂酸钠	222.30	羧酸盐型阴离子表面活性剂	合成肥皂的原料之一
6	十二烷基三甲基苄基溴化铵	384.44	含有苯环的季铵盐型阳离子表面活性剂	性能优越的杀菌剂(又名新洁尔灭)
7	聚乙烯醇	$44.05n$	高分子非离子表面活性剂	

能被取代。阳离子表面活性剂一般都具有杀菌、抑菌的作用,常用作消毒剂、杀菌剂;另一突出的特性是容易吸附于一般固体表面,使固体表面改性。同时阳离子表面活性剂还有柔软作用、抗静电作用、防腐蚀作用以及沉淀蛋白质作用,这些作用使得阳离子表面活性剂发着越来越重要的作用。

非离子表面活性剂自 20 世纪 30 年代开始应用以来,发展非常迅速,应用广泛,现成为在数量上仅次于阴离子表面活性剂而大量被使用的产品。非离子表面活性剂在水中不电离,其亲水基主要由一定数量的含氧基团(一般为醚基和羟基)构成。由于它在溶液中以分子状态存在,所以稳定性高、不易受强电解质存在的影响,也不易受酸、碱的影响,在固体表面也难以发生强烈吸附。

对于实验中 7 种不同的表面活性剂,催化铁内电解法对于十二烷基苯磺酸钠(LAS)和十二烷基硫酸钠(SDS)表现出较好的去除效果(表 12.8)。如前面研究所讲,在中、碱性条件下,铁由于发生吸氧腐蚀而变成铁离子,换言之,此时催化铁内电解系统可以认为是能够提供大量铁离子的铁盐混凝系统。铁离子在水溶液中发生水解,形成的沉淀物、带正电荷的水合单核离子及多核离子配位化合物会吸附带负电荷的 SDS 和 LAS 胶体粒子,从而使之混凝去除。同时由于 SDS 的 cmc 高于LAS,也就是说在相同浓度下,SDS 难以形成胶团,而胶团的形成更有利于氢氧化铁溶胶将其絮凝去除。

表 12.8　催化内电解法处理几种不同表面活性剂废水情况

编号	表面活性剂	原水		反应后出水		
		COD	pH	COD	去除率/%	pH
1	十二烷基硫酸钠	1066	7.1	303	71.6	10.50
2	十六烷基三甲基氯化铵	1172	5.9	471	59.8	7.59
3	十二烷基苯磺酸钠	1170	6.5	221	81.1	10.58
4	溴化十六烷基吡啶	1136	5.0	423	62.8	6.52
5	月桂酸钠	1130	8.1	856	24.2	9.67
6	十二烷基三甲基苄基溴化铵	990	7.5	800	19.2	7.04
7	聚乙烯醇	1110	5.7	880	20.7	8.78

对于十二烷基羧酸盐,其 cmc 要比另外两种阴离子表面活性剂高出一个数量级,在同等浓度下,更难于形成胶团;同时其高价金属盐(如钙、镁、铝、铁)不溶于水,也就是说,在催化铁系统中,十二烷基羧酸钠同铁离子反应生成沉淀去除,而不是以混凝的机理去除。观察反应后的铁铜体系,可看到铁表面有明显的亮红色斑点,即为十二烷基羧酸铁沉淀。

阳离子表面活性剂的临界胶团浓度较阴离子表面活性剂的要低,理论上其更易形成胶团,而有利于絮凝作用。但铁铜系统中,铁离子水解所形成的水合单核离子及多核离子配位化合物多为带正电荷,因此对于同样带正电荷的阳离子表面活性剂其凝聚效果不如阴离子表面活性剂。同时阳离子表面活性剂中,大部分是含氮的有机化合物,即有机胺的衍生物。有机胺在铁表面能够发生化学吸附,烷基胺中的氮未共用电子对和铁原子以配位键相结合,而在铁表面形成一层单分子保护膜,从而对铁起到了缓蚀作用,抑制了系统中铁的腐蚀,从而造成铁铜系统对阳离子表面活性剂去除效果下降。

同时从反应前后的 pH 变化情况可以看到,大多数表面活性剂溶液经催化铁系统处理后,pH 均有升高。这是由于反应过程中,铁发生吸氧腐蚀:

$$2Fe + 2H_2O + O_2 \longrightarrow 2Fe^{2+} + 4OH^-$$

使得系统溶液中生成大量的 OH^-,导致溶液 pH 升高。而十二烷基三甲基苄基溴化铵,其反应后溶液的 pH 却略微降低,同时其去除效果也最差,分析其原因可能是由于十二烷基三甲基苄基溴化铵相对于另外两种阳离子表面活性剂更容易吸附于铁和铜表面,这种吸附对铁形成良好的缓蚀作用,使得铁不能发生腐蚀,因而溶液 pH 无法上升。

对于非离子表面活性剂聚乙烯醇,由于其在溶液中以分子形态存在,且不易受电解质存在的影响,同时也难于被氢氧化铁溶胶凝聚,所以催化铁内电解法对于聚乙烯醇没有显著的去除效果。

　　实验对几种表面活性剂的研究表明,催化铁内电解法对于硫酸酯型以及磺酸盐型阴离子表面活性剂有着良好的去除,其主要去除机制应该同催化铁内电解法处理 LAS 的机理;对于羧酸盐型阴离子表面活性剂,由于生成高价金属盐沉淀,而使得去除效果并不理想。对于阳离子表面活性剂,尽管催化铁系统对其有着一定的去除效果,因季铵盐型阳离子表面活性剂都是良好的缓蚀剂,尤其是实验中所用的十二烷基三甲基苄基溴化铵,此种物质的存在,严重抑制了铁的腐蚀,对催化铁系统处理有机物来说将产生不利的影响。而对于非离子表面活性剂,由于其本身难溶于水,同时又不易于被氢氧化铁溶胶凝聚,因此不建议采用催化铁内电解法处理。

第13章 催化铁预处理各类其他工业废水的可行性

13.1 制药类综合工业废水

西南某市是一个新兴的工业城市。2005 年结合 80 万 t 乙烯工程的落户,该市总体规划进行了新一轮修编,定位该市为石油化工、建材、医药为主导的现代园林式工业城。该厂污水处理厂日处理污水 2 万 t,包括各工厂预处理后的工业废水和生活污水,其中前者约占 1/3,主要是某制药厂生产工艺废水。

某制药厂生产工艺废水属高浓度有机废水,主要来源于克拉维酸钾医药中间体生产过程的发酵过滤,萃取,分离和地面、设备清洗水,其次为淀粉厂车间地面和设备清洗水。其特点是组成复杂,有机物种类多、浓度高,含盐量高,氨氮浓度高,色度深,毒性大,固体悬浮物浓度高,且为间歇生产,水质、水量变化大。企业排放标准规定 COD ≤500 mg/L 时即达标,对其他水质指标没有严格限制。

根据该市污水处理厂 2005 年 10 月份的各项水质指标分析,处理后出水大部分水质指标不能达标,如表 13.1 所示。

表 13.1 某市污水处理厂处理出水指标

指标	最低值/(mg/L)	最高值/(mg/L)	平均值/(mg/L)	未达标率/%
COD_{Cr}	89	498	218	100
NH_3-N	1.12	105	46.3	96.3
TP	0.33	9.8	3.63	77.8

该厂水质不达标主要原因:工业废水量大;某制药厂废水废水排放不稳定,水质水量变化大。存在抑制微生物生长的抗生素和大量难降解的有机物,是造成 COD_{Cr}、NH_3-N、TP 不能达标原因。根据市政府有关精神,出水需达到城市污水处理厂一级 B 标准。

13.1.1 中试废水来源和性质

为了符合该厂发展规划,模拟该厂未来所面临的水质情况,中试实验废水由工业废水和生活污水调配而成。组成如表 13.2 所示。

表 13.2　中试废水主要目标污染物

废水种类	主要目标污染物	比例/%
城市生活污水	厨房淘米水、洗菜水、卫生间废水等	40
外资、国资两制药厂废水	丁酯、乙酯、丙酮、异丙醇、二氯甲烷、乙醇、苯乙酸、戊乙酸、青霉素降解杂酸、蛋白质、多糖、Cu^{2+}、Fe^{3+}、Fe^{2+}、Na^+、Zn^{2+}、Ca^{2+}、NH_4^+、SO_4^{2-}、CH_3COO^-、Cl^- 等	24
洗染废水	练白废水:织物纤维中的油、酯、腊和胶类含氮化合物等天然杂质、洗涤剂、天然色素及其氧化物、氧化剂等 染色废水:还原染料、分散染料、媒介染料、直接染料、中性染料、分散染料、柔软剂 SG、表面活性剂 1631、渗透剂 S881-D、喷水染料 SRK、精炼剂 D911、洗涤剂、纯碱、硅酸钠、保险粉、烧碱、固色剂 Y、冰醋酸、匀染剂 O、甲基硅油、分散剂 T 等	12
造纸废水	纤维素、油墨等	12
化工废水	苯酚、甲醛、苯磺酸钠、鱼油、动植物油、泡沫剂	7.2
机械废水	石油类、NaH_2PO_4、表面活性剂等	4.8

（1）城市生活污水,水质指标:COD 150～200 mg/L,SS 100～150 mg/L,氨氮 30～40 mg/L。

（2）制药废水,某国资药厂处理出水:COD≤300 mg/L,BOD_5≤30 mg/L,SS≤150 mg/L,pH=6～9。某外资制药厂出水:COD≤500 mg/L,BOD≤300 mg/L,SS≤400 mg/L,pH=6～9。

（3）洗染废水,取自某绸厂,水质指标:COD 300～400 mg/L,氨氮 50～60 mg/L,SS 100 mg/L。

（4）造纸废水,水质指标:COD 400～500 mg/L,SS 300～400 mg/L。

（5）化工废水,取自某皮革化工厂,水质指标:COD 500～600 mg/L,氨氮 30～40 mg/L,SS 50 mg/L。

（6）机械废水,取自某机车车辆厂,水质指标:COD 800～1000 mg/L,SS 50 mg/L。

13.1.2　连续流试验流程和研究内容

图 13.1 为中试试验装置流程示意图。

进行了 3 个工况的研究:无氧、微氧和高氧。无氧工况即不对催化铁内电解池进行曝气,通过内循环保持良好的传质状态;微氧和高氧通过控制曝气量,保证反应器内一定的 DO(表 13.3)。

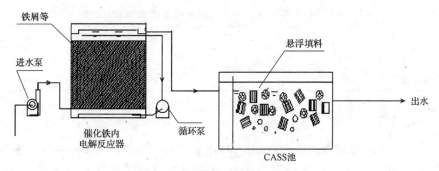

图 13.1　连续流试验装置示意图

表 13.3　运行工况

工况	运行方式	DO/(mg/L)	催化铁内电解池停留时间/h
1	缺氧	<0.4	1.0
2	微氧	≈1.2	1.0
3	好氧	>5.5	1.0

13.1.3　催化铁预处理段处理效果

1. COD 的去除

由表 13.4 可以看出,缺氧和微氧条件下,催化铁内电解段对 COD_{Cr} 的去除率相差不大,平均去除率在 20% 左右,而好氧条件下的 COD_{Cr} 的去除率较高,可高达40% 左右。

表 13.4　不同 DO 条件下催化铁内电解段 COD_{Cr} 去除效果

工况	进水/(mg/L)	出水/(mg/L)	去除率/%
缺氧	511	418	18.1
微氧	587	474	19.0
好氧	480	296	37.5

2. BOD_5/COD 的提高

催化铁内电解工艺能使废水的可生物降解性得到显著的提高。可生物降解性差的原废水经过内电解、混凝后,可生物降解性得以提高,使最终的 COD 去除率明显上升。

从表 13.5 可以看出,缺氧条件 BOD_5/COD 提高最多,其次是微氧和好氧。

表 13.5　不同 DO 条件下催化铁内电解段提高废水 BOD_5/COD 的对比

工况	缺氧	微氧	好氧
进水平均 BOD_5/COD		0.14	
出水平均 BOD_5/COD	0.30	0.28	0.21

3. TP 的去除

催化铁内电解法在还原有机物同时,产生了 Fe^{2+} 和 Fe^{3+}, Fe^{3+} 可发生强烈水解,并在水解的同时发生各种聚合反应,生成具有较长线形结构的多核羟基络合物,通过电中和、吸附架桥,及絮体的卷扫作用使胶体凝聚,再通过沉淀分离将总磷去除。

从表 13.6 可以看出,催化铁内电解工艺还有良好的除磷效果。缺氧状态运行时,去除率为 29.3%;好氧曝气运行时,去除率高达 65.9%。

表 13.6　不同扰动方式及 DO 条件下催化铁内电解段 TP 去除效果对比

工况	平均进水 TP/(mg/L)	平均出水 TP/(mg/L)	平均 TP 去除率/%
缺氧	6.36	4.55	29.3
微氧	9.97	6.38	36.1
好氧	10.01	3.41	65.9

4. 总铁浓度的变化

铁离子对后继生物处理过程有好处,可以提高微生物的活性,提高活性污泥的沉降性能或悬浮填料的挂膜性能。因此,催化铁内电解段出水总铁浓度关系到催化铁内电解反应的进行过程,还关系到后续生物处理的进行。催化铁内电解段出水总铁浓度见表 13.7。

表 13.7　不同 DO 条件下催化铁内电解段出水总铁浓度的对比

工况	缺氧	微氧	好氧
进水平均总铁浓度/(mg/L)		0.20	
出水平均总铁浓度/(mg/L)	18.25	37.98	66.97

13.1.4　预处理对后续生物处理的效果

催化铁内电解法作为预处理段能够提高废水中难降解有机物的可生化性,并去除部分水质污染指标,改善生物处理段进水水质,降低生物处理段负荷。为此,本试验设计了两个工况:一是不采用催化铁内电解预处理;二是采用催化铁内电解预处理(表 13.8)。

表 13.8　运行工况

工况	是否采用催化预处理	催化预处理运行方式	催化预处理停留时间/h	生物段周期/h（进水曝气-沉淀-排水）	悬浮填料投加率/%	生物段 DO/(mg/L)
1	否	—	—	8.0-3.0-1.0	30	3.0~4.5
2	是	缺氧	1.0			

由图 13.2 可见,在未使用催化铁内电解法预处理的 12 个运行周期内,生物处理段 COD_{Cr} 去除效果越来越差,去除率大幅度下降。其处理效果恶化情况在污泥活性方面的表现是,菌胶团大幅度减少且结合变得松散,无游动型鞭毛虫等原生动物,污泥沉降性能恶化,污泥量下降。从图 13.3 可以看出,在随之进行的 15 个周

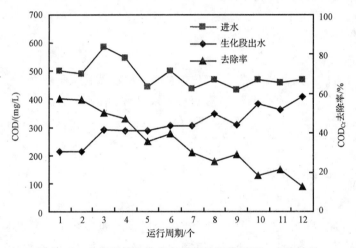

图 13.2　未使用催化铁内电解预处理的 COD_{Cr} 去除效果

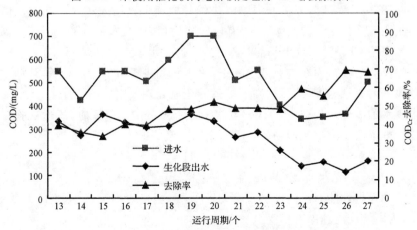

图 13.3　使用催化铁内电解预处理的 COD_{Cr} 去除效果

期内,催化铁内电解预处理段的加入使得生物段 COD$_{Cr}$ 去除效果逐渐改善。驯化后期的生物相镜检发现,悬浮污泥中存在大量菌胶团,并有相当量的游泳型纤毛虫及固着型纤毛虫,还有钟虫、轮虫等原、后生动物。综上所述,在生物处理段前面加入催化铁内电解预处理,可以使污泥保持较高的活性,提高 COD$_{Cr}$ 去除率。

13.2　含铬废水

13.2.1　试验材料及方法

1) 序批式试验

将铁刨花与铜条按一定比例混合均匀后,置于 500 mL 广口试剂瓶中,加入 400 mL 待处理的废水。在无氧条件下,恒温振荡反应一定时间(摇瓶柜转速 140 r/min,恒温 25℃),取样过滤后进行测定。

2) 连续流试验

储水槽内废水经计量泵进入上流式催化铁内电解反应器,发生电化学还原反应,Cr(Ⅵ)被还原成 Cr(Ⅲ),同时有部分 Cr(Ⅲ)沉积于反应器内,最后出水进入沉淀池,以保证 Cr(Ⅲ)以及废水中其他金属离子(如 Zn、Cu、Ni 等)能够完全沉淀。

13.2.2　序批式试验结果

在不同初始 pH 条件下,催化铁内电解法对 Cr(Ⅵ)废水均有较好的处理效果,而采用还原铁粉去除 Cr(Ⅵ),则受到了 pH 的严重影响。在酸性条件下,两者的反应速率很大,5 min 之内即可反应完全。当 pH 增加时,还原铁粉的反应速率急剧下降,在 pH=5 时,催化铁内电解法的还原速率已明显超过了铁粉。催化铁内电解法在 pH 为中性或偏碱时,仍有较好的处理效果,初始 pH=9.0 时,催化铁内电解法去除 Cr(Ⅵ)的效率仍然达 95%。这是由于铜作为阴极,提高了还原体系阴极的反应活性。而在内电解过程中,阴极和阳极反应的电流相等,从而加速了阳极单质铁的腐蚀速度,从而提高了体系的还原处理效率。

当废水的 pH 为 3.0～9.0、Cr(Ⅵ)浓度在 50 mg/L 以下时,通过试验归纳出催化铁内电解法反应速率随初始 pH 变化的关系式:

$$v = 0.368 \times \mathrm{pH}^{0.259} \times c$$

式中:c 为 Cr(Ⅵ)浓度(mg/L);v 为反应速率[mg/(L·min)]。

溶液的导电性能对于内电解反应也很重要,当废水电导率达到 10 000μS/cm 以上时,内电解反应速率不再受电导率的影响。

13.2.3　连续流试验结果

连续流装置采用高度为 40 cm 的填料塔。废水 pH 控制在 3.5 左右，停留时间为 1h，空塔流速为 0.4 m/h 时，考察了连续运行时处理效率与进水浓度的关系，如图 13.4 所示。

通过数据回归，反应去除 Cr(VI) 催化铁内电解反应基本符合

$$-\frac{dc}{dh} = kc^{0.5}$$

动力学参数为 $k = 5.93 \ (mg/L)^{0.5}/m$。

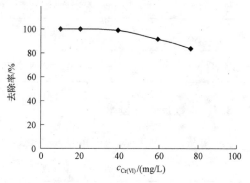

图 13.4　连续流处理含 Cr(VI)废水的效果

13.3　多种工业废水的预处理试验

为了验证催化铁内电解法的普遍适用性，在 2005 年 8、9 两月在某市环境保护监测大队的配合下，对市管污染企业排放的废水进行了预处理可行性研究。

13.3.1　石化混合废水

催化铁内电解法预处理石化混合废水的效果见表 13.9。

表 13.9　石化混合废水处理条件和结果

水质	试验条件	处理效果	说明
COD 389 mg/L 黑色	催化铁摇床，处理时间 2 h	COD 142 mg/L，处理后呈淡黄色	

13.3.2　炼油废水

催化铁内电解法预处理炼油废水的效果见表 13.10。

表 13.10　炼油废水处理条件和结果

水质	试验条件	处理效果	说明
COD=383 mg/L, pH=7.07	催化铁摇床，处理时间 2 h	COD=101 mg/L, pH=7.51	

13.3.3　煤气废水

催化铁内电解法预处理煤气废水的效果见表 13.11。

表 13.11　煤气废水处理条件和结果

水质	试验条件	处理效果	说明
COD＝350 mg/L,色度 50 倍	催化铁摇床,处理时间 3 h	COD＝167 mg/L,色度 25 倍	

13.3.4　钢铁厂焦化废水

催化铁内电解法预处理钢铁厂焦化废水的效果见表13.12。

表 13.12　钢铁厂焦化废水处理条件和结果

水质	试验条件	处理效果	说明
COD＝3320 mg/L, pH＝8.75, 深黄色	催化铁摇床,处理时间 3 h,调 pH＝6.0	COD＝2900 mg/L, pH＝7.8, 淡黄色	对色度去除好

13.3.5　造纸厂白液废水

催化铁内电解法预处理造纸厂白液废水的效果见表13.13。

表 13.13　造纸厂白液废水处理条件和结果

水质	试验条件	处理效果	说明
COD＝440 mg/L, pH＝6.88	催化铁摇床,处理时间 3 h	COD＝328 mg/L, pH＝7.18	

13.3.6　印刷废水

催化铁内电解法预处理印刷废水的效果见表13.14。

表 13.14　印刷废水处理条件和结果

水质	试验条件	处理效果	说明
COD＝3500 mg/L, BOD＝280 mg/L	连续流催化铁床,回流比 6,停留时间 30 min	COD＝400 mg/L, BOD＝192 mg/L	原水刺激性气味,处理后无味

13.3.7　染色针织废水

催化铁内电解法预处理染色针织废水的效果见表13.15。

表 13.15　染色针织废水处理条件和结果

水质	试验条件	处理效果	说明
COD＝441 mg/L， pH＝7.77， 紫酱色	催化铁摇床，处理时间 3 h	COD＝176 mg/L， pH＝8.48， 浅灰色	对色度 去除好

　　大量试验证明，催化铁内电解法对多种工业废水预处理效果好。COD 的去除率反映了生成铁离子的混凝情况，同时也间接反映了催化铁系统的还原能力，所以去除色度的效果一般均较理想。

第 14 章　曝气催化铁混凝工艺

14.1　曝气催化铁法的发展

催化铁法是利用原电池反应原理,通过 Fe^0 的还原作用,转化毒害有机物,提高毒害有机物的可生化性。如果在催化铁工艺中增加曝气,就可以促进铁的氧化,同时生成的 Fe^{3+} 具有很强的絮凝能力,可以吸附去除污水中的悬浮物、胶体颗粒以及磷酸根,达到混凝沉淀效果,由此形成曝气催化铁方法。同以往的催化铁工艺相比,其主要差别有:① 处理目标污染物的差异。以往的研究主要是针对工业废水中毒害有机物;而本工艺主要针对城市污水中的磷及部分悬浮有机物和胶体物质。② 主要去除机理不同。传统的催化铁法是利用催化铁系统的还原作用,以脱除有机物上的拉电子基团,或是破坏其原有的双键,从而提高其可生化性;而曝气催化铁工艺则是强化了铁离子的絮凝作用,利用铁单质在含氧溶液中发生吸氧腐蚀,产生铁离子,通过铁离子的混凝沉淀作用,将污水中的胶体颗粒和磷去除。③ 增设曝气装置。填料反应池廊道底部铺设有曝气管,可通过气泵或鼓风机对反应池进行曝气。

14.2　曝气催化铁预处理实际工业废水

如第 8 章介绍,对于某市工业区废水,现有的生化处理装置难以使出水的 COD、TP、色度达标。本章通过增加曝气对催化铁法开展功能拓展研究,通过连续流小试对进行工业区废水处理试验(叶张荣,2005)。分析预处理前后 COD、色度、磷酸盐、氨氮、pH 等指标的变化,得到该方法处理实际工业废水的处理效果。实验内容包括:①影响处理效率的因素,包括铁与废水的接触面积、铁表面腐蚀程度、废水处理停留时间等;②铁的消耗速率及环境因素对铁消耗的影响;③反应器中污泥的积累情况。通过以上内容的研究,期望积累起一些处理类似废水时的工程应用参数,并使催化铁内电解法的应用功能得到拓展。

催化材料铜屑用量参照文献(徐文英等,2003a,b)。连续流实验反应器装置如图 14.1 所示。

催化铁段反应器设计有效容积 $400 \times 150 \times 110 = 6.6(L)$,反应器设计停时间为 2 h。

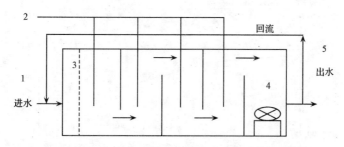

图 14.1　曝气催化铁内电解反应器装置图
1. 进水；2. 曝气管；3. 布水板；4. 回流泵；5. 出水

14.2.1　有机物去除机理

进行连续流实验，曝气催化铁处理平均 COD 去除率为 52%，不曝气预处理为 23%，不曝气系统作为对照实验，反应器在密封状态下运行，其余条件同曝气预处理反应器。两周内 COD 的变化如图 14.2 所示。

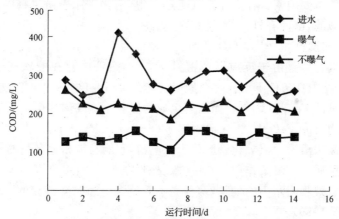

图 14.2　两星期连续流实验 COD 的变化情况

研究发现在预处理过程中有机物的去除原因主要包括曝气作用及铁离子的絮凝作用，为此设计以下实验用于弄清两种因素在有机物去除过程中作用的大小。

取若干个烧杯，分别加入 50 mL 废水和不同体积 0.05 mol/L 的 $FeCl_3$，反应沉淀后取上清液测定 COD。实验结果如图 14.3 所示。

从投加 $FeCl_3$ 的实验可以看出，当加入的铁离子浓度大于 112 mg/L 时，COD 的去除不再有明显增加，去除率约为 30% 左右，而连续流曝气催化铁实验 COD 的去除率平均值为 52%，说明在曝气状态下反应器中用于沉淀的铁离子是足量的。

考察单纯曝气对 COD 的去除效果：取一定量废水于 3 个 250 mL 广口瓶中，曝气 2 h（与连续流停留时间相等），反应后测定 COD。进水 COD 301 mg/L。曝

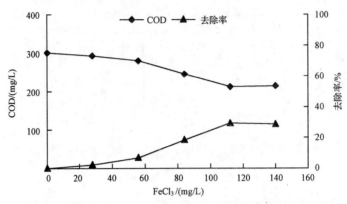

图 14.3　FeCl₃ 浓度与 COD 去除率的关系

气后三个水样 COD 分别降为 258 mg/L、266 mg/L、260 mg/L,平均去除率约为
13.2%。以上两项因素对有机物去除作用之和约为 43%,可以认为上述两因素是
有机物去除的主要因素。在实际连续流过程中,催化铁床中微生物的生长及铁床
对有机物的截滤,都使有机物的去除效率提高。

　　在不曝气处理时,两周 COD 平均去除率仅为 23%,比用 FeCl₃ 混凝去除效果
还差。其原因主要是由于反应器在密封状态下,溶液中存在的铁离子以 Fe^{2+} 为
主,在进水 pH 中性条件下不能完全絮凝沉淀。由研究已知,内电解法处理废水过
程中产生大量的 Fe^{2+} 和 Fe^{3+}。而水解生成的氢氧化铁胶体是很好的絮凝剂,胶团
结构可表示为:$\{m[Fe(OH)_3] \cdot nFeO^+ \cdot (n-x)C^-\}^{x+} \cdot xC^-$,其中 C 为溶液中
的阴离子。废水溶液中氢氧化铁胶体带正电荷,它能与带相反电荷的一些物质,及
溶液中的电解质发生凝聚作用。在中性或碱性条件下,生成的氢氧化铁及氢氧化
亚铁胶体能有效吸附水中的染料,两种离子开始沉淀和完全沉淀的 pH 如表 14.1
所示(全燮等,1989)。

表 14.1　铁离子开始沉淀和完全沉淀的 pH

沉淀物	开始沉淀时 pH		沉淀完全时 pH
	铁离子浓度 1 mol/L	铁离子浓度 0.01 mol/L	
$Fe(OH)_2$	6.5	7.5	9.7
$Fe(OH)_3$	1.5	2.3	4.1

　　在曝气条件下,铁离子主要为 Fe^{3+},大部分铁离子能形成 $Fe(OH)_3$ 沉淀,使
有机物絮凝去除。通过测定处理出水中的总铁发现,曝气处理出水总铁平均浓度
为 3.3 mg/L,而不曝气处理的平均浓度则高达 10.9 mg/L,其原因正是在曝气过
程中生成铁的氢氧化物沉淀。曝气及不曝气预处理出水中总铁和 Fe^{2+} 的变化情
况如图 14.4 和图 14.5 所示。可以看到,在刚开始运行的一周内,无论是总铁还是

Fe^{2+},不曝气催化铁出水铁离子浓度都要高于曝气状态下的出水。而在运行接近两个星期时,两者的铁离子出水浓度不再有明显的差别,并且出水中铁离子浓度降低,主要是不曝气系统中大量 SS 在铁刨花表面的沉积及微生物在铁刨花表面的生长等原因阻碍了铁离子的释放。但在曝气系统中,铁刨花表面不产生沉积,混凝效果基本不变。

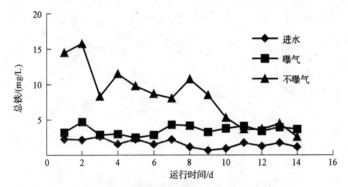

图 14.4　连续流预处理出水总铁浓度变化

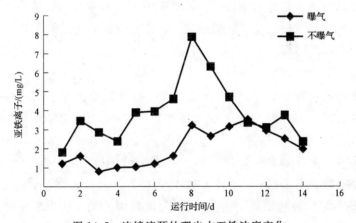

图 14.5　连续流预处理出水亚铁浓度变化

14.2.2　磷酸盐去除

在曝气催化铁预处理废水的过程中,发现其对磷酸盐的去除有一个稳定的效果。图 14.6 为系统连续运行两个星期进出水的正磷酸盐浓度(以含磷量表示)。不曝气系统作为对照,反应器在密封状态下运行。

从图 14.6 中可以看到不曝气的系统在几天后不再有除磷效果,而曝气系统的出水磷酸盐浓度稳定,平均去除率约为 70%,出水浓度均小于 1 mg/L,达到一级 B

排放标准。不曝气系统在刚开始运行时对磷酸盐有一定的去除,其主要原因是开始时铁刨花中带入了一些 Fe^{3+} 所致,随着反应的进行,在没有曝气的系统中,Fe^{3+} 逐渐减少,除磷效果也越来越差。

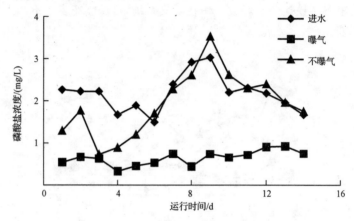

图 14.6　废水预处理后磷酸盐浓度变化

曝气造成铁离子含量的增加和 pH 的升高,对去除磷酸根非常有利,原理类同于现行污水除磷中常用的化学除磷方法。铁盐除磷的反应方程式可表示如下:

主反应:$Fe^{3+} + PO_4^{3-} \longrightarrow FePO_4 \downarrow$ 　　　　　　　　(14.1)

副反应:$Fe^{3+} + HCO_3^- \longrightarrow Fe(OH)_3 \downarrow + CO_2$ 　　　　(14.2)

铁盐除磷的过程如下:Fe^{3+} 一方面与磷酸根生成难溶盐,另一方面通过水解发生各种聚合反应,生成具有较长线形结构的多核羟基络合物,如$[Fe_2(OH)_2]^{4+}$、$[Fe_3(OH)_4]^{5+}$、$[Fe_5(OH)_9]^{6+}$、$[Fe_5(OH)_8]^{7+}$、$[Fe_5(OH)_7]^{8+}$、$[Fe_6(OH)_{12}]^{6+}$、$[Fe_7(OH)_{12}]^{9+}$、$[Fe_7(OH)_{11}]^{10+}$、$[Fe_9(OH)_{20}]^{7+}$ 和$[Fe_{12}(OH)_{34}]^{2+}$ 等。这些含铁的羟基络合物能有效降低或消除水体中胶体的 ζ 电位,通过电中和、吸附架桥及絮体的卷扫作用使胶体凝聚,再通过沉淀分离将磷去除。铁盐最佳使用控制 pH 在 8 左右。因此,该工艺有良好的除磷效果。

通过两者出水总铁的测定也可以发现,尽管不曝气处理系统出水总铁明显高于曝气处理的系统,但前者并不能有效去除磷酸盐,可见曝气过程中形成的三价铁是去除磷酸盐的关键因素。催化铁法在曝气过程中对磷酸盐的去除,可使后续生化处理中生物除磷工艺得到简化,同时解决了硝化细菌与聚磷菌泥龄之间的矛盾。

14.2.3　pH 变化情况

前面已多次提到,铁的腐蚀可以分为两种,在偏酸性条件下铁将发生析氢腐蚀,反应如下:

$$Fe + 2H^+ \longrightarrow Fe^{2+} + H_2 \tag{14.3}$$

反应中 H^+ 作为一种电子受体,其也可以是某一种能够接受电子的化合物,相应的反应式变为

$$Fe + M_1 + 2H^+ \longrightarrow Fe^{2+} + M_2 \tag{14.4}$$

M_1 为电子受体,M_2 为生成的产物。上述反应过程可以看做广义的析氢反应,在反应初期,由于氢离子的消耗可能会使溶液 pH 有一定程度的上升,但由于铁离子水解反应的存在,又使溶液的 pH 下降(全燮等,1998)。

$$Fe + nH_2O \longrightarrow Fe(OH)_n + n[H] \tag{14.5}$$

式中:n 为单质铁失去的电子数。

在非强酸性溶液中,$Fe(OH)_n$ 能以沉淀形式存在,而新生态 $[H]$ 则被用于还原有机物或生成 H_2。在本试验不曝气对照系统中,出水 pH 在处理前后并没有发生明显变化(图 14.7)。

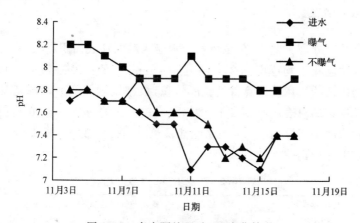

图 14.7　废水预处理后 pH 变化情况

而在偏碱性溶液中,铁将发生吸氧腐蚀,反应如下:

$$2Fe + O_2 + 2H_2O \longrightarrow 2Fe(OH)_2 \tag{14.6}$$

$Fe(OH)_2$ 与氧气接触将进一步氧化成 $Fe(OH)_3$。而在催化铁曝气实验中,废水经过处理后 pH 有了明显的升高(图 14.7),因此可以认为曝气作用是 pH 升高的主要原因,铁的腐蚀对 pH 的影响不大。废水中的有机物在曝气过程中失去电子,氧气在得到电子的同时发生如下反应:

$$O_2 + 2H_2O + 4e \longrightarrow 4OH^- \tag{14.7}$$

对废水进行单纯曝气试验发现(曝气时间与连续流停留时间同),有机物去除约 13%,pH 从 7.2 上升至 8.0,上升程度与曝气催化铁过程中废水 pH 变化基本一致。其中 pH 随时间变化情况如图 14.8 所示。

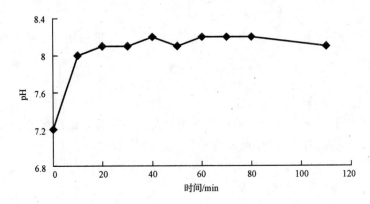

图 14.8　曝气对废水 pH 的影响

14.2.4　处理效率的影响因素

1. 铁的接触面积

在催化铁预处理工艺中,单位体积废水能接触的铁表面积越大,其处理效果也就越好。取铁刨花平均厚度 0.2 mm,宽度 4 mm,铁的密度为 7.86×10^3 kg/m^3,根据反应器内铁的使用量计算得到铁的体积,根据铁刨花的平均厚度及宽度计算得到所用铁刨花的总表面积。表 14.2 为不同铁水比的两个工况,在停留时间相同的情况下对该两个工况的 COD、正磷酸盐及色度的去除效率进行了分析。处理在不曝气状态下进行。

表 14.2　工况 1 和 2 的铁水比

工况	反应器容积 /$\times 10^{-3}$m^3	铁刨花质量 /kg	铁刨花计算表面积 /m^2	铁水接触面积比 /(m^2/m^3)
1	8.8	3.2	4.17	474
2	6.6	0.67	0.87	132

针对不同的铁水比进行连续流试验,稳定运行一周,COD 及磷酸盐的去除效率如图 14.9、图 14.10 所示。

从图中可以看到铁水接触面积比大的工况,其 COD 及正磷酸盐的去除效率明显好,工况 1 COD 平均去除率分别为 39%,而工况 2 COD 的平均去除率仅为 22%。表 14.3 为两工况连续运行色度去除情况,同样铁水接触面积比大的工况,出水的色度要明显浅一些。

一般的铁刨花厚度为 0.1~0.3 mm,铁刨花除具有较大的比表面积之外,其还具有一定的立体形状,这对保证反应器内有一定的孔隙率及废水与刨花的良好接触都十分有利。

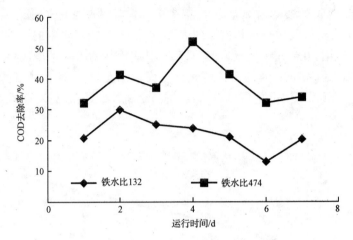

图 14.9　不同铁水比对 COD 去除效率的影响

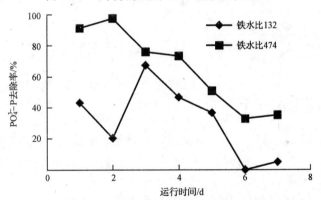

图 14.10　不同铁水比对磷酸盐去除效率的影响

表 14.3　不同铁水面积比处理出水的色度（倍）

进水	128	128	128
出水（工况 1）	16	32	32
出水（工况 2）	64	64	64

2. 铁表面初始腐蚀程度

在反应器 A 中加入表面光洁的铁刨花及一定比例的铜屑，在反应器 B 中加入已使用两周的铁刨花及等比例的铜屑，铁刨花表面已有一定程度的腐蚀，用清水洗净后放入反应器内。反应器 B 内铁刨花质量与 A 中相当。图 14.11 为两反应器对 COD 去除效果的情况。

从图 14.11 中可以看出，表面光洁的铁刨花 COD 的去除率有一个稳定的增长，而表面经过腐蚀的铁刨花在反应初期 COD 的去除率增长迅速，经过一定时间后趋于稳定,增长的速率与光洁的铁刨花接近。经过腐蚀的铁刨花在反应初期 COD 去除率有较快的增长与其粗糙的表面有关,其可能对水中的一些 SS 或是有机物进行了吸附,在经过一定反应时间以后,其表面达到吸附平衡,COD 的去除率不再以较快的速率增长,而是保持与光洁表面铁刨花 COD 去除增长率相当的速率。从图 14.10 及以上分析可以看出,经过一定腐蚀的铁刨花 COD 的去除有一定的促进作用。

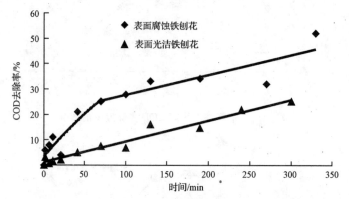

图 14.11 不同腐蚀程度的铁刨花对 COD 去除率的影响

14.2.5 反应动力学

通过连续流试验得到反应一级反应速率常数,以此为依据对反应器内废水的反应情况进行了描述,得出停留时间与反应效率的相应关系,并对得到的反应器模型进行试验验证。

以污染指标 COD 为例,描述反应器反应效率。如图 14.12 所示,反应过程中回流比高达 70 倍,反应器内水流紊动剧烈,可以看作为完全混合式反应器,即 $c_e = c_m$,一级反应时完全混合反应器反应关系式为

$$c_e = \frac{c_i}{1 + kt} \tag{14.8}$$

式中: c_i 为进水 COD 浓度。

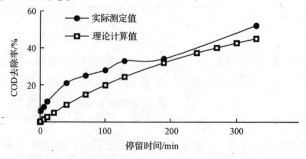

图 14.12 反应停留时间与 COD 去除效率的关系

测得试验所用回流泵的流量约为 4 L/min,进水流量 3.3 L/h,计算得到回流比 72.7。通过废水处理效果分析得到,停留时间为 2 h,催化铁在曝气和不曝气状态下,两周内 COD 的平均去除率分别为 52% 和 23%,由式(14.8)计算得到反应器在两种状态下反应速率常数分别为 0.542h^{-1} 和 0.149h^{-1}。

为检验上述模型的可靠性,采用测定不同停留时间下 COD 的去除率进行验证,实验时不进行曝气,故反应速率常数选用 0.149h^{-1}。图 14.12 为理论计算去除率与实验测定去除率的比较。

从图 14.12 中可以看出,实际测定值比理论计算值偏高,主要是初期铁铜材料对 SS 截留作用和金属表面对有机物的吸附作用。式(14.8)可用来估算不同的停留时间处理效果,或是根据所要求的处理效果大致确定反应器水力停留时间。

14.2.6　铁消耗的影响因素

1. 溶解氧的影响

废水中溶解氧的存在对铁的消耗产生一定的影响,在不曝气及曝气条件下,催化铁反应出水溶解氧平均浓度分别为 1.5 mg/L 和 6.1 mg/L。

根据实际铁刨花消耗量,计算得到曝气状态下铁的消耗量为 57.4 mg/L。而密封的催化铁反应器铁消耗量约为 8.2 mg/L。显然在曝气状态下铁的消耗要远大于不曝气状态下。从表观上看,曝气状态下的铁刨花经过半年运行已变得较为疏松,但仍能保持基本骨架,而密封反应器中的铁刨花仍具有较好的弹性,腐蚀程度较少。

2. pH 对出水铁离子浓度的影响

废水 pH 的变化对单质铁的消耗速率具有较大的影响,通过调节废水的 pH 进行序批式试验,从反应开始运行测定不同时刻的铁离子浓度,直到溶液中的铁离子浓度不再有明显的改变。图 14.13 为 pH 在 2.9、5.4、7.1 时,处理段在曝气和不曝气状态下,反应器溶液中铁离子的浓度情况。

从图 14.13 中可以看出,当反应进行 4 h 以上时,各个 pH 条件下溶液中的铁离子浓度不再有明显的改变。当废水的 pH=2.9 时,溶液中产生大量的铁离子,浓度为 80~90 mg/L,铁刨花很大部分是被氢离子所消耗,曝气与不曝气的对比可以看出,两者铁离子浓度差别不大,这说明在该 pH 条件下曝气过程中产生的 Fe^{3+} 不能通过混凝作用对有机物形成有效去除。而当废水的 pH 接近中性时,曝气状态下铁离子要低于不曝气反应器中的铁离子,是由于 Fe^{3+} 在该 pH 条件下形成了沉淀,这有利于实际废水中有机物的混凝去除。显然,催化铁处理工艺适宜的 pH 应为中性或是偏酸性,pH 不宜过低,一般应大于 3。

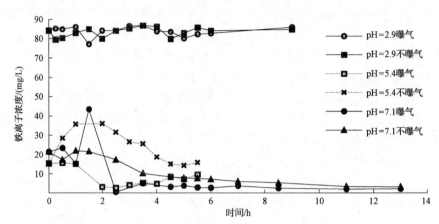

图 14.13　曝气与不曝气情况下 pH 对出水铁离子浓度的影响

在连续流小试运行试验中,进水 pH 为 7~8,接近中性,曝气与不曝气催化铁处理出水,前两周铁离子的平均浓度分别为 3.5 mg/L 和 8.2 mg/L。而对反应器污泥中的铁离子总量进行测定,其含铁量分别为 18.6 g 和 10.4 g。可见在中性进水条件下,曝气可以让部分铁离子形成絮凝沉淀而去除。

14.2.7　反应器中污泥的积累量

催化铁反应器经过一定时间的运行以后,在其内部污泥量会有所增加,其中一部分来自于进水的 SS,另一部分污泥则为运行过程中新增长的污泥。为研究运行过程中反应器污泥的积累情况,在反应器运行 1 个月后,对反应器中污泥总量及其 VSS 含量进行了测定。

取出其中的铁刨花,将其表面附着污泥清洗后与反应器中溶液混合,测定其 SS 及 VSS。计算值如表 14.4 所示。

表 14.4　运行 22 天内电解反应器 SS 及 VSS 的积累量

测定值	SS /g	VSS /g	VSS/SS /%	SVI
曝气运行	114.80	40.06	34.9	27
不曝气运行	118.26	35.78	30.3	32

从表 14.4 中可以看到,无论是曝气状态还是不曝气状态,二者污泥中的无机物均占了主要成分,VSS 的含量不到 40%,这与污泥中含有铁盐有关,在污泥经过焚烧后可以看到赤红色的铁氧化物残渣。从表 14.4 中可以看到曝气和不曝气运行状态下,污泥 SVI 分别为 27 和 32,说明污泥中以无机物居多,沉降性能良好,而曝气状态下的污泥的沉降性略好于不曝气状态下。

根据进水流量 3.3 L/h 计算,运行 22 d,催化铁反应器内曝气与不曝气状态下,污泥的增长量(以 SS 计算)分别为 65.9 mg/L 与 67.9 mg/L,其中 VSS 增长率分别为 23.0 mg/L 与 20.5 mg/L。

14.3　曝气催化铁法处理低浓度城市废水

对某市合流一期污水而言,由于其有机物浓度以及磷的浓度都较低,简单的一级半处理就已经可以达到要求。为此,在该市特大型污水处理厂进行了曝气催化铁法处理低浓度城市废水的可行性研究(石晶,2007;张艳,2007)。

该污水处理厂位于长江边,工程规模为 170 万 m³/d。该厂的水质情况见表 14.5。由进水情况可知,有机物浓度较低,处理达标比较容易,而对总磷的要求则较高。因此,对该厂为一级半处理工艺。

表 14.5　某大型污水处理厂进水水质情况

水质指标	COD/(mg/L)	pH	TP/(mg/L)	磷酸盐/(mg/L)
进水	120~250	6.5~7.6	1.2~4	0.9~3

14.3.1　曝气催化铁工艺的可行性研究

为了证明曝气催化铁工艺处理该废水的可行性,首先采用摇床进行了可行性试验。摇床试验所用催化铁体系,铁铜质量比为 10:1,堆积密度为 0.25 kg/L,摇床试验所用的瓶子为 500 mL,废水为 400 mL。每次摇 2 h,转速为 120 r/min。2 h 后将废水倒出,静置 1 h 后测定各指标,处理后废水呈淡黄色,静置后废水的底部有少许沉淀。测定次数均为一次测定。

图 14.14~图 14.16 分别为摇床试验进出水 COD、总磷及磷酸盐的变化情况。对三个图进行分析,出水 COD 大约为 80 mg/L,平均去除率可以达到 60%。出水总磷为 0.38 mg/L,平均去除率为 85%。出水磷酸盐为 0.19 mg/L,平均去除率

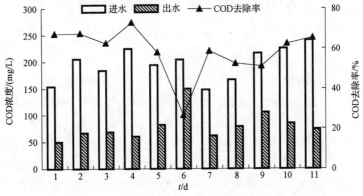

图 14.14　摇床试验进出水 COD 变化曲线图

可达到90%。COD出水可达到城镇污水处理厂二级排放标准,而总磷的去除可达到一级A标准。

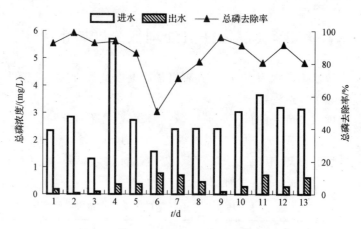

图 14.15 摇床试验进出水总磷变化曲线图

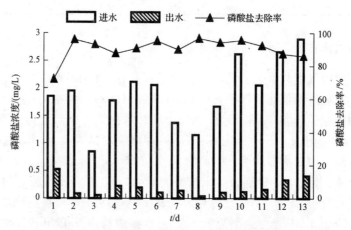

图 14.16 摇床试验进出水磷酸盐变化曲线图

14.3.2 中试试验装置

设计了一套曝气催化铁工艺中试装置,如图 14.17 所示。加设初沉池的目的是为了去除较大的颗粒以及悬浮物。较高的 SS 流入曝气池,会造成曝气池的堵塞,增加反冲洗的频率,降低处理效果。这里所称曝气池并不是生化处理装置,而为催化铁反应池,单质铁通过原电池反应,被分子态氧氧化生成 Fe^{3+},Fe^{3+} 不仅能与磷酸盐发生沉淀反应,将磷从水体中去除,还具有较强的混凝能力,其水解产物有吸附能力,可以吸附去除粒径较小的悬浮物及胶体物质。这些沉淀物以及由混凝吸附所形成颗粒可在二沉池中成长为较大的絮体,通过重力沉降作用从水体中去除。

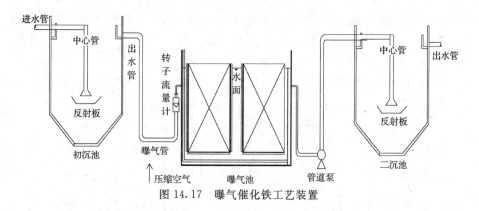

图 14.17　曝气催化铁工艺装置

　　曝气池尺寸为 160 cm×90 cm×130 cm,有效容积为 1.3 m³。流态为推流式,共三个廊道。滤料块尺寸为 900 mm×600 mm×280 mm,共 6 个滤料筐,两侧均有角钢挡水,左右两侧面开孔率大于 40%,前后面不透水,下面开空率大于 30%,以便落渣。由于填料的底部与池底留有一段空隙(便于落渣),虽然容易导致纵向短流,可以通过曝气来解决。曝气时,位于池底的穿孔曝气管会产生大量的气泡,产生剧烈的纵向混合,既解决了短流问题,又提高了紊流强度,滤料下均有角钢支撑。曝气池底部铺有曝气管,图 14.18 为铁铜填料曝气池的俯视图。

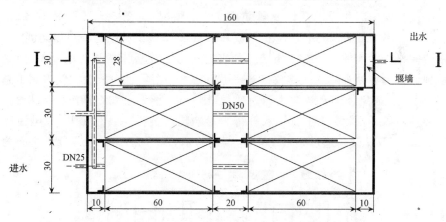

图 14.18　铁铜填料曝气池俯视装置

　　进入曝气催化铁反应池的污水流速控制在 1.5~3.5 m³/h,水力停留时间为 45~60 min。试验中,溶解氧控制在 3 mg/L 以上。

14.3.3　中试结果与讨论

1. COD 的去除

　　曝气催化铁工艺不仅流程简单,而且容易稳定,图 14.19 为中试装置连续运行

10 d COD 的去除情况。COD 的平均去除率为 43%,出水 COD 平均值为 104 mg/L。城市污水 COD 中比例较大的形态是悬浮颗粒和胶体物质,细小的颗粒性物质仅靠重力沉降不能很好地从水体中去除。在曝气条件下单质铁氧化成 Fe^{3+},新形成态 Fe^{3+} 具有较好的絮凝能力,从而絮凝反应和二沉池沉淀分离,去除悬浮颗粒态和胶体态的 COD。

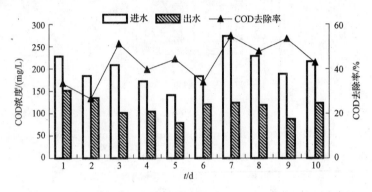

图 14.19　进出水 COD 变化曲线图

2. 磷的去除

中试实验中监测了总磷以及磷酸盐变化的情况,见图 14.20 和图 14.21。总磷去总磷除率为 63%,出水总磷浓度为 1.00 mg/L;磷酸盐去除率可以达到 73%,出水磷酸盐浓度大约为 0.53 mg/L。虽然出水情况较摇床试验的结果差,但是也能达到城镇污水处理厂二级排放标准。生活污水中溶解性磷酸盐大约占到了总磷的 50% 以上,如果能够有效地去除磷酸根,则可以达到控制水体中总磷目的。污水中各种阴离子,磷酸根对 Fe^{3+} 水解行为影响最为突出。通过曝气,原电池反应形成的 Fe^{3+} 不仅仅是通过生成 $FePO_4$ 沉淀除磷,Fe^{3+} 和 OH^- 及 PO_4^{3-} 之间的强

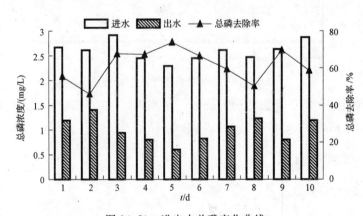

图 14.20　进出水总磷变化曲线

亲和力,使溶液中可能会有 $Fe_{2.5}PO_4(OH)_{4.5}$、$Fe_{1.6}H_2PO_4(OH)_{3.8}$ 等难溶配合物生成,且生成的配合物表面有很强的吸附作用,通过吸附作用除去更多的磷,从而大大降低出水中的磷酸盐、总磷浓度。

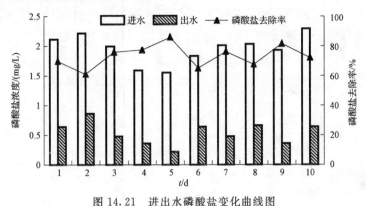

图 14.21　进出水磷酸盐变化曲线图

3. pH 变化情况

图 14.22 为中试试验进出水 pH 变化情况。由该图可以看出,曝气池出水的 pH 明显升高,平均升高了 0.5 个单位。造成 pH 升高的主要原因是曝气。废水中的有机物在曝气失去电子的同时,水中的氧气在得到电子的同时发生如下反应:

$$O_2 + 2H_2O + 4e \longrightarrow 4OH^- \tag{14.9}$$

采用试验室小试对废水进行单纯曝气实验,曝气时间大约为 45 min,结果发现 pH 从 7.1 上升到 7.8 左右,上升程度大约与中试试验 pH 上升程度相当。因此,可以认为 pH 的升高是由于 O_2 被还原为 OH^-,导致 pH 上升。pH 的进一步上升可以使三价铁沉淀得更彻底。

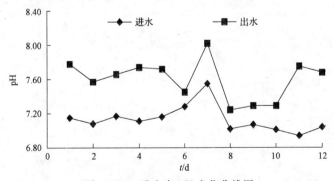

图 14.22　进出水 pH 变化曲线图

4. 出水总铁浓度

COD、TP 的去除是由曝气池中单质铁的溶出所引起的。三价铁呈现黄色,因此,铁的大量消耗会暂时产生黄色。试验中,监测了进水、曝气池以及出水铁浓度的变化情况,见图 14.23。由该图可以看出,进水总铁浓度大约在 1.6 mg/L 左右,曝气池中总铁浓度可以高达十几毫克每升,然而出水总铁浓度平均只为 2.8 mg/L。曝气池中的溶解性铁随出水一起流入二沉池,并在二沉池中发生沉淀,最终使得出水铁的浓度很低。因此,使用该工艺处理城市生活污水并不会引起出水铁离子的大幅度增加,即不会引起二次污染。

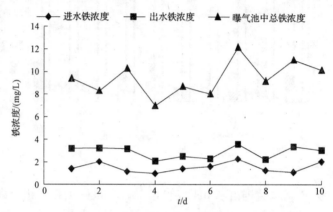

图 14.23　进出水铁浓度随时间变化关系曲线图

14.3.4　曝气催化铁工艺的影响因素研究

1. 水力停留时间

图 14.24 为 COD、总磷以及磷酸盐随时间变化的关系曲线图。

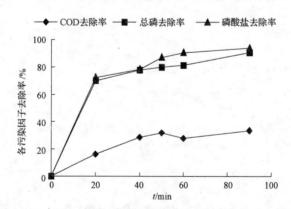

图 14.24　COD、总磷、磷酸盐去除率随时间变化关系曲线图

由图 14.24 可知,当曝气 20 min 时,总磷、磷酸盐的去除率已经趋于稳定,达到了 70％以上。但此时 COD 去除率才只有 16％,还没有稳定。当曝气 40 min 的

时候,总磷、磷酸盐、COD 的去除率都已经稳定。40 min 时 COD、总磷、磷酸盐分别为 103 mg/L、0.62 mg/L、0.50 mg/L。即使再延长曝气时间,出水水质也没有太大的改善。由此可见,将水力停留时间以 45～60 min 为宜。

2. 溶解氧量

曝气量是影响该装置经济有效运行的重要因素。曝气催化铁工艺是在催化铁法的基础上增加了曝气,通过促进铁的腐蚀,形成大量具有较强的絮凝能力 Fe^{3+},从而有效地去除水中的磷、有机物。因此,出水水质情况与曝气量的大小有着直接的关系。

图 14.25 为在不同的 DO 浓度下总磷、磷酸盐、COD 的去除情况。当溶解氧浓度低于 2 时,各污染因子的去除情况变化不是很明显。继续增大溶解氧浓度,当 DO 浓度>4,COD、总磷、磷酸盐的去除率全部趋于稳定,不再发生变化。此时出水的 COD、总磷、磷酸盐分别为 73 mg/L、0.73 mg/L、0.31 mg/L。均优于出水排放标准。通过对溶解氧因素的研究可知,只要将 DO 浓度控制在 4 左右,既可以保证出水不低于城镇污水排水标准,又可以有效地节省动力费。

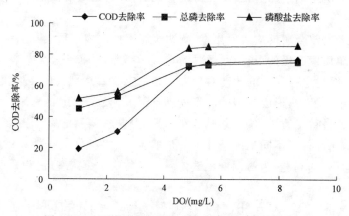

图 14.25　不同溶解氧浓度下各污染因子的去除情况

第15章 镀阴极内电解法及其固定床反应器的研究

催化铁内电解法已得到大规模的应用,但在理论与实践两方面,还有不少研究工作亟待完善。在理论方面:催化铁内电解法的电化学反应机理,已经得到较为充分的阐述,但有关金属表面反应的情形却缺乏了解,如反应时单质铁表面何处为首先被腐蚀的区域、铜铁接触面积大小(比例)是否会影响反应速率等。在实践方面:目前催化铁内电解技术在应用中选择铜刨花、铜丝等作为阴极,由于市场铜价不断走高,提高了该方法的投资费用。铜作为催化电极,效果主要取决于电极的面积,如果能在保持铜电极电化学催化的基础上,大幅度降低铜的使用量,将有利于大幅度减少该方法的投资,是很有研究价值的课题。此外,内电解电化学反应机理,如有机物在阴极上得电子的过程,若能得到直观的反映,也是对催化铁内电解法机理的强有力支持。

本章从考察双金属反应表面出发,阐明金属表面反应情形;研究在铁基体上直接镀铜替代单质铜电极的可行性;通过对比试验考察两种催化铁内电解法对染料脱色的效果,探讨电极形式的改变对反应效率的影响;为便于镀铜内电解法广泛地应用于工业废水处理,形成定型的污水处理产品,开发了固定反应床;对传统化学置换镀铜工艺进行了改进,确立了适合 Cu/Fe 内电解体系的新型镀铜工艺参数。研究过程中,还进行了不同工况条件下的试验,考察多种催化铁体系的处理效果,解决工艺运行中的问题,为镀铜催化铁体系的实际应用奠定基础(卢毅明,2007)。

15.1 Cu/Fe 内电解法反应表面的研究

15.1.1 试验原理与方法

金属铁与铜单质接触后形成电偶腐蚀,加快了金属铁在电解质溶液中的腐蚀,即加快了 Fe^{2+} 从铁表面的溶出速率。由于各种分子、离子在普通电解质中扩散速率较大,无法直接观测铁表面腐蚀过程,本章实验旨在通过添加试剂固定电解质溶液,使腐蚀过程固定在某一范围内发生,便于以直观的方法初步表征 Cu/Fe 双金属体系的腐蚀速率及铁表面腐蚀强点等微观问题,作为后续铁镀铜试验研究的理论基础。

本章试验采用琼脂固定电解质溶液,降低其中各种分子、离子的扩散速率,将腐蚀过程固定在某一范围内发生。金属铁作为阳极,腐蚀产生大量 Fe^{2+},由于铁氰化钾能够与 Fe^{2+} 生成蓝色的滕式蓝沉淀,因此可以通过在溶液中添加铁氰化钾来表征阳极铁表面上腐蚀强点等现象。金属铜作为阴极,由于析氢腐蚀或吸氧腐蚀会导致阴极周围 pH 升高,且酚酞指示剂遇碱变红,可以采用在溶液中加入酚酞试剂来表征阴极铜上电子传递等问题,具体试验步骤如下:

(1) 取一段铁基体,将一段铜丝紧密缠绕在铁基体的某个部位(或者中部镀铜),用绳悬挂在 100 mL 量筒中,使铁基体与铜丝不碰到杯壁或杯底。

(2) 在一个烧杯中分别加入 100 mL 蒸馏水、0.7 g 琼脂,在电炉上加热溶解。

(3) 琼脂溶解后将烧杯从电炉上取下,等待溶液温度低于 65℃后,再在溶液中加入 2 mL 0.1 mol/L 铁氰化钾、2 mL 酚酞指示剂。

(4) 当上述溶液温度降至 50℃左右时,将其倒入量筒,注意倒入时溶液不应接触到铁基体,冻胶中不应留有气泡,然后密封。完全冷却后,铁基体与铜丝被固定于冻胶中。反应方程式如下:

$$3Fe^{2+} + 2K_3[Fe(CN)_6] = 6K^+ + Fe_3[Fe(CN)]\downarrow \tag{15.1}$$

15.1.2　铜丝/铁双金属体系反应表面的研究

1. 试验材料

本研究以铁刨花(35CrMo)或钢棒(高碳钢)作为阳极,铜丝作为阴极,并进行对比试验。试验前将两根铁基体浸泡在盐酸中 20 min,除去铁基体表面的锌或铁锈,然后用水洗去基体上的盐酸,晾干,再将铜丝紧密绕在其中一根铁刨花或者钢棒中部。为保持试验结果的准确性及重现性,对比试验中所使用的铁刨花或钢棒均出自同一材料。

2. 铜丝/铁刨花双金属体系反应表面的研究

采用蒸馏水配置冻胶,观察对比铜对反应体系还原效果和反应历程的影响。图 15.1 是冻胶刚凝固时的图像,左图是单纯铁刨花,右图中的铁刨花中段缠绕一根铜丝,由于铁刨花在试验前用盐酸浸泡,铁刨花表面较干净,呈金属亮色。

反应开始 10 min,图 15.2(左)中铁刨花周围几乎没有红色,而在图 15.2(右)中铜丝周围产生少量红色(区域 1),说明铜能起到传递电子的作用。在铁体系中,铜的引入增大了有效反应区域,初步证明了阴极电化学反应,且起到很重要的作用。反应 4 h 后,在图 15.3(右)中由于铜阴极上传递了大量的电子,其周围溶液中的溶解氧或氢离子得到电子后生成大量氢氧根离子,使得铜阴极周围 pH 升高,酚酞溶液遇碱变红。图 15.3(右)中铁刨花周围的红色(区域 1)比图 15.3(左)中的要深得多,说明将铜引入铁体系,加快了铁基体的腐蚀,能在相同时间内还原更多

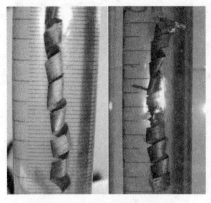

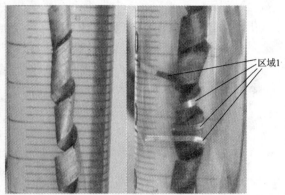

图 15.1　冻胶刚凝固时图像　　　　　　　　图 15.2　反应 10 min 后局部放大图

的物质,证明了在相同时间内 Cu/Fe 双金属体系的反应速率要高于单纯的铁体系,这一结论符合金属铜作为电化学催化剂加速阳极铁腐蚀速率的理论。

3. 铜丝/钢棒双金属体系反应表面的研究

1) 铜的引入对电子传递的影响

为了证明铜能起到传递电子作用,污染物能在铜电极发生还原反应,本试验中将铜丝的一端缠在铁基体的下部,另一端悬在铁基体下面。反应 1 h 后,结果如图 15.4 所示。在图 15.4 中垂在铁基体下端的铜丝周围存在明显红色(区域 1),说明该段铜丝周围 pH 升高,即金属铜的确起到传递电子的作用,有机物能在铜上获得电子发生还原,说明有机物不但能在铁表面发生还原反应,在铜电极表面也能得到电子发生还原反应,从而证明了反应体系的电化学还原过程和铜的电化学催化作用。

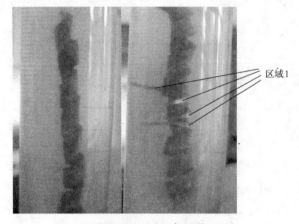

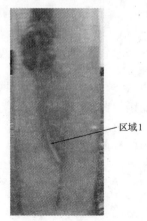

图 15.3　反应 4 h 图像　　　　　　　图 15.4　铜电极上物质
　　　　　　　　　　　　　　　　　　　　　　　　　　得电子还原图像

2）冻胶中未加入有机试剂

由于铁刨花成卷曲状且表面高低不平，采用其作为腐蚀阳极较难直接观测阳极铁表面腐蚀活化点、腐蚀程度及腐蚀历程，本节试验中采用表面相对较均匀的钢棒作为腐蚀阳极，便于直观观测阳极铁表面腐蚀活化点、腐蚀程度及腐蚀历程。图 15.5 为试验开始前钢棒形态，表面有少许暗色，右边钢棒中间绕有一段铜丝。

反应 4 h 后从图 15.6（右）中可知，钢棒表面产生一些蓝色沉淀（区域 1），这是由于铁基体发生腐蚀反应产生 Fe^{2+}，与冻胶中的铁氰化钾生成的蓝色沉淀（区域 1），间接说明铜铁电偶腐蚀效应加速了铁阳极的腐蚀。因为加铜后铁表面蓝色沉淀（区域 1）要远远多于不加铜的铁表面，由此可说明铜的存在加速了阳极铁的腐蚀，增加了铁释放电子的速率，从而提高了有机物还原反应的速率。

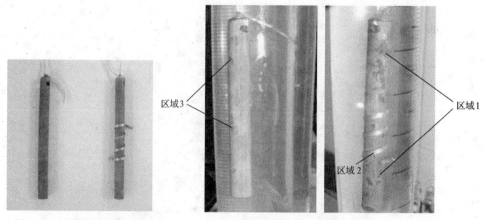

图 15.5　钢棒原始形态图　　　　　　　图 15.6　反应 4 h 图像

此外，从图 15.6（右）中圈中部分可发现铜铁接触点附近产生轻微的蓝色沉淀（区域 2），在两头附近生成较多的蓝色沉淀（区域 1），说明铜铁接触点上存在铁的腐蚀，但腐蚀量相对较少。通过电导率仪测出冻胶电导率为 0.966 mS/cm，由于冻胶电导率较高，阴阳两极间溶液的电阻小，产生的欧姆压降较小，Cu/Fe 双金属体系产生的电偶电流可分散到离铁铜接触点较远的阳极铁表面上，阳极铁所受的腐蚀相对较为均匀。铁表面存在显微级的变形或应力状态不同，变形较大和应力集中的部位腐蚀电位更负，首先被腐蚀，例如，在铁板弯曲处及铆钉头的地方发生腐蚀。铁表面腐蚀较强点应为两头或者表面突起等变形较大和应力集中的部位，这些部位的腐蚀电位相对更负，较易腐蚀，而铜铁接触点不一定是变形较大和应力集中的部位。因此，出现由于离阴极较近的阳极快速腐蚀导致阴极铜大量脱落的现象可能性较小，这为铁镀铜内电解法的可行性提供了试验依据。

3）冻胶中添加硝基苯溶液

以上试验均为采用蒸馏水配置冻胶，未添加其他试剂。由于硝基苯还原过程中会消耗氢离子而使溶液呈碱性,相对于纯净水所配置的冻胶,在冻胶中加入硝基苯溶液能更明显地表征铁表面电化学腐蚀等问题。因此在本试验过程中,在琼脂溶液配置过程中加入硝基苯,使其在冻胶中浓度为 500 mg/L。

　　从图 15.7 中可以看出,右边量筒中为中部系有铜丝的钢棒,其表面上蓝色沉淀(区域 1)及红色(区域 2)远远大于左边量筒中的钢棒,也远远大于图 15.6(右)中的 Cu/Fe 双金属体系;左边烧杯中钢棒上的沉淀及红色与图 15.6(左)中的几乎相同,仅有少量蓝色沉淀(区域 3)。说明单纯铁体系还原硝基苯速率较慢,铜的引入加速了铁的腐蚀速率,且带有强拉电子基团的有机物也能明显提高双金属体系中铁腐蚀的反应速率。作为预处理环节,Cu/Fe 双金属体系比单纯铁体系具有更大的优势,能相对快速地还原难降解有机物。

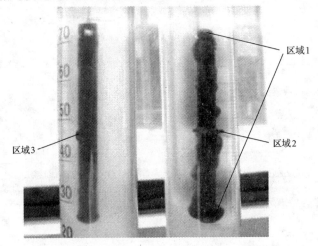

图 15.7　反应 3 h 图像

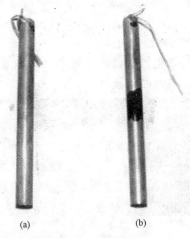

(a)　　　　　　(b)

图 15.8　钢棒初始图像

15.1.3　铁镀铜双金属体系反应表面的研究

　　上述试验均采用铜丝作为腐蚀阴极,本节试验直观地考察镀铜阴极对还原体系的影响,选用钢棒作为腐蚀阳极,试验前在盐酸中浸泡 1 h,以除去其表面的锌或铁锈。然后用水洗去钢棒上的盐酸并晾干。在右边这根钢棒中部缓慢滴上 10 滴浓度为 10 mg/L 的硫酸铜镀液,使钢棒中部存在一层镀铜层。

　　图 15.8 为钢棒初始图像,右边钢棒

中间的深色部分为镀铜。反应 4 h 后,从图 15.9 可知,中间图中钢棒表面产生大量蓝色沉淀,腐蚀比左图中单纯的钢棒要严重。右图是中间图片的局部放大图,可以看出镀铜边缘产生蓝色沉淀,但与钢棒表面其他处相比,生成量较少。由于该阴极铜是通过置换反应直接镀在阳极铁表面,使得两极间距离极小因而电阻极小,欧姆压降可以忽略,Cu/Fe 双金属体系产生的电偶电流可分散到离铁铜接触点更为远的阳极铁表面上。同样,钢棒表面存在细小的变形、凹凸不平或者应力状态分布不均匀,应力相对集中的点其腐蚀电位较负,腐蚀在此处较为厉害,如钢棒的两头或者表面突起等点腐蚀较为厉害。因此,由于阳极铁基体表面上电偶电流分布相对较为均匀,铁铜接触点不一定为变形较大或者应力集中点,从而铜铁接触点上铁的腐蚀并非为腐蚀强点,出现铜铁接触点上铁基体大量腐蚀而导致铜单质大量脱落的情况可能性较小。

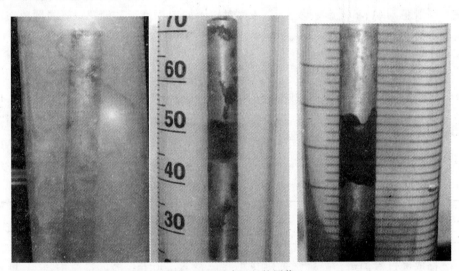

图 15.9　反应 4 h 的图像

此外,铁镀铜双金属体系中,电偶电流可以分散到离铁铜接触点较远的阳极铁表面上,即阳极铁表面上电偶电流分布相对较为均匀,不会聚集在离阴极较近的阳极上,减少了出现铁基体上局部某处腐蚀程度远远大于其他各处的可能性,从而减少了由于成形滤料局部大量腐蚀生成大量沉淀阻塞水流通路而导致水力短流或结块的可能性。

15.2　镀铜催化铁内电解法应用研究

金属铁与其他电位高的金属相接触或金属铁中含有杂质而形成腐蚀电池,金属铁在电解质溶液中的腐蚀速率加快,相应地加快了阴极上的还原反应速率。在金属铁基体表面镀上少量铜,使铜铁接触更为紧密,两极间电阻较小,欧姆阻抗较低,能使铁基体腐蚀相对较为均匀。在铁基体上镀铜还提高了 Cu/Fe 双金属体系的阴极面积,增大了有效反应区域,进一步提高了双金属腐蚀的效率,加速了铁的氧化,使作为电子受体的有机物比例大大增加,有更多种类的重金属离子及有机污染物再电机上得到还原,提高了还原效果。

铁镀铜电极制备是通过化学置换镀铜法获得的。化学置换镀铜是指没有外电流通过,采用化学置换反应的方法,将铜单质沉积在铁基体表面上。本节将考察催化铁内电解法中采用镀铜代替铜丝作为阴极的可行性。

15.2.1 镀铜电极最佳镀铜率的选择

不同镀铜率的 Cu/Fe 双金属催化还原体系对染料脱色效果可能不同,本节将在不同脱色对象、不同影响因素下,考察对比不同镀铜率下铁刨花对染料脱色率的差别,确定最适宜的镀铜率。

1. 铁镀铜电极材料的制备

本研究采用铁刨花作为阳极,为了保证在试验过程中还原剂材料的一致性,以便准确地对试验结果进行比较判断并维持试验的重现性,本章研究使用的铁刨花材料出自同一型号钢材,选用合金钢 35CrMo。专制铁刨花,呈弯曲状,宽约 6 mm,厚约 1 mm,使用前将铁刨花除油清洗。该型号钢材的化学元素组成见表 15.1。

表 15.1 35CrMo 铁刨花主要化学元素组成(%)

C	Si	Mn	Cr	Mo
0.32~0.40	0.17~0.37	0.4~0.7	0.8~1.1	0.15~0.25

称取经过除油清洁处理的铁刨花 160 g,放入 500 mL 的广口瓶中压实,堆积密度为 0.32 kg/L。按照一定的镀铜率配置 450 mL 不同浓度的硫酸铜溶液,加入反应瓶中。密封后置于摇床中振荡反应 2 h,摇床转速为 100 r/min,将反应瓶中溶液倒出并用水进行充分清洗后备用。

反应生成的铜沉积在铁刨花表面,与其形成了 Cu/Fe 双金属体系。本试验中采用上述方法制备的 Cu/Fe 双金属体系的镀铜率分别为 0、0.1%、0.3%、0.5%、0.8%、1%。

2. 对多种染料脱色效果的对比

染料的色度可以通过其吸光度进行表征,测量波长的确定可通过紫外分光光度计进行全波段扫描,吸光度最大的波长为测定染料的波长。试验前做好此种染料的浓度-吸光度标准曲线,色度去除率可表示为

$$色度去除率（\%）=(A_{反应前}-A_{反应后})/A_{反应前}\times100\%$$

式中：$A_{反应前}$、$A_{反应后}$ 分别为反应前、后染料的浓度。

此外，为保持每次试验初始条件相同，试验结束后使用 1% 硫酸分别浸泡六瓶铁刨花 10 min，去除其表面吸附物或沉淀，然后倒出并用水进行清洗，最后在瓶中装满水以防止其氧化，并且要密封存放。

3. 还原棕 GG

选择还原棕 GG 作为脱色对象，分别在 1#、2#、3#、4#、5#、6# 广口瓶中加入 450 mL 浓度为 300 mg/L 的此种染料，溶液的初始 pH＝7.0，密封后置于摇床中进行反应。反应温度为 25℃，摇床转速为 100 r/min，定时取样测定，结果如图 15.10 所示。

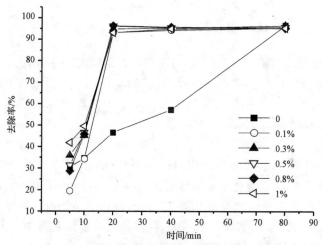

图 15.10　镀铜率对还原棕 GG 脱色效果的影响

由图 15.10 可知，反应开始 20 min 后，各个比例铁镀铜内电解体系对还原棕 GG 的脱色率均可达到 92%，此时单纯铁内电解体系的脱色率只有 46.6%；直到反应进行到第 80 min，单纯铁内电解体系对还原棕 GG 的脱色率才达到 95%。脱色作用以电化学反应还原还原棕 GG 作用为主，另外由于还原棕 GG 是不溶性染料，铁镀铜内电解法中铁腐蚀较快，产生大量铁离子，对还原棕 GG 有良好的混凝去除作用；而单纯铁内电解法中铁的腐蚀速率相对较慢，因而产生的铁离子对还原棕 GG 的混凝去除相对较少。

4. 中性灰 2BL

选择可溶性中性灰 2BL 作为脱色对象，浓度为 400 mg/L，溶液的初始 pH＝6.5，密封后置于摇床中进行反应，结果如图 15.11 所示。

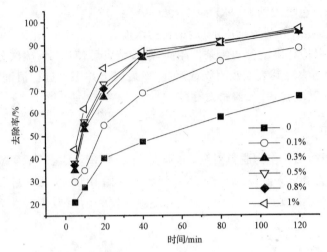

图 15.11　镀铜率对中性灰 2BL 脱色效果的影响

经拟合计算可知，$\ln c$ 与时间 t 之间存在较好的线性关系，相关系数（R^2）较高，由于该体系属于多相体系，涉及多种反应原理与反应过程，因而该类反应动力学为表观一级反应，即铁刨花和 Cu/Fe 双金属体系对中性灰 2BL 的脱色反应符合准一级反应动力学方程：

$$dc/dt = -K_{obs}t, \qquad \ln(c_0/c) = K_{obs} \tag{15.2}$$

从图 15.11 可看出，与单纯铁内电解体系相比，在相同时间内镀铜 Cu/Fe 双金属体系对中性灰 2BL 脱色速率明显增大。反应 20 min 后，0.3％镀铜率的铁刨花体系对中性灰 2BL 的脱色率已达到 67.2％，仅比单纯铁内电解体系 120 min 脱色率 67.4％低 0.2％。当镀铜率再增大，铁镀铜内电解体系对中性灰 2BL 脱色率的提高不太明显。

由图 15.11 可知，当镀铜率从 0 增加到 0.3％过程中，表观反应速率常数 K_{obs} 明显增大，从 0.007 增加到 0.022；镀铜率继续增大，表观反应速率常数 K_{obs} 几乎没有增加。由上述试验结果可知，开始时随着镀铜率的增大，沉积在铁刨花表面的金属铜的数量增多，与铁基体形成更多的电偶腐蚀电池，生成更多铁离子加强了混凝脱色作用，进而使得还原体系的表观反应速率常数 K_{obs} 明显增大，脱色效果增强。随着镀铜率继续增加，阴极的有效面积并没有相应增加，反应速率增强的趋势变得平缓，当增大到一定程度后，铁刨花表面被较多的金属铜包裹，导致有效阳极面积较小，减少了阳极铁与溶液中的染料分子的接触面积，造成反应过程中传质困难，脱色效果可能下降。

5. 中性枣红 GRL

选择中性枣红 GRL 作为脱色对象，浓度为 400 mg/L，溶液的初始 pH＝9.1，密封后置于摇床中进行反应,结果如图 15.12 所示。

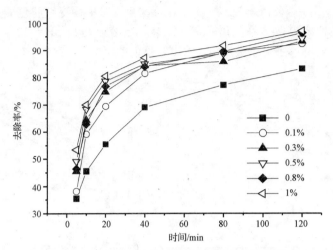

图 15.12 镀铜率对中性枣红 GRL 脱色效果的影响

由图 15.12 可知,铁镀铜内电解体系对中性枣红 GRL 的脱色率随时间变化趋势基本一致,反应 40 min 后,对中性枣红 GRL 的脱色率达到 80％以上。反应 2 h 后,不同镀铜率的 Cu/Fe 双金属体系对中性枣红 GRL 的脱色率达 92％以上,单纯铁内电解体系脱色率为 83.1％。随着镀铜率从 0 提高到 0.8％,表观反应速率常数 K_{obs} 从 0.0111 上升到 0.0205。再提高镀铜率,而表观一级反应速率常数 K_{obs} 基本保持不变。

6. 脱色效果影响因素

为进一步考察影响脱色效果的因素,对比在不同初始 pH、初始浓度下,不同镀铜率的铁刨花对染料的脱色效果。每次试验结束后使用 1％硫酸分别浸泡六瓶铁刨花 10 min,脱去其表面吸附物或沉淀,然后倒出并用水进行清洗,最后在瓶中装满离子水以防止其氧化,密封。

7. pH

浓度为 500 mg/L 的中性枣红 GRL 染料,分别在溶液初始 pH 为 3.0、6.5、9.5 和 12.0 的条件下进行试验,pH 调节使用 H_2SO_4、NaOH 溶液。密封后置于摇床中进行反应 2 h,结果如图 15.13 所示。

由图 15.13 可知,在溶液 pH 为 3.0 时,反应 80 min 后,镀铜率为 0.5％、0.8％、1％的铁刨花对中性枣红 GRL 脱色率均达到 96％,已达到反应终点。三者的表观反应速率常数 K_{obs} 均为 0.04,相关系数为 0.99。而 0.3％镀铜率的铁刨花对中性枣红 GRL 的 2 h 脱色率略高于 0.1％镀铜率的铁刨花,高出单纯铁内电解

体系 10% 左右,其表观反应速率常数 K_{obs} 高出单纯铁内电解体系 50%;溶液 pH =
9.5 时,反应 2 h 后,镀铜率为 0.8%、1% 的铁刨花对中性枣红脱色效果最好,达到
97.5%,单纯铁内电解体系的脱色率 82.2%;当溶液初始 pH = 12.0 时,反应 2 h
后,单纯铁内电解体系对中性枣红 GRL 的脱色率仅为 21.8%。

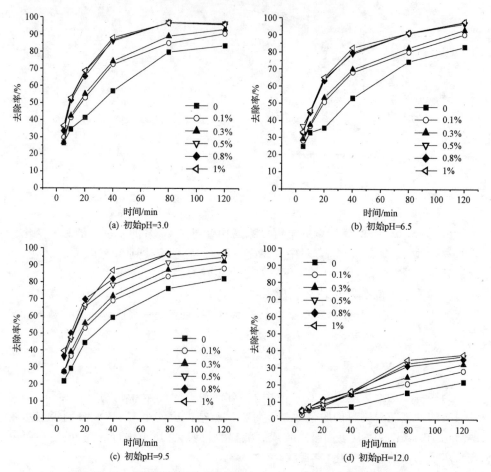

图 15.13 溶液初始 pH 对铁刨花和 Cu/Fe 双金属脱色效果的影响

由图 15.13 还可知,随着镀铜率的上升,铁刨花的表观反应速率常数 K_{obs} 也随
之上升,对中性枣红 GRL 脱色效果有所增加,1% 镀铜率的铁刨花脱色率为
37.7%。由图 15.13 可知,0.3% 镀铜率的铁刨花在酸性、中性和偏碱性条件下,
2 h 对中性枣红 GRL 的脱色率为 90% 以上,在 pH = 12.0 时,脱色率仍能达
到 30%。

以上说明,在 pH < 12 的条件下,铁镀铜内电解体系对中性枣红 GRL 的脱色
率均高于单纯铁内电解体系的脱色率。随着溶液 pH 的增大,反应速率减小;在同

一 pH 条件下,随着镀铜率的增大,表观反应速率常数 K_{obs} 相应增大,但增大趋势逐渐减小,直至表观反应速率常数 K_{obs} 不再增大,甚至出现减小。在酸性、中性和偏碱性条件下,对中性枣红的脱色以金属铁的直接还原和电化学还原共同作用,当溶液 pH 为碱性时,电偶腐蚀对中性枣红 GRL 还原成为主要作用。因此 Cu/Fe 双金属比单纯铁内电解体系更能适应范围较宽的 pH,克服了普通铁屑法仅适宜于处理 pH 较低的废水的缺点。

8. 初始浓度

初始 pH=9.5 的中性枣红 GRL 染料,分别在初始染料浓度为 500 mg/L、800 mg/L 和 1000 mg/L 的条件下进行试验。密封后置于摇床中进行反应 2 h,结果如图 15.14 所示。

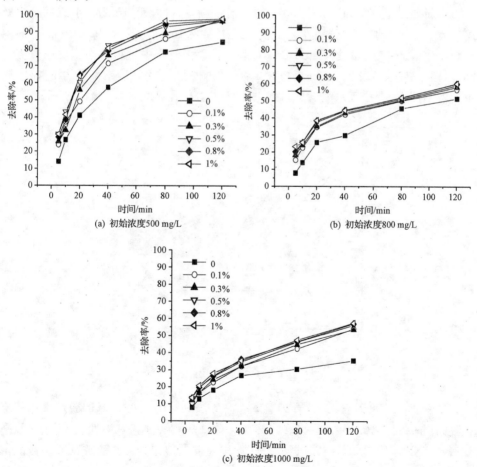

图 15.14　溶液初始浓度对铁刨花和 Cu/Fe 双金属脱色效果的影响

由图 15.14 可知,在不同溶液初始浓度下,不同镀铜率的铁镀铜内电解体系对中性枣红 GRL 的脱色率随时间变化曲线基本一致,均高于单纯铁内电解体系的脱色率,反应 2 h 后,对中性枣红 GRL 的脱色率均达到 97%,高出单纯铁内电解体系 13%。当初始浓度为 1000 mg/L 时,反应 2 h 后,单纯铁内电解体系对中性枣红 GRL 脱色率仅为 35.5%,且大部分脱色反应是在反应开始 40 min 内进行,后 80 min 脱色速率很慢。镀铜双金属体系的脱色率为 53% 以上,从图 15.14(c)中还可看出,各个铁镀铜内电解体系降解曲线有上升空间,仍有继续脱色中性枣红 GRL 的能力,单纯铁内电解体系降解曲线有趋于平缓的趋势,继续脱色能力低下。

9. 多批次试验

为了初步确定短时间内铁镀铜的脱色效果,设计如下试验:

重新取 6 个广口瓶,压入 160 g 的去油铁刨花,并按照 15.2.1 小节试验中所述的镀铜率进行镀铜。分别在 6 个广口瓶中加入 450 mL 浓度为 400 mg/L 的中性灰 2BL 染料,溶液的初始 pH=6.5,密封后置于摇床中进行反应。反应温度为 25℃,摇床转速为 100 r/min,反应 2 h 后取样测定。每次试验结束后均不酸洗,瓶中溶液不倒去,直接用水灌满广口瓶,连续反应 14 d,结果如图 15.15 所示。

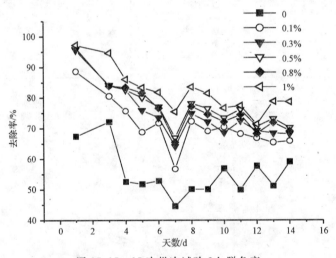

图 15.15　15 次批次试验 2 h 脱色率

从图 15.15 可以看出,随着镀铜率的提高,2 h 对中性灰 2BL 的脱色率也相应提高,镀铜率为 0、0.1%、0.3%、0.5%、0.8%、1% 的铁刨花对中性灰 15 天 2 h 平均脱色率分别为 58.3%、73.5、76.2%、78.7%、77.9%、83%。随着试验次数的增多,试验过程中产生并附着在铁刨花表面的铁的氧化物或者氢氧化物增多,对有机物传质过程产生一定影响,所以从第 1 天试验到第 7 天试验出现了处理效率缓慢下降的趋势。从第 8 天试验开始,各个体系 2 h 处理效率时有升降,基本在一个确定的值附近上下振荡。

铁表面钝化膜性质的早期研究说明,钝化膜的内层为磁铁矿(Fe_3O_4),是混合的 Fe(Ⅱ,Ⅲ)氧化物,外层为磁赤铁矿($\gamma\text{-}Fe_2O_3$),是 Fe(Ⅲ)氧化物。磁铁矿的电导性质类似于金属 Fe^0 的电导性,因而形成磁铁矿并不影响铁表面电子传递过程;相对于磁铁矿,磁赤铁矿在结构、价态组成和导电性与金属 Fe 差别较大,因而认为它是 Fe 被水钝化的产物。铁表面钝化可能引起反应点的饱和,继而影响与浓度有关的反应速率。因此,随着铁刨花表面磁赤铁矿的增多,其对脱色反应的阻碍作用也随之增强。

综上所述,在一定的镀铜率范围内,铁刨花的镀铜率越高脱色效果越好,但脱色效果的增加趋势逐渐变缓。由于阳极铁表面外层生成的磁赤铁矿与沉积在铁表面大量的铁的氢氧化物会影响脱色反应的进行,又因为这些外层沉积物呈疏松的树状结构,不会完全使反应中止,因而各反应体系的脱色效果下降到一定值后基本保持稳定。结合上述试验结果和试验过程中存在的铜单质脱落问题,建议 Cu/Fe 双金属体系中铁表面镀铜率为 0.2%~0.3%。

15.2.2 三种还原体系脱色效果比较

由于铁镀铜内电解体系增大了阴极铜的面积,本节主要考察铁镀铜内电解体系与原铁铜内电解体系对染料的脱色还原效果,进一步证明镀铜 Cu/Fe 双金属体系对染料的脱色效果要优于原铁铜内电解体系。选取 5 种影响因素作为试验变量,对比在不同影响因素下单纯铁内电解体系、铁镀铜内电解体系、原铁铜内电解体系三种体系对染料的脱色效果。

取铜屑 27 g 与 160 g 去油铁刨花机械混合均匀,压入 500 mL 广口瓶,形成原铁铜内电解体系,即原铁铜内电解体系;再分别取经过去油处理的铁刨花 160 g、铁镀铜内电解体系(镀铜率为 0.3%)160 g 压入两个 500 mL 的广口瓶中,形成单纯铁内电解体系与铁镀铜内电解体系。试验选用高浓度中性枣红 GRL 作为脱色对象,每次试验结束用 1%硫酸分别浸泡三瓶铁刨花 10 min,去除其表面吸附物或沉积物,然后倒出并用水进行清洗,最后在瓶中装满去离子水以防止其氧化。

1. 温度的影响

初始 pH=9.5、浓度为 1000 mg/L 的中性枣红 GRL 染料,分别在反应温度为 35℃、45℃、60℃,密封后置于摇床中进行反应 2 h,摇床转速为 100 r/min,定时取样测定,结果如图 15.16 所示。

由图 15.16 可知,反应温度为 35℃时,反应进行 2 h,单纯铁内电解体系对中性枣红 GRL 的脱色率仅为 35.8%,大部分脱色反应都在开始后 20 min 内进行,

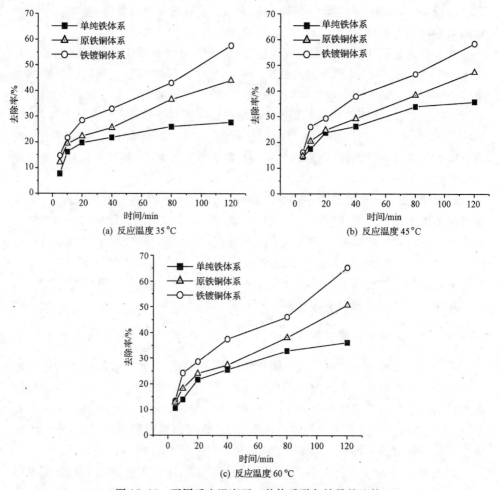

图 15.16　不同反应温度下三种体系脱色效果的比较

后 100 min 内脱色速率较慢,脱色能力十分有限,而原铁铜内电解体系、铁镀铜内电解体系的表观反应速率常数 K_{obs} 分别为单纯铁内电解体系的 2 倍、3 倍,对中性枣红 GRL 脱色率分别为 47.4%、58.5%。反应温度上升到 45℃时,三个体系 2 h 脱色率没有明显升高;温度为 60℃时,反应进行 2 h,单纯铁内电解体系、铁镀铜内电解体系、原铁铜内电解体系对中性枣红 GRL 的脱色率分别为 36.2%、65.4%、50.7%。

铁镀铜内电解体系具有大阴极、小阳极的结构,大大加快了阳极铁的腐蚀,且大阴极为染料分子的还原提供更大的反应区域。原铁铜内电解体系中,阴阳两极间仍然存在欧姆压降,而铁镀铜内电解体系中,两极间欧姆压降几乎可以忽略,且在大面积阴极上腐蚀电流密度较低,减弱了阴极极化效应。由试验结果可知,温度为 35℃、45℃时,表观反应速率常数 K_{obs} 并没有太大改变,说明温度变化对三个体系脱色效果的影响较弱。若是普通的化学反应,由阿伦尼乌斯公式可知,温度上升反应速率提高;而在电化学反应中,温度的提高增大了体系的电阻,所以温度的影响并不符合阿伦尼乌斯公式所表述的规律。

2. 初始 pH 的影响

浓度为 1000 mg/L 的中性枣红 GRL 染料,反应温度为 35℃,分别在初始 pH 为 3.0、6.5、9.5、12.0 下,密封后置于摇床中进行反应 2 h,结果如图 15.17 所示。

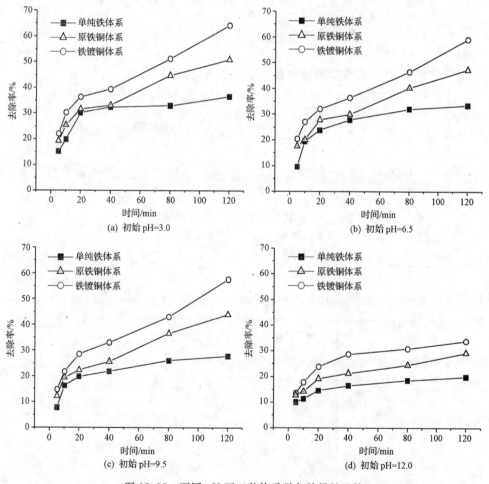

图 15.17　不同 pH 下三种体系脱色效果的比较

由图 15.17 可知,在各个初始 pH 条件下,铁镀铜内电解体系对中性枣红 GRL 的脱色效果均大于其他两个体系。在酸性、偏碱性条件下,铁镀铜内电解体系、原铁铜内电解体系的表观反应速率常数 K_{obs} 分别为单纯铁内电解体系的 3 倍、2 倍。同样,进水为高浓度中性枣红 GRL 时,单纯铁内电解体系对其脱色效果极其有限,在各个 pH 下 2 h 脱色率最高为 36.6%,大部分脱色是在前 40 min 内进行,后续时间脱色速率较慢,导致各个 pH 相关系数较低。在各个 pH 下,铁镀铜内电解体系、原铁铜内电解体系 2 h 脱色率最高分别可达到 64.3%、50.9%。当 pH 上升到 12 时,铁表面容易生成磁赤铁矿,其在结构、价态组成和导电性与金属 Fe 差别较大,被认为是钝化的产物,进而阻碍铁表面电子传递,影响反应的继续进行。

3. 初始浓度的影响

初始 pH＝9.5 的中性枣红 GRL 染料,反应温度为 35℃,分别在初始染料浓度为 500 mg/L、800 mg/L 和 1000 mg/L 的条件下进行试验,密封后置于摇床中进行反应 2 h,定时取样测定,结果如图 15.18 所示。

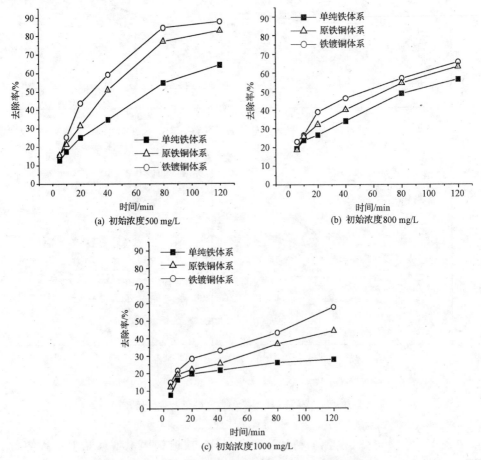

图 15.18　不同初始浓度下三种体系脱色效果的比较

由图 15.18 可知,在初始浓度为 500 mg/L、800 mg/L 条件下,单纯铁内电解体系表现出较强的还原能力,反应 2 h 后,对中性枣红 GRL 脱色率分别为 64.2%、56.4%。初始浓度为 1000 mg/L 时,单纯铁内电解体系脱色能力变差,在第 3 h 内对中性枣红的还原去除率只有不到 7%,后续脱色能力较差。在此浓度下,铁镀铜内电解体系、原铁铜内电解体系则表现出较好的脱色效果,分别为高出单纯铁内电解体系 30%、17%。由图 15.18 可知,各个浓度下铁镀铜内电解体系对中性枣红 GRL 的 2 h 脱色率均高于其余两个体系,且随着中性枣红 GRL 初始浓度的提高,铁镀铜内电解体系对中性枣红 GRL 脱色效果的优势更加明显,这说明铁镀铜内电解体系具有更好的抗水质冲击性能。

4. 初始溶解氧的影响

在三个广口瓶中各加入 450 mL 浓度为 1000 mg/L 的中性枣红 GRL 染料,反应温度为 35℃,初始 pH=9.5,分别在初始溶解氧浓度为 0.49 mg/L(反应前用氮气吹脱 30 min)、3.56 mg/L、4.78 mg/L(反应前用空气曝气 30 min)条件下进行试验,密封后置于摇床中进行反应 2 h,定时取样测定,结果如图 15.19 所示。

由图 15.19 可知,当溶液溶解氧从 3.56 mg/L 降为 0.49 mg/L 时,三个体系对中性枣红 GRL 的脱色率均存在明显下降,铁镀铜体系下降最大为 20%,但其 2 h 脱色率仍为最高,原铁铜内电解体系下降 15%,单纯铁内电解体系下降 10%;当溶解氧从 3.56 mg/L 上升为 4.78 mg/L,三个体系对中性枣红 GRL 的脱色率、表观反应速率常数 K_{obs} 几乎没有增大。该现象可由标准电极电位公式说明:

$$\varphi(Fe^{2+}/Fe) = \varphi^{\circ}(Fe^{2+}/Fe) + RT/2F \ln c_{Fe^{2+}}$$

存在溶解氧时,阴极便发生如下反应:

$$O_2 + 2H_2O + 4e \longrightarrow 4OH^-, \qquad E^{\circ}(O_2/OH^-) = 0.40 \text{ V}$$

或

$$O_2 + 4H^+ + 4e \longrightarrow 2H_2O, \qquad E^{\circ}(O_2/H_2O) = 1.23 \text{ V}$$

当溶解氧较低时,增加溶液中的溶解氧浓度,增加了体系的电化学还原能力;而当溶解氧过高,氧化溶液中的 Fe^{2+} 尚有剩余时,溶解氧将直接成为阴极的去极化剂,夺取电子,从而影响中性枣红 GRL 的脱色。因此,当溶液中溶解氧浓度超过 3.5 mg/L 时,染料的脱色率没有得到明显提高。建议在实际工况中采用微曝气形式,保持溶液初始溶解氧为 1.0~1.5 mg/L。

5. 摇床转速的影响

在三个广口瓶中加入浓度为 1000 mg/L 的中性枣红 GRL 染料,反应温度为 35℃,初始 pH=9.5,分别在摇床转速为 0、50 r/min、100 r/min、130 r/min 条件下

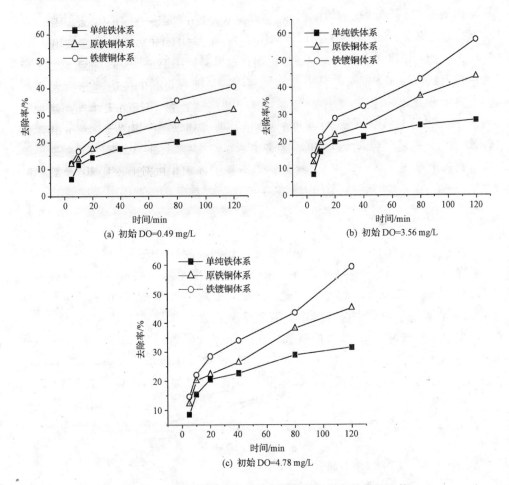

图 15.19　不同初始溶解氧浓度下三种体系脱色效果的比较

进行试验,密封后置于摇床中进行反应 2 h,摇床转速为 100 r/min,定时取样测定,结果如图 15.20 所示。

由图 15.20 可知,在各个摇床转速下,铁镀铜内电解体系对中性枣红的脱色效果均高于其他两个体系。当摇床转速分别为 0、50 r/min、100 r/min、130 r/min 时,摇床转速对三个体系的处理效果影响显著,当摇床转速低于 50 r/min 时,溶液中的染料分子与铜铁不能充分接触,影响传质过程,脱色率较低。随着摇床转速的提高,溶液中染料分子与三个体系金属表面的传质速率增大,促进反应进行,即说明传质控制因素逐渐减弱时更能表现出镀铜体系的还原能力。因此,在实际工程中应尽可能提高传质速率,加快反应进行。

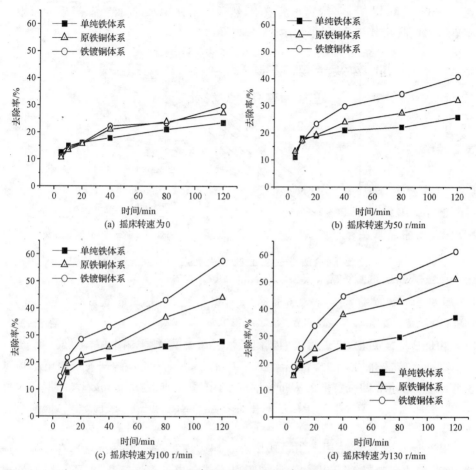

图 15.20　不同摇床转速三种体系脱色效果的比较

15.2.3　共存离子对镀铜双金属体系的影响研究

1. 氯离子

铁镀铜双金属还原有机物过程中,铁刨花表面生成的氧化物或氢氧化物影响传质速率,导致还原速率下降。氯离子是金属铁发生孔蚀的激发剂,当铁镀铜内电解体系在反应中处理效果下降,可以使用氯化钠作为激活的添加剂。

称取铁刨花 160 g,清洗去油,镀铜率 0.3%,压入 500 mL 广口瓶中。配制浓度为 500 mg/L 的中性枣红 GRL 染料溶液,初始 pH=9.5,在氯离子投加量分别为 0、0.01 mg/L、0.03 mg/L、0.05 mg/L、0.08 mg/L、0.1 mg/L 的条件下进行试验,密封后置于摇床中进行反应 2 h。每次试验结束用 1% 硫酸分别浸泡三瓶铁刨花 10 min,去除其表面吸附物与沉积物,然后倒出并用水进行清洗,最后在瓶中装满离子水以防止其氧化,结果如图 15.21 所示。

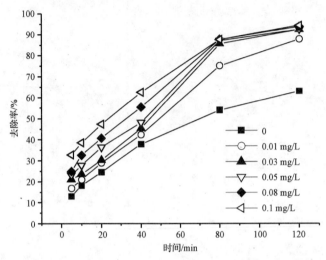

图 15.21　NaCl 对铁镀铜内电解体系脱色中性枣红 GRL 的影响

由图 15.21 可知,随着溶液中氯离子浓度增大,铁镀铜内电解体系对中性枣红 GRL 的脱色速率显著增大。当未加入氯离子时,反应 2 h 后,铁镀铜内电解体系对中性枣红 GRL 的脱色率为 63.1%;氯离子浓度增加到 0.03 mg/L 时,脱色率可达 92.3%;继续再增大氯离子浓度对中性枣红 GRL 的还原处理效率的提高不太明显。

当溶液中存在氯离子时,其会吸附在金属表面,由于半径较小,具有较强穿透性,能将氧原子排挤掉,与金属表面的阳离子结合成可溶性氯化物,不再阻碍铁表面传质过程。因此,氯离子对铁的点蚀活化铁表面,使铁镀铜内电解体系对染料的脱色还原效率保持稳定。随着蚀孔内 Fe^{2+} 浓度不断增加,氯离子从蚀孔外向孔内迁移以维持电中性,导致孔内 Fe^{2+} 浓度升高发生水解,反应方程式为

$$FeCl_2 + 2H_2O \longrightarrow Fe(OH)_2 + 2H^+ + 2Cl^- \tag{15.3}$$

Fe^{2+} 水解使得孔内氢离子浓度增加,孔蚀内金属处于活化溶解状态。于是孔蚀外金属表面电位较正成为阴极,孔蚀内外金属构成了微电偶腐蚀电池,促使孔蚀内金属铁不断溶解,点蚀便以自催化的方式发展下去(刘烈炜等,2004)。但在活化铁镀铜内电解体系中,氯离子投加量不可过大,否则强烈的点蚀可能造成铜单质的脱落,建议投加量为 0.01~0.03 mg/L。

2. 氨根离子

在常见的废水处理中,氨氮的存在较为普遍,因而不能忽视其对催化材料可能

产生的影响,以及长期使用过程中可能造成铜的消耗。高浓度的氨水会与铜表面的氧化铜、硫化铜、碱式碳酸铜,甚至铜基体发生反应,生成铜氨配合离子,致使阴极铜流失,并污染后续生物处理。配制 1800 mL 浓度为 500 mg/L 的中性枣红 GRL 染料溶液,初始 pH＝9.5,每次取 450 mL 置于广口瓶中。在氨根离子投加量(使用硫酸铵)分别为 0、60 mg/L、100 mg/L、200 mg/L 的条件下进行试验,密封后置于摇床中进行反应 2 h,定时取样测定。每次试验结束用 1％硫酸分别浸泡三瓶铁刨花 10 min,去除其表面吸附物与沉积物,然后倒出并用水进行清洗,最后在瓶中装满去离子水以防止其氧化,结果如图 15.22 所示。

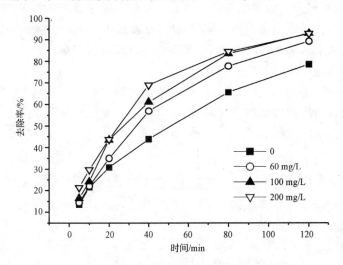

图 15.22　氨根离子对铁镀铜内电解体系脱色中性枣红 GRL 的影响

由图 15.22 可知,随着氨根离子浓度的增加,铁镀铜内电解体系对中性枣红 GRL 的脱色率增大。溶液中未加入氨根离子时,反应 2 h 后,铁镀铜内电解体系对中性枣红 GRL 的脱色率为 78.5％。当氨根离子浓度为 60 mg/L 时,脱色率为 89.2％。当氨根离子浓度增大到 100 mg/L 时,再增大浓度对中性枣红 GRL 的脱色率的提高不太明显。由于亚铁离子会和氨根离子形成稳定的铁氨络合离子,铁表面铁离子、亚铁离子浓度下降,减少了铁表面生成氧化物钝化层,使铁刨花表面保持新鲜的活性状态,从而提高了对中性枣红 GRL 的脱色率。随着氨根离子浓度增大,铁腐蚀速率慢慢成为控制步骤,因此脱色率提高幅度降低。

本试验中将采用原子吸收光谱仪测定铜氨络合离子,将以上 4 次反应后出水分别通入该仪器,得出 4 次出水中铜离子含量均低于最低检出线,即 0.04 mg/L,则可认为氨根离子浓度在 200 mg/L 浓度范围内,较难形成铜氨络合离子,阴极铜流失的可能性较小。

15.3　新型固定反应床的开发

15.3.1　新型固定反应床的设计

催化铁内电解法已在某市大型工业区污水处理厂得到应用,取得了很好的效果。但在施工中也发现:①催化铁内电解法使用大量的纯铜,总价远远高于其他材料,大幅度提高了该方法的投资成本;②催化铁内电解法需要制作单元化滤料,其中铁刨花、纯铜屑和其他催化材料必须混合均匀。铁刨花和纯铜屑都有一定的形状、机械强度,又必须保持适当的堆积密度,三者混合均匀,施工上非常困难。

在镀铜内电解法成功的基础上,有望制作成固定反应床、达到定形产品化,以节省投资和施工难度,便于应用推广。

本试验研究中选择方型反应器,采用上流式以保证水流分布均匀。为通过液压机将镀铜材料压制成定形滤料,并进行回流以增加固液两相传质速率,新型反应床构造图如图 15.23 所示。

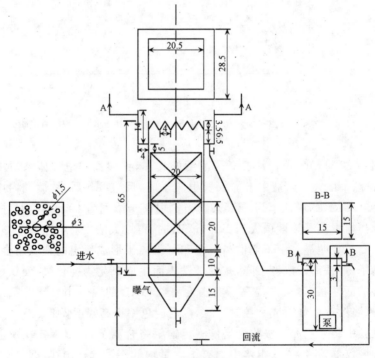

图 15.23　反应器设计图

该反应器为上流式反应器,底部进水,填料区下设有穿孔板保证水流均匀穿过填料,减少由于壁流而导致的水力短流。在填料区放入两块事先压成型的镀铜催化铁材料,如图 15.24(右)所示,成形铁刨花内部空间相对均匀,出现水流不均匀程度很小;底部的斜斗为储泥区,反应过程中产生的沉淀在此处沉积,减少了沉淀物对填料区的影响,并在底部设置穿孔曝气管。该新型反应床建好后所需运行与维护费用较少,操作简单,易于管理。

此反应器共两套,如图 15.24(左)所示,其中一套的填料为单纯铁内电解体系填料,另一套为铁镀铜内电解体系填料,两者平行试验,测定批次连续流情况下铁镀铜内电解体系填料处理效果的持续性。试验装置照片如图 15.24 所示。

图 15.24　反应器与填料照片

根据 15.2 节的试验结果,将 $2^{\#}$(右边)反应器中的铁刨花填料的镀铜率定为 0.3%。

15.3.2　序批试验

1. 还原棕 GG 的脱色

根据前期研究,铁内电解法脱色染料的停留时间一般为 1～2 h,试验采用自来水配制浓度为 400 mg/L 的还原棕 GG 溶液,回流比为 20,曝气关闭,停留时间为 1 h。试验结果见表 15.2。

从表 15.2 中可以看出,铁镀铜体系对还原棕 GG 的脱色率比未镀铜铁体系要高出 17%。

表 15.2　两套反应器对还原棕 GG 的去除

指标	1 h 脱色率/%	出水铁离子/(mg/L)	出水总铜/(mg/L)
单纯铁体系	35.4	2.1	—
铁镀铜体系	52.1	1.9	0

2. 金黄 G 的脱色

试验采用自来水配制浓度为 300 mg/L 的金黄 G 溶液,回流比为 40,曝气关闭,停留时间为 2 h。试验结果见表 15.3。

表 15.3　两套反应器对金黄 G 的去除

指标	2 h 脱色率/%	出水铁离子/(mg/L)	出水铜单质/(mg/L)
单纯铁体系	45.8	3.2	—
铁镀铜体系	78.4	3.8	0

从表 15.3 可以看出,铁镀铜体系对金黄 G 的脱色效果要比单纯铁内电解体系高出 32%,说明铜的加入能提高对染料的处理效率,缩短反应时间。此外,由于三价铁离子在 pH=4.1 的时候就已经沉淀完全。

3. 酸性红 B 的脱色

试验采用自来水配制浓度为 100 mg/L 的酸性红 B 溶液,曝气关闭,停留时间为 2 h。试验结果见表 15.4。

表 15.4　两套反应器对酸性红 B 的去除

指标	2 h 脱色率/%	出水铁离子/(mg/L)	出水铜单质/(mg/L)
单纯铁体系	45.9	8.52	—
铁镀铜体系	62.7	9.52	0

从表 15.4 可以看出反应一个周期,染料的去除率铁镀铜要高出单纯铁内电解体系 16% 左右。

运行 3 d 后铁镀铜内电解体系填料区产生过量的氢氧化铁沉淀沉积覆盖在铁刨花表面,见图 15.25。

图 15.25(a)为单纯铁内电解体系反应器的填料区,图 15.25(b)为铁镀铜内电解体系反应器的填料区。明显看出,镀铜刨花表面覆盖了厚厚一层氢氧化铁沉淀,铁刨花表面已腐蚀为黑色的铁的氧化物,而单纯铁内电解体系表面则较为干净,呈金属亮色,证明铜的引入加快了铁的腐蚀。

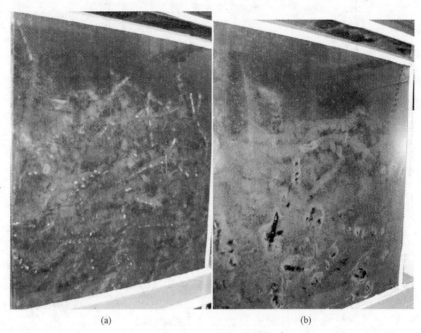

(a)　　　　　　　　　　　　(b)

图 15.25　填料区图像

15.3.3　连续流试验

为考察两套反应器对染料脱色效果的持续性，以下试验均为连续流试验。配置浓度为 100 mg/L 的酸性红 B 作为脱色对象，白天连续进水 6~7 h。

1. 无回流条件

本节试验的试验条件：进水流量为 8.4 L/h，进水 pH＝7.2，进、出水 DO 分别为 3.5 mg/L、0.5 mg/L，曝气关闭，回流关闭，水力停留时间为 2 h。结果如图 15.26、表 15.5 所示。

表 15.5　回流关闭条件下出水总铁含量浓度（mg/L）

时间	第 1 天	第 5 天	第 7 天
单纯铁内电解体系	1.33	3.41	2.88
铁镀铜内电解体系	2.11	4.45	4.52

第 1 天反应中单纯铁内电解体系铁对酸性红 B 的脱色效果较差，原因是铁表面较为干净，缺少作为宏观阴极的物质。第 2、第 3 天没有进行试验，单纯铁内电解体系表面产生腐蚀，生成少量的铁的氧化物和氢氧化物，此过程可能会降低单纯铁内电解体系阳极附近的氢氧根离子浓度，使得阳极区趋向于酸化，带负电荷的离

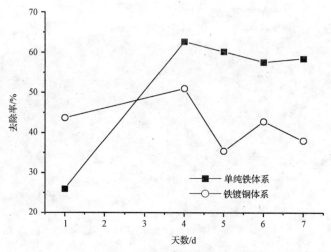

图 15.26　回流关闭条件下两套反应器对酸性红 B 的脱色

子如氯化物或硫酸盐趋向于阳极迁移,产生"点蚀效应"激活铁的腐蚀,因此从第 4 天开始,铁刨花的脱色效果显著提高。对铁镀铜内电解体系,如前述,反应过程中生成大量的氢氧化铁沉淀覆盖在金属表面,严重阻碍了铁表面传质过程,导致其 5 天平均脱色率仅为 42.2%。

2. 大回流比条件

试验采用大流量回流加大液质传质速率,提高两套反应器对酸性红 B 的脱色效果。本节试验的试验条件:回流流量为 336 L/h,进水流量 8.4 L/h,回流比为 40,进水 pH=7.2,进、出水 DO 分别为 3.5 mg/L、0.5 mg/L,曝气关闭,水力停留时间为 2 h。结果如图 15.27、表 15.6 所示。

表 15.6　40 倍回流条件下出水总铁含量浓度(mg/L)

时间	第 1 天	第 3 天	第 5 天	第 7 天	第 9 天
单纯铁体系	5.95	6.33	6.99	6.53	5.21
铁镀铜体系	9.33	8.56	8.87	8.89	8.99

从图 15.27 中可以看出,在大流量回流的条件下,铁镀铜内电解体系的脱色效果均高于铁刨花,平均去除率为 70.3%,比未开循环的铁镀铜内电解体系平均脱色率高约 30%。而单纯铁刨花体系平均去除率为 53.3%,与未开循环的单纯铁内电解体系平均脱色率几乎相同,具体原因分析如下:

图 15.28(a)为单纯铁内电解体系填料表面,可以看出铁刨花表面只有一层较

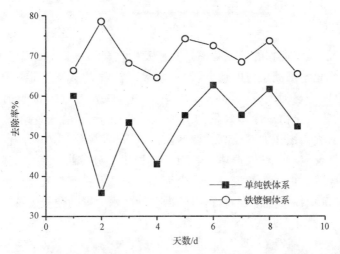

图 15.27　40 倍回流条件下两套反应器对酸性红 B 的脱色

薄的沉积物;图 15.28(b)为铁镀铜内电解体系填料表面,明显看出其表面有很厚的沉积物,几乎将铁刨花淹没。本节试验采用 40 倍的大流量回流,加快固液两相传质,减少传质阻力。对于单纯铁内电解体系来说,大流量回流并不能提高其对酸性红 B 的脱色效果。对于铁镀铜体系,由于铁镀铜填料表面已有一层很厚的沉积物,没有回流的情况严重影响了固液界面的传质过程,使脱色效果低下;在大流量回流的条件下,带走了大量的沉淀物,使铁镀铜体系对酸性红 B 的脱色效果明显提高。

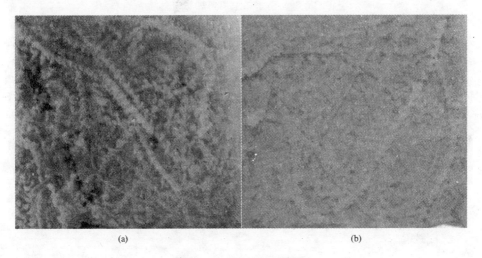

(a)　　　　　　　　　　　(b)

图 15.28　填料区表面图像

3. 落水排泥效果

一般情况下,沉淀物的形成并不是直接发生在金属表面上受腐蚀的阳极区,而是发生在形成化学沉淀反应的地方,即从阳极区扩散过来的金属离子和从阴极区迁移来的 OH^- 相遇的地方(肖鑫等,2003)。由此决定在本节试验前进行落水排泥,减少铁的氢氧化物对传质效果的影响,以 4.3 L/min 的流量落水 8 min,落水结束后填料区表面图像如图 15.29 所示。可以看出,与图 15.28 相比,图 15.29 中铁镀铜内电解反应器中铁镀铜填料表面只有极少部分氢氧化铁沉淀附着,大部分已经随水流脱落。由于落水流量强度仅为 1.8 mm/s,说明氢氧化铁并非吸附型沉淀,只是简单沉积在铁刨花表面,稍有轻微振动或水力搅动便会脱落。

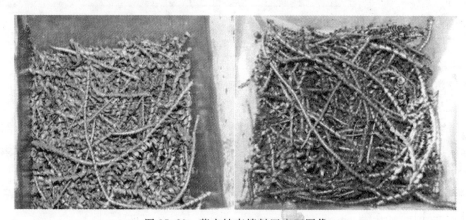

图 15.29　落水结束填料区表面图像

从上述两个反应器中各取出一根铁刨花,如图 15.30 所示。单纯铁内电解体系反应器取出的铁刨花表面仍有金属光泽,基本没有 $Fe(OH)_3$ 沉淀,腐蚀较为轻微;从铁镀铜反应器中取出的铁刨花,表面同样基本没有黄色 $Fe(OH)_3$ 沉淀,但是表面已变为黑色,说明腐蚀较为厉害。

(a) 单纯铁　　　　　　　　　　　　　　　(b) 铁镀铜体系

图 15.30　单根铁刨花图像

试验条件为:进水流量 8.4 L/h,进水 pH=7.2,进、出水 DO 分别为 3.5 mg/L、0.5 mg/L,回流关闭,曝气关闭,水力停留时间为 2 h。结果如图 15.31、表 15.7 所示。

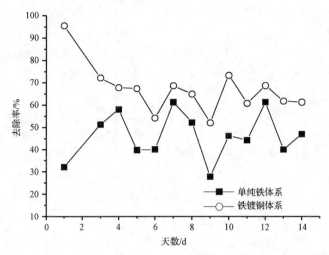

图 15.31 落水排泥后回流关闭条件下两套反应器对酸性红 B 的脱色

表 15.7 落水排泥后回流关闭条件下出水总铁含量浓度（mg/L）

时间	第 1 天	第 3 天	第 5 天	第 7 天	第 10 天	第 13 天
单纯铁	1.13	2.64	1.63	4.48	2.89	2.13
铁镀铜	3.9	4.41	4.66	6.75	5.91	1.38

由图 15.31 可知,落水放泥后第 1 天反应,铁镀铜内电解体系脱色率达到 95.5%,说明在铁刨花表面有较少氢氧化铁沉淀附着时,铁镀铜内电解体系对酸性红 B 的脱色效果十分明显。由于表面较为干净的铁镀铜内电解体系在反应过程中会产生大量的铁的氢氧化物沉淀,阻碍了传质过程,导致第 3 天的脱色率比第 1 天的下降了约 20%,之后 11 天的脱色率均保持在 65% 左右,其 13 天平均脱色率达到 66.6%。单纯铁内电解体系的第 1 天脱色率小于 35%,经过第 2 天的闲置,第 3 天脱色率为 51.4%,再次说明对于表面干净的单纯铁内电解体系来说,反应过程中缺少宏观阴极,少量的氢氧化铁、氢氧化亚铁沉积在铁刨花表面,可能能间接产生点蚀效应与浓差腐蚀电池,提高单纯铁内电解体系对酸性红 B 的脱色率。

为了验证铁镀铜内电解体系镀铜的牢固性,在本节的各次试验中均检测了出水中总铜的含量。检测结果表明:出水中总铜含量均低于标准分析方法中最低检测限。

15.3.4 两种催化铁体系的效果对比

本节主要考察不同初始 pH,及适当回流、曝气搅拌、落水排渣条件下两套反应体系对酸性红 B 的脱色效果。

1. 初始 pH＝3.2

进水 pH 为 3.2,进、出水 DO 分别为 3.5 mg/L、0.5 mg/L,回流关闭,曝气关闭,水力停留时间为 2 h。结果如图 15.32 所示。

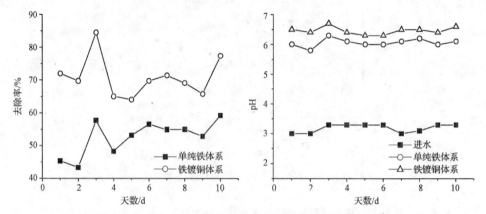

图 15.32 初始 pH＝3.2 下两套反应器对酸性红 B 的脱色及进出水 pH

在进水 pH 为 3.2 的条件下,10 天单纯铁内电解体系对中性枣红 GRL 的平均脱色率为 52.6%,铁镀铜内电解体系的平均脱色率为 70.9%。说明在 pH 较低的情况下,铁镀铜内电解体系具有更强的脱色能力。

2. 初始 pH＝9.9

进水 pH＝9.9,进、出水 DO 分别为 3.5 mg/L、0.5 mg/L,回流关闭,曝气关闭,水力停留时间为 2 h。结果如图 15.33 所示。

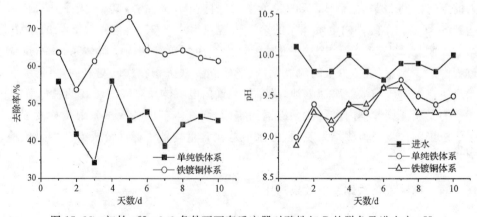

图 15.33 初始 pH＝9.9 条件下两套反应器对酸性红 B 的脱色及进出水 pH

在碱性条件下,铁刨花脱色率下降,平均脱色率为 45.7%。而铁镀铜也有下降,平均脱色率为 63.8%,仍比铁刨花高出 18%。从以上两个试验可知,在酸性和碱性条件下,铁镀铜内电解体系对酸性红 B 的脱色效果均好于单纯铁内电解体系,更能适应进水水质波动,减少对后续生物处理的冲击。

3. 300% 回流条件下

由于实际工程运行中,不可能采用 40 倍大流量回流,本节试验考察在 300% 回流的条件下,对比两套反应装置对酸性红 B 的脱色效果。试验条件为:进水 pH=7.2,回流比为 3,曝气关闭,水力停留时间为 2 h。结果如图 15.34 所示。

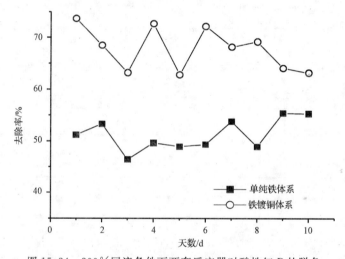

图 15.34　300% 回流条件下两套反应器对酸性红 B 的脱色

由图 15.34 可知,单纯铁内电解体系对酸性红 B 平均脱色率为 51.2%,比未开循环的脱色率提高了约 5%;铁镀铜的平均脱色率为 67.8%,几乎与未开循环的脱色率相同。说明适当的水流紊动对反应有利,过大的水流紊动将不再成为反应的控制因素。

4. 空气微曝气条件下

在 15.3.3 小节试验中,采用三倍循环并不能有效地提高两套反应装置对酸性红 B 的脱色效果,本节试验考虑采用微曝气的形式,实现对铁的氢氧化物实现两相反冲,并加速阳极铁的腐蚀。试验条件为:进水流量为 8.4 L/h,进水 pH=7.2,回流关闭。采用空压机进行空气曝气,通过转子流量计控制曝气气量在 60 L/h 左右,进、出水 DO 分别为 3.5 mg/L、1.5 mg/L,水力停留时间为 2 h。结果如图 15.35、表 15.8 所示。

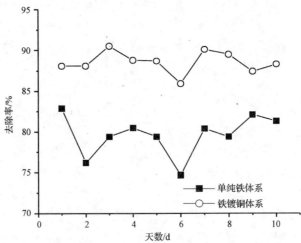

图 15.35 空气微曝气条件下两套反应器对酸性红 B 的脱色

表 15.8 空气微曝气条件下出水总铁含量浓度（mg/L）

时间	第1天	第3天	第5天	第7天	第9天
单纯铁体系	56.6	31.2	31.1	29.5	21.4
铁镀铜体系	183.5	119.4	99.2	87.4	61.2

从图 15.35 可知，单纯铁内电解体系对酸性红 B 2 h 平均脱色率为 79.6%，铁镀铜平均脱色率为 88.5%，分别比未曝气试验中相应脱色率提高了 28.2%、21.9%。说明在有气泡搅动的情况下增加切向流速而使扩散层厚度减小，加快了染料分子的传质，同时也增强了氧的传质，加快了铁的腐蚀，并且气泡加大了对铁表面附着层的搅动，使附着在铁表面的沉淀在小气泡的冲刷下脱落，使得铁表面保持较为干净，加强了铁表面有机物传质效率。镀铜刨花体系出水铜单质含量平均为 1.126 mg/L，10 天出水铜单质总量为 0.32 g，可能是由于之前反应过程中铜单质脱落后简单沉积在铁刨花表面，受到空气搅动后翻起被水流带出。

5. 氮气微曝气条件下

为考察微曝气提高脱色率是由于增加氧含量加速铁的腐蚀而提高了脱色率，还是由于增加了搅动提高了传质速率而提高了脱色率，用氮气取代空气进行曝气，设计如下试验：进水流量为 8.4 L/h，进水 pH＝7.2，回流关闭，采用氮气曝气，通过转子流量计控制氮气曝气气量在 60 L/h 左右，进、出水 DO 分别为 3.5 mg/L、0.1 mg/L，水力停留时间为 2 h，批次运行两天，所得数据见表 15.9。

由表 15.9 可知，铁镀铜内电解体系采用氮气曝气，平均脱色率比未曝气的平均脱色率高 14%，比采用空气曝气的平均脱色率低 7.5%。单纯铁内电解体系采用氮气曝气平均脱色率比未曝气的平均脱色率高 25%,比采用空气曝气低 7%。说明微曝气主要是提高了水力搅动,减少了扩散层厚度,减少了附着在铁表面的氢氧化铁沉淀,增强了固液两相传质,使铁表面保持清洁,从而提高了有机物的扩散与传质速率。

表 15.9 氮气微曝气条件下两套体系对酸性红 B 的脱色率及出水总铁含量浓度

指标	第一天脱色率/%	第二天脱色率/%	平均出水铁离子/(mg/L)
单纯铁体系	81.2	80.9	11.2
铁镀铜体系	73	73.1	17.2

6. 空气微曝气条件下缩短停留时间

由于采用微曝气能提高铁刨花体系对染料酸性红 B 的脱色效果,故本节试验中考虑降低水力停留时间,在实际工程中便可减少初期投资成本。本节试验的试验条件为:进水流量为 17.2 L/h,进水 pH＝7.2,回流关闭,采用空压机进行空气曝气,通过转子流量计控制曝气气量在 60 L/h 左右,水力停留时间为 1 h。结果如图 15.36、表 15.10 所示。

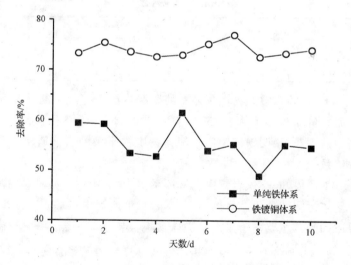

图 15.36 本试验中两套反应器对酸性红 B 的脱色

表 15.10 本试验出水总铁含量浓度(mg/L)

时间	第 1 天	第 3 天	第 5 天	第 7 天	第 9 天
单纯铁体系	10.3	11.3	9.9	11.9	1.4
铁镀铜体系	17.7	19.1	12.2	14.6	15.9

从图 15.36 可知,单纯铁内电解体系对酸性红 B 的平均脱色率为 55.4%,铁镀铜内电解体系对酸性红 B 的平均脱色率为 74%,比前者提高了约 19%,说明在减少停留时间的条件下,铁镀铜内电解体系仍能取得较好的脱色率。出水总铁含量均在 20 mg/L 以下,铁消耗量较少,因此建议实际工况中采用微曝气工艺,并根据进水有机物性质相应减小水力停留时间。

上述各试验中,铁镀铜内电解体系出水总铜含量低于最低检测限。

7. 落水排泥

第一次落水排泥:运行 20 天后进行一次落水排泥,落水强度为 1.46 mm/s,落水时间 8 min。底泥和落水污泥性能如表 15.11 和表 15.12 所示。

表 15.11　底泥参数

指标	底泥总体积/L	SS 总量/g	VSS/SS	铜单质总量/ mg
单纯铁体系	0.5	5.35	0.12	—
铁镀铜体系	0.9	33.0	0.15	6.3

表 15.12　落水污泥参数

指标	SS/(g/L)	VSS/SS	铜单质总量/ mg
单纯铁体系	0.8	0.1	—
铁镀铜体系	4.8	0.1	440

从表 15.11 可知,铁镀铜内电解体系的底泥总量 33.0 g 要远大于单纯铁内电解体系的底泥总量 5.35 g。从表 15.12 同样可以看出,铁镀铜落水污泥中铁泥的浓度也远高于铁刨花,说明铁镀铜内电解体系中铁阳极的腐蚀速率确实要快于单纯铁内电解体系。

从表 15.11 还可知,在铁镀铜内电解体系中,底泥中铜单质总量约为 0.063 g。表 15.12 中落水污泥铜单质总量约为 0.44 g,加上底泥中铜单质质量共约 0.45 g,这部分铜单质的脱落主要由于采用单一硫酸铜镀铜法,外层铜单质与铁基结合不紧密,在反应过程中脱落后随着氢氧化铁沉淀沉积在铁刨花表面。

第二次落水排泥:运行三个月后再进行一次落水排泥,落水强度为 1.46 mm/s,落水时间 8 min。底泥和落水污泥性能如表 15.13 和表 15.14 所示。

表 15.13　底泥参数

指标	底泥总体积/L	SS/(g/L)	VSS/SS	铜单质总量/ mg
单纯铁体系	0.4	2.58	0.12	—
铁镀铜体系	0.5	39.64	0.15	4.98

表 15.14 落水污泥参数

指标	SS/(g/L)	VSS/SS	铜单质总量/ mg
单纯铁体系	1.3	0.11	—
铁镀铜体系	0.916	0.06	99.68

已知落水污泥的体积为 28 L,由表 15.13、表 15.14 可知,在第二次落水排泥中,铁镀铜内电解体系的污泥总量为 45.47 g,大于相应的单纯铁内电解体系的污泥总量 37.4 g,再次证明铜的引入加快了阳极铁的腐蚀速率。

第二次落水排泥中铜单质总量为 0.105 g,低于第一次落水排泥的铜单质总量 0.45 g,加上由于曝气搅动而随出水排出的铜单质总量 0.32 g,三个月内铜单质脱落总量为 0.875 g,为镀铜总量的 4.6%。以上数据说明,试验开始后 20 天内铜单质脱落量相对较大为 0.45 g,之后 70 天的试验过程中铜单质的脱落量相对较少为 0.105 g,出现该现象原因是,新镀铜材料外层铜层中存在结合力较低的铜单质,试验开始后因结合力较弱而脱落,而随后试验过程中铜单质的脱落可能是由于铜铁接触点上铁基体的腐蚀所引起的。在镀铜双金属体系中,由铜铁接触点上铁基体的腐蚀导致铜单质大量脱落的可能性较小,脱落量相对较低,完全脱落需要较长时间。

15.4 化学置换镀铜的研究

采用硫酸铜直接镀铜,镀层分布相对较不均匀,局部铜层可能过厚,且外层铜层结合力相对不足,较易随水流脱落,以上两个方面均会导致铜单质的浪费。本章将考察采用新镀铜法加强铜层与铁基体结合力,在不完全覆盖铁刨花表面的条件下,使铜单质较为均匀的沉积在铁刨花表面上,减少产生镀铜层局部过厚的现象以降低硫酸铜的消耗量。

15.4.1 镀铜基础配方的改进

根据铁内电解法对阳极铁的要求,镀铜层只能覆盖部分铁基体,使得铁基体能接触废水形成还原反应。因此,铁内电解新型滤料的镀铜要求与常规钢铁件的镀铜要求有所不同,不能完全按照传统配方进行镀铜,否则会出现滤料表面覆盖紧密铜层,隔绝铁基体与废水接触,导致腐蚀电池效应无法产生的问题。应对传统配方进行调整,如镀液中硫酸铜的量不能根据上述配方中的要求加入,否则会造成铁基体表面瞬间生成致密的铜层,应减小镀液中硫酸铜的浓度。

本节根据两种传统配方的参数进行调整,并加入少量其他添加剂(肖鑫,2003)形成 6 种配方,具体参数见表 15.15。

表 15.15 化学浸镀铜基础配方选择表一

工艺规范	配方 1	配方 2	配方 3	配方 4	配方 5	配方 6
硫酸铜/(g/L)	1.77	1.77	1.77	1.77	1.77	1.77
无机酸/(mL/L)			10	50	200	10
添加剂 1/(g/L)		0.1	0.1	0.1	0.1	
无机盐/(g/L)						10
添加剂 2/(g/L)						适量
温度/℃	室温	室温	室温	室温	室温	室温

本试验采用的铁基体为中碳钢钢棒,质量约为 15.1 g,使用前用 5% 盐酸浸泡 5 min。在单—硫酸铜镀铜法中硫酸铜投加量的基础上确定新配方中配置硫酸铜的浓度,通过 0.3% 镀铜率计算出所需硫酸铜的质量为 0.177 g,溶入水中,配置成体积为 100 mL、浓度为 1.77 g/L 的镀液。其中,无机酸用于降低溶液中铜离子的浓度,加入添加剂 1 可以降低置换反应的速率,即降低反应时的过电位,得到较为均匀的铜层,添加剂 2 由多种高分子化合物组成(吴双成,1994)。

分别取 6 根钢棒,按表 15.15 中所列配比进行镀铜。镀铜 3 h 后,在图 15.37 中,从左至右依次为选用配方 1、2、3、4、5、6 镀铜的钢棒。可以看出,使用配方 1 的钢棒镀层粗糙,颜色发暗,光亮度差,表面已产生小突起;使用配方 2、3、4、5 的钢棒此时铜层较薄,光亮度好,由于镀液中铜离子含量较低,又选用降低镀速的添加剂 1,使得其镀速较慢;使用配方 6 的钢棒颜色鲜红,表面出现小突起。

图 15.37 镀铜 3 h 表面图像

当镀铜进行到第 10 h 时,使用配方 1 的钢棒表面为深红色,颗粒十分粗糙,铜

<table>
<tr><td>(a) 配方 1</td><td>(b) 配方 2</td><td>(c) 配方 3</td></tr>
<tr><td>(d) 配方 4</td><td>(e) 配方 5</td><td>(f) 配方 6</td></tr>
</table>

图 15.38　10 h 镀件局部放大图

层与铁基体结合极不紧密。使用配方 2 的钢棒表面已经生成黑色的铜的氧化物，表面颗粒也十分粗糙，突起明显。使用配方 3 的钢棒表面光滑，镀层均匀，光亮度好。配方 4 中无机酸加入量为配方 3 的 5 倍，因此表面有气泡产生，对铁基体腐蚀较为厉害，造成无机酸浪费。由于镀液中无机酸浓度过高，硫酸铜溶解速度下降，导致镀速更慢，此时铜层只有薄薄一层。使用配方 5 的钢棒表面产生大量气泡，严重腐蚀铁基体，导致无机酸大量浪费。使用配方 6 的钢棒周围形成铜絮体，铜与铁基体结合力极为松散，如图 15.38 示意。

图 15.39 为将钢棒从镀液中取出，从左至右依次为选用配方 1、2、3、4、5、6 镀铜的钢棒。使用配方 1、2、6 的钢棒其铜层抗氧化性差，从镀液中拿出后即被空气中的氧气氧化，可能会对双金属反应体系还原废水中的有机物产生影响。使用配方 3、4、5 的钢棒其铜层抗氧化性较强，仍保持原有颜色，但使用配方 5 的钢棒铜层光亮度下降，呈暗红色。

为初步考察铜层与铁基体结合力紧密度，见图 15.40，用力擦拭钢棒的上部，发现使用配方 1、2、6 的钢棒上铜层与铁基结合力低下，用力一擦，可抹去表面铜层，露出黑亮色铁基体。使用配方 3、4、5 的钢棒上铜层与铁基体结合力较好，没有出现铜层脱落的情况。

综上所述，由于硫酸铜浓度较低，镀速较低，无机酸、添加剂 1 的加入使得镀速进一步降低，导致镀铜时间过长。使用配方 1、2 镀铜所得铜层颗粒粗大，与基体结合不紧密，且铜层易脱落，抗氧化性差。在镀液中加入添加剂 1 与无机酸后，铜层与基体结合较为紧密，颗粒细小，铜层不易脱落，具有抗氧化性强等特点。但在配方 4、5 中无机酸投加量过大，导致镀速过慢，且大部分无机酸与铁基体发生反应，

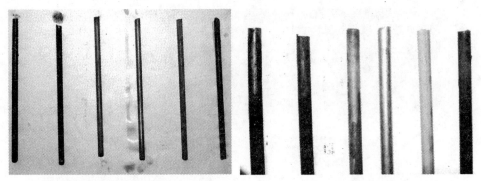

图 15.39　镀铜完成图　　　　　图 15.40　铜层脱落情况

造成无机酸大量浪费。按配方 6 所得铜层的效果较差,可能是由于在添加剂 2 中没有添加所需的多元醇式醛类化合物或高分子化合物添加剂,铜层抗氧化性差,结合力差。

15.4.2　镀铜改进配方的遴选

在配方中稍增加硫酸铜含量,减少并细化无机酸的投加量,在节省镀铜时间的前提下达到成本最优化选择,硫酸投加量调整后配方如表 15.16 所示。其中,本试验采用的铁基体为铁刨花(35CrMo),质量约为 31.4 g,使用前用 5%盐酸浸泡10 min,配置 100 mL 浓度为 4.0 g/L 的镀液。

表 15.16　化学浸镀铜基础配方选择表二

工艺规范	配方 1	配方 2	配方 3	配方 4
硫酸铜/(g/L)	4.0	4.0	4.0	4.0
无机酸/(mL/L)		1	3	5
添加剂 1/(g/L)		0.1	0.1	0.1
温度/℃	室温	室温	室温	室温

镀铜进行 30 min 后,图 15.41 中从左至右依次为选用配方 1、2、3、4 镀铜的铁刨花。采用配方 1 的铁刨花表面铜层为暗红色,表面附着大颗氢气气泡,且铜层较厚呈深红色,表面出现颗粒。由于减少了无机酸和添加剂 1 的用量,增大了硫酸铜的浓度,采用配方 2、3、4 镀铜的铁刨花上铜速度明显较快,铜层明显更厚。采用配方 2 的铁刨花上铜速度要比后两者稍快,其铜层颜色更深。

从每个量筒中取出一小段铁刨花,从左至右依次为选用配方 1、2、3、4 镀铜的铁刨花。如图 15.42 所示,仅使用硫酸铜镀铜的铁刨花很快就被空气中的氧气氧化,而其余三者都能保持光亮的铜色,不易脱落。

| (a) 配方 1 | (b) 配方 2 | (c) 配方 3 | (d) 配方 4 |

图 15.41　反应 30 min 镀铜局部放大

综上所述,使用单一硫酸铜法镀铜,由于未添加任何药剂,铜层与铁基体结合相对不紧密,在水中长期浸泡时,外层铜层容易随水流脱落,剩下内部部分结合紧密的铜层。配方 2 中大幅度降低了无机酸的使用量,降低了镀液的配置成本,并能取得较好的铜层,因此确定配方 2 为镀铜的新配方。但实际滤料镀铜中仍不需要如图

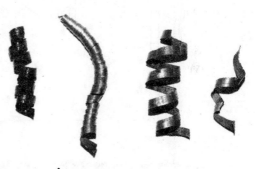

图 15.42　镀铜完成图

15.42 般如此致密的铜层,应相应减少镀铜时间和减小铜层厚度。

15.4.3　最佳镀铜时间的确定

在不同的镀铜时间下采用 15.4.2 小节中确定的新配方进行镀铜,对所得各镀铜双金属体系及采用原来单一硫酸铜镀铜法(老配方)所得镀铜双金属体系的脱色效果进行对比。取 5 个广口瓶,分别在 5 个广口瓶中加入去油处理后的铁刨花 160 g,压实。按新配方配制镀铜溶液 2500 mL,分别在 5 个广口瓶中各加入 450 mL 镀液,并按照表 15.17 中所示镀铜时间镀铜,镀铜时间、相应原液及余液中铜离子浓度见表 15.17。

表 15.17　不同镀铜时间下新配方的镀铜原液及余液中铜离子浓度

镀铜时间/min	5	10	20	40	60
原液铜离子浓度/(mg/L)	1082.5	1082.5	1082.5	1082.5	1082.5
余液铜离子浓度/(mg/L)	684.5	421.1	145.9	63.2	30.1

再取一个广口瓶(0$^{\#}$),压入同样型号铁刨花 160 g,配制铜离子浓度为 1082.5 mg/L 的溶液(老配方),倒入广口瓶中,静置 60 min 后倒出,余液铜离子浓度为 24.24 mg/L。

在此 6 个广口瓶中分别加入 450 mL、浓度为 800 mg/L 的中性枣红 GRL 溶液,密封后置于摇床中进行反应 2 h,摇床转速为 100 r/min,定时取样测定,结果如图 15.43 所示。

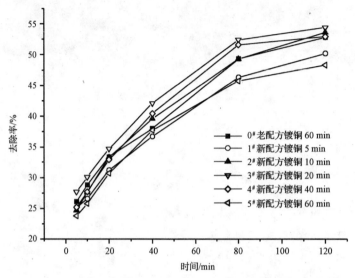

图 15.43　不同镀铜条件对双金属体系脱色中性枣红 GRL 的影响

从图 15.43 可知,3#瓶对中性枣红 GRL 的脱色效果最好,2#、4#瓶的脱色效果好于 0#瓶,而 1#、5#瓶差于 0#瓶。采用新配方镀铜,当铁刨花表面沉积的铜单质的量相对较少时,随着铜单质沉积量的增加,镀铜双金属体系对中性枣红的脱色效果增强;随着铁刨花表面沉积的铜单质的量继续增加,采用新配方所得铜层会相对均匀地沉积在铁刨花表面,阻碍了溶液中染料分子的传质过程,导致脱色率下降。因此,在实际镀铜过程中,滤料的镀铜时间应控制在 10 min 左右,比老配方节省硫酸铜试剂约 40%。

第16章 有关催化铁内电解法的相关研究与发展展望

16.1 替代阴极内电解法

第2、第15章中介绍了将铜直接镀在铁刨花上形成镀阴极催化铁内电解法，并从实验结果中得到，该方法催化内电解反应的效果明显提高，但该方法也有两个缺陷：①随着基体铁屑的腐蚀，部分镀铜会从铁表面脱落，产生无谓的铜损耗；②随着铁屑的腐蚀，整个反应床强度下降，且伴随着沉积物的积累，容易形成堵塞、板结现象。在非金属基体上镀铜，可以较好地解决这两个问题，且同样解决了铜耗量大的问题。由此开展了塑料化学镀铜的试验研究。与一般塑料镀铜不同，催化还原法镀铜塑料不需要有很高的表面光亮度和平洁度，表面不宜呈平板状。为了提高反应区滤床的孔隙率，塑料要呈刨花状，并要有一定的强度。通过对各种塑料机械强度、化学稳定性、热稳定性、延展性和弹性、镀铜的牢固程度、价格等因素的比较，最终选择了 ABS 塑料为镀铜基体(闵乐,2006)。

16.1.1 材料及镀铜主要工艺步骤

基底材料：ABS 塑料，其化学名称为丙烯腈-丁二烯-苯乙烯共聚物，密度为 $1.05 \ \mathrm{g/cm^3}$。其具有综合性能较好，冲击强度较高，化学稳定性，电性能良好，可表面镀铬、喷漆处理，高抗冲，高耐热，阻燃，增强，透明柔韧性好等特点。

主要试剂：$CuSO_4 \cdot 5H_2O$、EDTA、NaOH、甲醛、L-精氨酸、α,α'-联吡啶、亚铁氰化钾、磷酸钠、碳酸钠。

ABS 塑料预处理方法对于镀层的结合力、均匀性以及其他性能起着重要作用。本试验采用离子型活化法进行预处理。

整个化学镀铜工艺流程：ABS 成形品→除油→水洗→化学粗化→水洗→中和→水洗→敏化→水洗→活化→水洗→还原→水洗→化学镀铜→镀后处理。

ABS 型料镀铜前后的视觉变化如图 16.1 所示。

由于化学镀铜的目的是要形成催化铁内电解方法的阴极，因此在实验过程中，不仅要保证一般化学镀铜可行的必要条件，还要控制工艺条件，使得所获得的镀铜能够达到一些特定条件，如镀层结合力较强、镀液稳定性较高、镀速较快等。因此在试验中需选合适的预处理步骤和预处理条件。

(a) 塑料镀铜前　　　　　　　　　　　　(b) 塑料镀铜后

图 16.1　塑料镀铜

16.1.2　塑料镀铜阴极内电解法处理效果

使用塑料镀铜阴极内电解法与常规催化铁内电解法,在多种运行工况下对酸性大红 GR 和硝基苯溶液的处理效果的对比试验证明:处理单一污染物时,相同铜表面积构成的塑料镀铜阴极内电解法与常规催化铁内电解法完全可以达到等同的效果。应用于 7 大类型染料脱色中,同样证明了两种体系基本相同。因此,塑料镀铜阴极内电解法完全可以替代常规催化铁内电解体系进行工业废水的生物预处理与废水染料脱色。

处理综合化工废水水质见第 8 章,研究方法与手段也与之类似,考察了塑料镀铜阴极内电解法与常规催化铁内电解法在对 COD、色度、磷酸盐的去除效果,以及铁离子浓度和 pH 变化情况,发现两者处理效果极其接近,无明显差异,且往往前者效果略好于后者。

由于以 ABS 为基底的镀铜使用单质铜质量远小于常规方法,节省铜使用量约 90%,即投加量仅相当于常规方法的 1/10,大大节省了工艺成本。同时由于在反应过程中镀铜脱落量极少,镀铜 ABS 塑料可以循环使用,大大提高了该方法的工程化前景。

16.2　催化铁内电解法对生物处理胞外聚合物的影响

胞外聚合物(extracellular polymer substance, EPS)的形成是微生物生命过程中重要的生理现象,对微生物性能以及废水生物处理过程及相关处理单元(如沉淀、浓缩、脱水)有着直接影响,弄清其规律是废水生物处理领域有着普遍与基础意义的课题。

催化铁内电解法得到系统的开发以来,与好氧生物处理工艺的结合方式基本有两种:作为生物处理法的预处理工艺;与生物反应池结合在一起的直接耦合工艺。与之结合的好氧生物处理方法有单纯的活性污泥法、悬浮填料生物膜法。由于催化铁内电解法多少改变了生物处理时微生物的生长条件,因此有必要研究催化铁内电解法对生物处理胞外聚合物的影响(葛利云,2007)。

16.2.1　催化铁内电解法作为生物预处理对活性污泥 ESP 的影响

设计对比实验:$1^{\#}$不经预处理,使用直接进水,胞外聚合物经分离提取后测定其 TOC、多糖、蛋白质、DNA 等(Ge et al.,2006,2007);$2^{\#}$反应器使用催化铁内电解预处理 2 h 后的出水。

1. 对 EPS 的总量的影响

污泥 EPS 的总量以 TOC 来表示。测定发现:催化还原法预处理对污泥 EPS总量的影响不大,$1^{\#}$、$2^{\#}$泥样的 ESP 分别为 78.9 mg/g、77.2 mg/g(TOC/VSS)。

2. 对 EPS 化学组分和沉降性能的影响

一般情况下认为,蛋白质和多糖是 EPS 的主要组成成分,此外还包括少量的脂类、核酸和腐殖质。蛋白质与多糖的含量之比,经常作为表示 EPS 化学组成的重要参数。从图 16.2 中可以看出,两组泥样 EPS 的蛋白质/多糖的值分别为1.55、1.18。在其他工况相同的条件下,因为 Fe^{3+} 的存在,改变了 EPS 中蛋白质和多糖的比值,使得 $1^{\#}$ 的蛋白质/多糖值大于 $2^{\#}$。

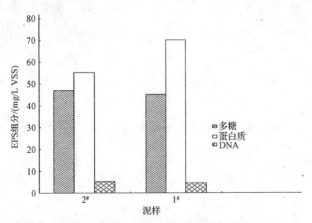

图 16.2　催化还原法预处理对污泥 EPS 组分的影响

$2^{\#}$反应器中的活性污泥其沉降性能比 $1^{\#}$ 反应器中的好。一方面,由于催化还原预处理,活性污泥中存在大量的铁离子,直接改善了污泥的沉降性能;另一方面,铁离子的存在影响了活性污泥 EPS 化学组分,改变了微生物的生理生态,从而对活性污泥的沉降性能发生作用。

3. EPS 原子力显微镜中形态

原子力显微镜(atomic force microscopy, AFM),是通过探针与被测样品之间微弱的相互作用力(原子力)来获得物质表面形态的信息,且具有三维能力,由于 AFM 分辨能力高,操作要求也比较高,加上它视野小,寻找微生物比较困难等局限性,故对于需要观测的样品,先用扫描电子显微镜(SEM)观察。

由于图 16.3 是通过 AFM 针尖与样品表面的接触模式得到的。因为针尖不能穿透 EPS 层到达细胞膜,故得到的形貌是整个包裹在 EPS 层中的细胞。通过 AFM 附带的软件分析以及与其他显微镜照片相互印证得到:当微生物铺展在载玻片上时,单个细胞在 Z 方向上的高度为 $250\sim300$ nm,包含细胞在内的聚合物层的直径在 $10\mu m$ 左右。如果以在 SEM 中得到的细胞直径为估算的话,那么在图 16.3 中 EPS 层在 $5\sim7\mu m$,从图 16.3 中可以看到,在细胞之间有一些物质相互连接着,这跟采用 SEM 得到的照片非常一致,再次证明这些就是 EPS。细胞之间通过 EPS 连成一个相对的整体。

图 16.3　AFM 三维照片

16.2.2　催化铁内电解法与生物法直接耦合反应器中微生物 ESP

$1^{\#}$ 和 $2^{\#}$ 是两个完全一样的平行反应器,均为长方形,尺寸为 0.34 m(长)× 0.20 m(宽)×0.30 m(高),有效容积是 17 L。$1^{\#}$ 反应器中不加铁铜,在 $2^{\#}$ 反应器中投加铁铜。

由图 16.4 可知,$2^{\#}$ 反应器即投加了催化铁的反应器,无论其污泥或是生物膜,它们的 EPS 总量比 $1^{\#}$ 反应器内的高;此外,无论是 $1^{\#}$ 还是 $2^{\#}$ 反应器,悬浮污泥的 EPS 总量比生物膜的高。

$2^{\#}$ 反应器中投加了铁铜填料,其中铁是细胞色素亚卟啉和含铁氧化还原元

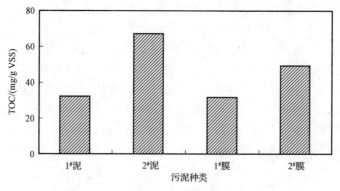

图 16.4　悬浮污泥和生物膜的 EPS 含量

素,在细胞呼吸作用和固氮酶系统的电子传递中起着重要作用。它的存在可能刺激细胞分泌物的产生从而引起 EPS 总量的增加。悬浮污泥的 EPS 总量比生物膜的测定结果高的原因可能是由于提取测定方法的局限所至。生物膜的 EPS 有很大一部分是由黏液组成,在淋洗、刮落和离心清洗步骤中都容易被除去,导致 EPS 总量减少;另外,刮落的生物膜仍有很多部分粘连在一起成团块状,不易打开,不像悬浮污泥那样可以均匀分散在水相中,因此,生物膜的 EPS 可能不如悬浮污泥提取得那么完全。

　　EPS 最主要的两大组分多糖和蛋白质含量的测定结果示于图 16.5,由图 16.5 可知,无论是悬浮污泥还是生物膜,其 EPS 中的蛋白质含量都远远高于多糖含量,蛋白质是最主要的成分。

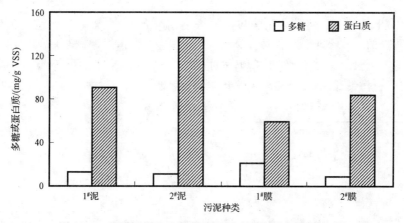

图 16.5　悬浮污泥和生物膜 EPS 中的多糖和蛋白质含量

　　两平行反应器对比试验反映出一重要特点:催化铁耦合反应器中的污泥和生物膜 EPS 中蛋白质含量比一般反应器中的含量高,而多糖含量相当,说明 EPS 总量的增加主要是由蛋白质含量的增多引起。在有氧、pH＝7 的环境中,铁一般以高铁(Fe^{3+})氢氧化物的形式存在,它在溶液中的最高浓度为 10^{-18} mol/L,在这种情况下,微生物能分泌出与 Fe^{3+} 以复合体结合而使铁溶解的物质。复合体然后可被运输,这种物质即铁载体,它们几乎都是低相对分子质量的水溶性化合物,能以很高的特异性和亲和力与铁发生共价结合,而后将铁运输进体内(Morgan et al,1990)。微生物一般在铁的供应受限时才分泌铁载体,当存在可溶性的铁复合体时,铁载体的合成量很少,且滞留在细胞壁中。反应器进水的 pH 为 6.35～7.13,$1^{\#}$反应器的出水基本还是落在这个范围内,而 $2^{\#}$ 反应器中存在铁铜,铁的析氢腐蚀($Fe+2H^{+}$＝＝＝$Fe^{2+}+H_2\uparrow$)造成氢离子的消耗,可使溶液的 pH 获得一定程度的升高;同时又由于铁离子水解反应可使溶液的 pH 下降,两种作用下,出水 pH 基本稳定在 7.5～7.7,成为铁供应受限的状况。因此,EPS 中蛋白质含量的增加,一个原因是由于分泌的铁载体所至;另一个原因则是铁离子的絮凝作用,将进水中的蛋白类物质絮凝沉积至细胞表面,这种推测有待进一步证实。另外,有研究表明生物膜 EPS 中的蛋白质含量增多,可增进其在固体载休表面的黏附性能,这可能也是 $2^{\#}$ 生物膜量比 $1^{\#}$ 多的原因之一。

EPS 中的 DNA 主要来自于微生物细胞的自溶作用,一般情况下其含量应该很低,因此可以利用所提取样品中 DNA 的含量来判断提取过程是否造成大量细胞破碎,从而将细胞内的物质引入到 EPS 中。实验对 EPS 中的 DNA 含量进行了测定,结果证明污泥和膜 EPS 中的 DNA 含量都很低,仅占 0.3％～0.8％,说明本书所采用的提取方法基本不造成细胞破裂。

16.2.3 铁内电解与短程硝化反硝化 SBR 工艺耦合对 EPS 的影响

由第 11 章可知,将催化铁法与生物法直接耦合,大大拓宽了短程反硝化的条件,在适当的进水 pH 和氨氮浓度条件下,可以形成铁内电解耦合短程硝化反硝化工艺。本节研究该工艺条件下 EPS 的生成。

与四种污泥相关的一些参数列于表 16.1。

表 16.1 与污泥相关的参数

反应器形式	基质种类	F/M	SRT	VSS/SS	SVI/(mL/g)	ζ /mV
SBR/催化铁	城市污水	0.34～0.43	30～35	0.60	62.2	−17.41
SBR/对照	城市污水	0.34～0.43	30～35	0.65	80.8	未测
SBR/配水	葡萄糖培养	0.28	30～35	0.90	79.0	−20.84
城市污水处理厂	城市污水	0.05～0.10	15～20	0.81	121	−14.87

1. 耦合对 EPS 总量的影响

由图 16.6 可知,耦合与否对 EPS 的总量几乎无影响,耦合反应器内污泥 EPS

的总量平均为 76.6 mg TOC/g VSS,未耦合反应器内污泥 EPS 的总量平均为 79.0 mg TOC/g VSS,两者无显著差别。这似乎与 16.2.2 小节的结果不相一致,16.2.2 小节所述为催化铁内电解与悬浮填料生物膜法相耦合,且运行方式为连续运行,而本节所述的耦合方式为铁内电解与短程硝化反硝化的活性污泥相耦合,运行方式为序批式,在高氨氮浓度下运行(70 mg/L 左右),且 F/M 保持在较高水平(0.32~0.40),因此不具有可比性。

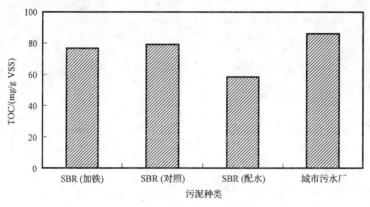

图 16.6　各污泥 EPS 的总量

取耦合反应器曝气阶段的混合液,经过滤后测定其中的总铁含量,发现滤液中铁浓度为 20~30 mg/L,这部分铁应是可溶性的,在这种情况下,微生物没有必要分泌铁载体到细胞外即可将铁运输进体内。该耦合系统中,因为同时存在微生物、铁、高浓度氨氮、高浓度 DO,其中氨氮很快被硝化细菌作用转变为硝酸和亚硝酸离子;同时存在 Fe^{3+} 的情况下,微生物会首先将硝酸或亚硝酸离子还原为亚硝酸和分子氮,即先进行脱氮作用,然后再将 Fe^{3+} 还原为 Fe^{2+},而后被微生物运输入体内。因此尽管该体系内 pH>8.5,但还可能存在较高浓度的溶解性铁离子。

采用 SEM 对耦合与非耦合反应器中的污泥进行观察,发现两者在形态上差别不大,细胞均被 EPS 所包裹,细胞表面的粗糙程度相差无几,表观上体现为两者 EPS 的量相当。明显的差别在于耦合反应器泥样中混有许多小颗粒(粒径约为 $1\mu m$,属于胶体态)的沉淀物,可能是铁离子絮凝沉淀作用所产生的沉淀物(图 16.7 和图 16.8)。

从图 16.6 中还可以看出,污泥接种进入短程硝化反硝化反应器以及以葡萄糖为唯一底物进行培养后,其 EPS 总量已不同,以葡萄糖为唯一底物培养的污泥其 EPS 总量最少。葡萄糖属小分子有机物,可以较容易地通过 EPS 和细胞膜,而城市污水中成分复杂,还含有大分子的、胶体态的物质等,这些分子只有在胞外被水解成小分子后才能够进入胞内。因此,城市污水污泥胞外的水解酶含量可能高于

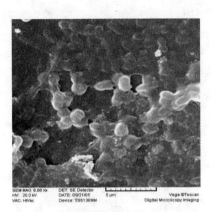 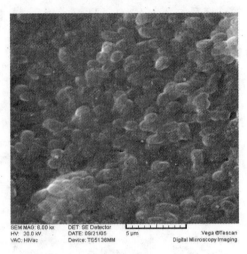

图 16.7　短程硝化反硝化 SBR(加铁)　　　　图 16.8　短程硝化反硝化 SBR(不加铁)
　　　　　反应器内的污泥　　　　　　　　　　　　反应器内的污泥

单纯用葡萄糖培养的污泥,从而造成 EPS 的差异。

　　2. 耦合对 EPS 组成的影响

　　图 16.9 和图 16.10 分别给出了各污泥 EPS 中多糖、蛋白质和 DNA 的含量。

　　由图 16.9 可知,这种耦合对 EPS 的主要成分多糖和蛋白质基本没有影响。从图 16.9 中还可以看出,在碳源中添加葡萄糖可以造成 EPS 中多糖含量的增加,实验室培养的三种污泥均在碳源中添加了葡萄糖,结果它们的 EPS 中多糖含量比城市污水厂污泥的高出 1 倍以上。说明碳源种类对 EPS 的影响很大。

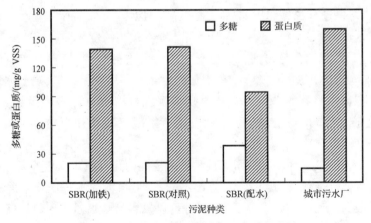

图 16.9　各污泥 EPS 中多糖、蛋白质的含量

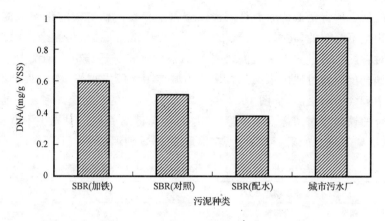

图 16.10　各污泥 EPS 中 DNA 的含量

3. EPS 中的金属元素

采用原子发射光谱法(ICP)对 EPS 提取液中的金属离子和磷含量进行了测定分析。结果表明,EPS 中含有的主要金属元素有 Ca、Mg、K、Na,还含有少量的 Al、Fe、Zn、Mn(图 16.11),具体含量见表 16.2。

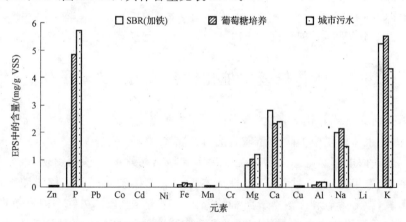

图 16.11　各污泥 EPS 提取液中的金属元素以及磷的含量

表 16.2　EPS 中主要的金属以及磷的含量(mg/g VSS)

泥样	P	K	Na	Mg	Ca	Al	Fe	Zn	Mn
SBR(加铁)	0.88	5.25	1.99	0.80	2.78	0.08	0.07	0.02	0.00
葡萄糖培养	4.84	5.52	2.13	1.00	2.33	0.20	0.15	0.04	0.02
城市污水	5.70	4.32	1.49	1.20	2.39	0.18	0.12	0.04	0.02

比较各元素含量可以发现,耦合反应器污泥 EPS 中磷的含量最低,铁的含量

竟然也最低。磷含量低的原因是耦合反应器中存在的铁对磷的化学沉淀作用,这些沉淀物是不溶解的,在提取 EPS 的离心过程中沉于底部,与剩余的污泥颗粒在一起。对各反应器过滤出水和提取完 EPS 后的泥样进行分析也证实了这一点(表16.3),耦合反应器过滤出水中磷含量约为城市污水厂出水的 1/10,而提取完 EPS的泥样中磷含量却最高,从图 16.7 也可以看出,在泥的表面上许多发亮的小颗粒,说明耦合的铁确实对磷产生了去除作用;而葡萄糖培养的污泥几乎不具备除磷作用,进水的磷和出水的磷相差无几,在提取完 EPS 的泥样中几乎不含磷。

表 16.3　反应器过滤出水和泥样中铁和磷的含量

元素	反应器过滤出水/(mg/L)			提取完 EPS 的泥样/(mg/g VSS)		
	SBR(加铁)	葡萄糖培养	城市污水	SBR(加铁)	葡萄糖培养	城市污水
P	0.145	6.565	1.353	40.0	0.40	20.3
Fe	0.13	0.066	0.16	3.06	0.065	0.56

耦合反应器在周期结束后的过滤出水中仅检测到 0.13 mg/L 的铁,EPS 中也几乎检测不到铁离子,可见溶出的铁大部分以沉淀的形式在提取 EPS 的离心过程中被分离出来,与泥一起沉在底部,致使耦合反应器泥样中的 EPS 是其他泥样的 5倍以上。

从以上分析可知,耦合仅对 EPS 中的磷和铁元素有较大影响。

16.3　水体修复中催化铁除磷固磷方法的研究

磷是两大富营养化元素之一,一些大型湖泊与近海海域,磷是发生水华的控制因素,因此水体修复中的除磷固磷方法有现实意义。

催化铁内电解法处理大型化工区污水和城市污水的过程中发现:该方法对磷去除率高,效果稳定,耗铁量小,处理成本低。去除磷的工况就溶解氧浓度可分为高溶解氧、微溶解氧和无溶解氧三种情况。三种情况下磷的去除率略有差别,铁的消耗量与运行能耗也有差异。但不论何种工况,总磷的去除率可达 $70\% \sim 80\%$,PO_4^{3-}-P 的去除率可达 $80\% \sim 95\%$。

铁离子除磷的情况类似于化学除磷,但对于不同的废水水质,不同的运行工况(主要是 DO 和 pH)除磷过程和产物存在差异。化学除磷的沉淀产物有 $FePO_4$、$Fe(OH)_3$。Fe^{3+} 还发生水解作用,并在水解的同时发生羟基聚合反应,生成具有较长线性结构的多核羟基络合物,如 $[Fe_2(OH)_2]^{4+}$、$[Fe_3(OH)_4]^{5+}$、$[Fe_5(OH)_9]^{6+}$、$[Fe_9(OH)_{20}]^{7+}$ 等,这些羟基络合物对磷酸根有较强的吸附性能;Fe^{2+} 在有溶解氧的条件下将氧化成为 Fe^{3+},Fe^{2+} 在较高的 pH 条件下同样发生水解作用。这些含铁的羟基络合物还有很好的凝聚作用,通过吸附、沉淀分离将磷去除。

16.3.1　催化铁除磷方法影响因素的研究

如前所述,对于不同的水质条件,铁离子的价态不同,发生水解产生多核羟基配合物的种类、数量不同,通过化学沉淀、絮凝沉淀和吸附去除的总磷数量与比例也不同。影响除磷主要水质条件有 DO、碱度、pH 和有机物浓度,在有微生物和其他水生生物(主要是藻类)生命活动的情况下,上述四个因素相互作用。催化铁内电解体系发生原电池反应时,产生的铁离子,继续在上述水质条件下发生着化学沉淀和水解反应,去除水中的 TP 和 PO_4^{3-}-P。需要研究的内容有:

(1) 水体复氧、藻类活动、异氧微生物的好氧代谢对水中溶解氧的影响;

(2) 藻类活动、异氧微生物的代谢对水中碱度和 pH 的影响;

(3) 有机污染物浓度和微生物浓度对碱度、pH、溶解氧的影响;

(4) 水体中的传质条件对化学除磷的影响。

16.3.2　催化铁方法在水体中的实施形式

要完成上述除磷目的,催化铁内电解法的实施形式十分重要,包括电极材料和催化材料的组配、在水体中的安放位置、投放和取出的方式等。

电极材料和催化材料的组配:在污水处理中,电极材料组配密度较大,因为污水污染严重,铁的消耗量大,除此之外,反应器流型和流态好,可以保证传质效率。而在水体水中,污染轻,化学沉淀所需铁离子浓度低,故应采取较小的装填密度,特别应该考虑到反应区域内装填密度对传质效果的影响。此外,水体中无法设计流态,在相对静止的湖泊中,对流产生的水流可能会来自多个方向,充分利用对流产生的紊动,也是电极材料组配所必须考虑的。

在水体中的安放位置:前已所述,DO 和 pH 对催化铁内电解反应影响很大,而 DO 与水深关系很大,一般在浅处 DO 高。DO 高,则产生的铁离子多,但铁刨花消耗量大。因此,催化铁装置安放位置对控制反应速率十分重要。此外,安装的高度不同,水流的紊动强度也有很大的变化,特别是相对静止水体对流所产生的紊动。

投放和取出的方式:在污水处理中,催化铁内电解法是通过单元化滤料的方式实施的,即把电极反应材料装填在一个框内,其中一个重要的考虑就是:作为阳极材料的铁刨花为消耗材料,而作为阴极材料的铜箔屑不消耗,因此运行一定时间后要取出,增加新的刨花,重新混合均匀后继续使用。在水体修复中,这一基本点没有本质的变化,但要求框的过水性能可以适宜自然水流产生的对流。又因为污染物浓度低,催化材料的堆积密度可以大大减小,材料的整体性要好,要防止撒落损失。考虑在水中作业,单元化催化铁装置要易于运输与安装。

16.3.3　催化铁固磷技术及应用

　　水体中的溶解性磷通过化学沉淀或微生物的吸收而从水相中分离。但从长远看,固相中的磷不重新溶解返回水体才是根本目的。水底沉积相中的磷基本可分为吸附态磷、铁结合磷、铝结合磷、钙结合态磷、闭蓄态磷、有机态磷。

　　从化学性质上看,酸性沉积物中的铁结合磷大致有三种类型:第一种是飞晶质的磷酸铁化合物,可简单地以 $FePO_4 \cdot xH_2O$ 为代表,它的化学特性是没有一定的结晶构造,因而化学活性比较大,并不稳定,还可以进一步水解转化成晶质磷酸铁盐;第二种是有一定分子组成的晶质磷酸铁盐,活性比前者低;第三种为活性最低的粉红磷铁矿($FePO_4 \cdot 2H_2O$)。

　　一般认为,沉积物中铁态磷活性强,当水相中呈厌氧状态时,沉积物表面的铁态磷容易通过铁离子的还原而重新溶解。因此,一般认为溶解氧对磷的释放影响很大。本研究的关键问题是:如何创造化学反应条件以防止磷的再溶解。防止磷再溶解的因素有 DO、铁离子浓度、pH;除此之外还有固相局部的微环境,如局部碱度、离子浓度等,这又与沉积物的覆盖层厚度和物质种类有密切关系。催化铁法可以创造较高的铁离子浓度,并且让磷酸铁先行沉淀后再形成多种铁的羟基化合物沉淀。这样就可以形成闭蓄态磷酸盐,在内部的磷大部分是铁结合磷,由于外部有铁的氧化物和铁的羟基化合物胶膜包裹,防止了磷的释放。因此,催化铁内电解法有可能创造在富含磷酸铁的沉积层上覆碱性高、铁含量高的覆盖层,防止磷的再溶解,形成闭态磷,从而固定磷。在此基础上,研究铁磷化合物的转型,研究转变为闭态磷反应条件和影响因素。

　　这里特别需要强调的是:通过催化铁方法增加水体中的铁离子,与水体中保留的铁离子数量是两种概念,Fe^{2+} 可以很容易氧化成为 Fe^{3+},而 Fe^{3+} 在 pH 为中性的水体中溶解度很小,完全不会影响水体的使用价值,包括作为饮用水水源的价值。因此,控制水体中的溶解氧可以控制水中的铁离子浓度。

16.4　催化 Cu/Fe、Pd/Fe 组合体系去除水源水
微量有害有机物的研究

　　污水处理的试验研究已经证明,通过在铁刨花表面局部化学镀铜,在适当离子的协同作用下,形成一种全新的催化铁内电解体系,大大提高了单质铁对氯代有机物的脱氯效果,速率增大数倍至十余倍;该体系对有机氯代物脱氯有一共同规律:同一类氯代有机物,氯代程度越高,脱氯速率越大。有机物脱氯后可生化性大大提高,而脱氯形成的氯离子又大大活化了 Cu/Fe 催化铁体系,形成了一种良性的内电解体系。通过化学镀的形式在铁刨花表面上局部形成一层更微量的单质钯,在

适当离子的协同下同样形成了全新的 Pd/Fe 催化铁体系,该体系不仅对氯代有机物的脱氯能力强,能够把氯代有机物彻底脱氯,而且脱氯规律与 Cu/Fe 催化铁体系相反:对同一类氯代有机物,氯代有机物越低,脱氯反应速率越大。由此可见,将 Cu/Fe 与 Pd/Fe 催化铁体系组合,可以达到快速、彻底脱除水中氯代有机物的目的,保障饮用水水源的安全,并且可以为水源水的生物预处理创造条件。

Cu/Fe 和 Pd/Fe 催化铁体系中,铜和钯作为阴极催化材料,可大大提高铁的还原能力,铜和钯在电化学反应中是不消耗的,且受到阳极铁的保护;而铁离子对人体无害,对生物处理十分有益。除此之外,单质铁最终被氧化为 Fe^{3+},在中性条件下形成氢氧化物沉淀,在水中的溶度积很小。Cu/Fe、Pd/Fe 催化铁体系是电化学催化还原体系,还原的目标物质是水中带有强拉电子基团的有机物,这些有机物大都威胁人身健康,且对水体自净有严重的毒害、抑制作用,如氯代有机物、硝基苯类有机物。还有一类有机物,如偶氮类物质、有机磷类物质,毒性也很强,电化学催化还原体系对去除这些物质效果也很好。

16.4.1　组合催化铁体系电化学反应影响因素的研究

既然催化 Cu/Fe、Pd/Fe 体系是电化学催化还原体系,就要受到电化学反应影响因素的制约。在水环境中,主要影响因素有溶解氧、水温、pH 和碱度、离子浓度与种类,其中 DO、pH 和碱度的变化很大程度上受到水中生物作用的影响,如异养细菌降解有机物、硝化细菌氧化氨氮、水中藻类光合作用等。因此,研究催化铁体系电化学反应的影响,必须考察水体中有机物浓度和光照情况。

对人体和水体自净有毒、有害的微量有机物至少有氯代有机物、硝基苯物化合物、有机磷类物质。这些有机物在水体中滞留时间长,毒性持久,且常规的生物处理方法和化学混凝方法难以奏效。组合催化铁体系作为"持续反应动力的装置",可不受反应时间的限制,不间断发生电化学还原作用。因此,反应器规模、还原剂投放量等常规生化反应和物化反应的控制因素,在这种系统中影响程度被大大削弱,处理效果更多地取决于有机物的种类与环境因素。因此,要用更多的精力研究带有强拉电子基团或不稳定双键有机物的"还原电位"及其在阴极电极上的电化学行为(如过电位),研究电化学产物对电极结垢和钝化的影响。在污水处理过程中发现:氯代有机物还原后生成的 Cl^- 对进一步的电化学反应起促进作用,而硝基苯还原成苯胺后在电极表面形成一定的钝化作用。从电化学基本知识可知,金属的腐蚀或钝化与离子浓度关系甚大。因此,有必要研究在天然水体环境中组合催化铁体系电化学还原氯代有机物和硝基苯类物质的效果及持续作用。催化铁对有机磷的电化学作用,可能会发生化学沉淀。从腐蚀化学得知,不论是含磷类有机物还是磷酸盐都对金属表面起钝化作用,因此要着重考察有机磷化合物电化学还原过程中对两电极表面的钝化作用。

16.4.2　催化 Cu/Fe、Pd/Fe 组合体系配方及工艺形式

在前期的催化铁内电解方法处理高浓度污水的试验研究中,开发出 Cu/Fe、Pd/Fe 内电解体系。通过特定的化学镀方法将 Cu 和 Pd 沉积到铁刨花表面,不仅所形成的催化铁体系还原能力大幅度提高,而且 Cu、Pd 使用量大幅度降低,Cu、Pd 所覆盖的铁刨花表面最后被腐蚀,大大提高了铁刨花的利用率。而在本研究中的组合体系,不仅使用场合不同,为污染浓度极低的水源水或天然水体水,而且针对性强,主要为氯代有机物,两体系组合后形成了完全的脱氯体系,突破了目前所有单一体系不能完全脱氯的局限。因此,不仅要针对低浓度氯代有机物脱氯研究催化 Cu/Fe、Pd/Fe 单一体系化学镀配方,而且要研究两体系的组合方法。Cu/Fe 体系适用于高氯代有机物的脱氯(如三氯甲烷),它的反应产物(如二氯甲烷)可作为 Pd/Fe 体系的反应物,直到完全脱氯(如形成甲烷)。因此,从反应机理上 Cu/Fe 应在上游,Pd/Fe 应在下游。但从化学过程平衡上说,产物的去除又会促进反应的继续进行。由此,Cu/Fe、Pd/Fe 两体系可以分两段分装,也可以多段间隔装,甚至可以完全混装。要研究各种装填形式对处理效果的影响,找出最佳的组配比例、混合方式。组合催化铁体系,既可应用于作为水源水的水体,又可作为饮用水的处理单元。前者要考虑采用单元化滤料的方式,开发的单元化滤料要有良好的过水性能,不易堵塞,安装在水体的合适位置;后者要考虑反应器形式、流态等问题。

16.4.3　组合体系单质铁消耗与铁在水中形态的研究

单质铁的消耗量关系到运行成本和单元化滤料的使用寿命。一般催化铁体系若还原有毒有害有机物,铁的消耗量是极小的。但在有溶解氧的条件下,铁的消耗量大大增加,高溶解氧条件下将水相的 Fe^{2+} 氧化为 Fe^{3+},形成铁的氢氧化物沉淀。而在无氧的条件下,催化铁还原有机物后首先形成 Fe^{2+}。因此有必要考察 Fe^{2+} 与 Fe^{3+} 的比例,分析催化铁体系铁的消耗途径及比例。

16.4.4　组合体系的钝化和中毒问题及其控制的研究

与一般的催化反应不同,催化铁体系是依靠阴极金属的电极电位提高阳极金属的氧化能力的。因此催化剂中毒问题在该体系中并不明显,但作为电化学反应依然存在着电极钝化的问题。这两个问题在组合体系中相互关联,可以一并讨论。

（1）单质铁可以还原水中的重金属离子。由于催化铁体系构成的是内电解反应,得电子的半化学反应发生在阴极(Cu、Pd)上。因此,单质重金属或重金属化合物最可能在阴极上沉淀,由于阴极是紧紧镀在阳极单质铁上的,这种沉积并不对催化铁反应造成明显的影响。但若直接发生置换反应,有可能直接沉积在单质铁表

面,从而造成阳极铁有效表面的减少,减弱催化铁反应的强度。

(2) 由于铁离子的生成和局部 pH 条件的变化,在两电极上发生了化学沉淀,如 $Fe(OH)_3$、$FePO_4$ 等。

(3) 阴极金属被腐蚀。一般情况下,阴极金属受到阳极金属的保护,但如果某些污染物质可与阴极金属发生特定的化学发生反应,将减少阴极金属的量,从而影响电化学反应的发生,如水中溶解性的氨与铜发生络合反应,生成铜氨络离子消耗单质铜。这种情况可认为是催化材料的中毒反应。

参 考 文 献

安特罗波夫 L I. 1984. 理论电化学. 吴仲达，朱耀斌，吴万伟译. 北京:高等教育出版社

曹楚南. 1994. 腐蚀电化学. 北京:化学工业出版社

曹征. 1993. 鼓泡-絮凝法处理含阴离子表面活性剂废水. 环境科学与技术,(2):37～39

陈灿,蒲丽梅,施汉昌. 2003. 铁屑法脱色效率与染料结构的关系. 中国环境科学,23(4):376～379

陈福霞,荣丽丽. 2007. 耗氧速率的测定及其在污水厂的应用. 石油化工安全环保技术,23(4):31～33

陈国华,王光信. 2003. 电化学方法应用. 北京:化学工业出版社.242～259

陈鸿海. 1995. 金属腐蚀学. 北京:北京理工大学出版社

陈荣圻. 1990. 表面活性剂化学与应用. 北京:纺织工业出版社

陈少瑾,陈宜菲,张二华等. 2006. 土壤中取代硝基苯化合物被零价铁还原的机理. 环境化学,25(3):
    288～293

陈宜菲,张二华,陈少瑾等. 2005. Fe^0 对土壤中硝基苯的还原作用. 环境保护科学,31(6):56～58

董春宏,胡洪营,魏东斌等. 2004. 酚类化合物对底泥氨氧化活性的抑制作用. 中国给水排水,20(9):43～
    46

董永春,黄继东. 2003. 酸性染料染色废水的脱色及其回用. 纺织学报,24(5):453～455

杜青平,黄彩娜,贾晓珊. 2007. 1,2,4-三氯苯对斜生栅藻的毒性效应及其机制研究. 农业环境科学学报
    2007,26(4):1375～1379

杜晓明,刘厚田. 1991. 偶氮染料分子结构特征与其生物降解性的关系. 环境化学,10(6):12～17

樊金红,徐文英,高廷耀. 2004. 零价铁体系预处理硝基苯废水机理的研究. 工业用水与废水,35(6):53～
    56

樊金红,徐文英,高廷耀. 2005a. 催化铁内电解法处理硝基苯废水的机理与动力学研究. 环境污染治理技
    术与设备,11(6):5～9

樊金红,徐文英,高廷耀. 2005b. 催化铁内电解法预处理硝基苯废水. 水处理技术,31(5):58～61

樊金红,徐文英,高廷耀. 2005c. 硝基苯在铜电极上的电还原特性研究. 电化学,11(3):341～345

樊金红. 2005. Fe-Cu 催化还原法处理硝基苯类废水的机理及应用. 同济大学环境科学与工程学院博士学位
    论文

冯晓西,乌锡康. 2000. 精细化工废水治理技术. 北京:化学工业出版社

冯玉杰,李小岩,尤宏等. 2002. 电化学技术在环境工程中的应用. 北京:化学工业出版社

葛冬梅. 2007. 多氯联苯环境污染研究综述. 甘肃科技,23(9):129～133

葛利云. 2007. 催化铁与生物法耦合中胞内外聚合物的研究. 同济大学环境科学与工程学院博士学位论文

顾夏声,瞿福平,张晓健等. 1997. 氯代芳香化合物的生物降解性研究进展. 环境科学,18(2):74～78

郭鹤桐,覃奇贤. 2000. 电化学教程. 天津:天津大学出版社

郭文成,吴群河. 1998. BOD_5/COD_{Cr} 值评价废水可生化性的可行性分析. 环境科学与技术,(3):39～41

国家环境保护总局《水和废水监测分析方法》编委会. 2002. 水和废水监测分析方法(第四版). 北京:中国环
    境科学出版社

韩玮. 2004. 污废水可生化性评价方法的可行性研究. 江苏环境科技,17(3):8～10

胡俊,王建龙. 2005. 氯酚类污染物的辐射降解研究进展. 辐射研究与辐射工艺学报,6(23):135

黄理辉,马鲁铭,张波等. 2006. Fe-Cu 法预处理印染废水技术研究. 工业水处理,26(4):56～58

黄理辉. 2006. 催化铁内电解法预处理印染废水及后继生物处理工艺的研究. 同济大学环境科学与工程学院
    博士学位论文

嵇雅颖，乌锡康，冯晓西. 1998. Fe^{2+}/Fe^{3+} 系统处理邻、对硝基苯胺废水. 上海环境科学，17(9)：14～16

计石祥. 2001. 中国洗涤用品工业发展概况及展望. 日用化学品科学，24(1)：12～14

计石祥. 2002. 在中国洗涤用品工业协会行业年会上的报告. 日用化学品科学，25(1)：36～40

计石祥. 2004. 中国洗涤用品行业的回顾及展望. 日用化学品科学，28(2)：1～5

姜安玺，夏冰，李亚选. 2004. 表面活性剂废水处理研究进展. 安全与环境学报，4(2)：82～85

金冬霞，田刚，施汉昌. 2002. 悬浮填料的选取及其性能试验研究. 环境科学学报，22(3)：333～337

金璇. 2006. 催化铝内电解方法研究及其在印染废水处理中的应用. 同济大学环境科学与工程学院硕士学位论文

瞿福平，张晓健，何苗等. 1997. 氯苯驯化活性污泥对同类有机物的好氧降解性比较研究. 环境科学，7(18)：24

李炳华，陈鸿汉，何江涛等. 2006. 长江三角洲某地区浅层地下水单环芳烃污染特征及其原因分析. 中国地质，33(5)：1118～1123

李荻. 1999. 电化学原理(修订版). 北京：北京航空航天大学出版社. 364～367

李兰廷，解强. 2004. 多氯联苯污染与治理的研究进展. 苏州科技学院学报，9(17)：15～16

李森，陈家军，孟占利. 2004. 多氯联苯处理处置方法国内外研究进展. 中国环保产业，(2)：26～29

李亚峰，张晓颖，班福忱. 2006. 微电解混凝法处理 LAS 废水的研究. 工业安全与环保，32(1)：14～15

李轶，王栋，周集体. 2000. 我国表面活性剂 LAS 废水的处理技术进展. 环境污染治理技术与设备，(2)：65～71

李玉平，曹宏斌，张懿等. 2005. 硝基苯在温和条件下的电化学还原. 环境科学，26(1)：117～121

刘剑. 2004. 催化铁内电解——悬浮填料生物膜法处理工业废水试验研究. 同济大学环境科学与工程学院硕士学位论文

刘剑平，周荣丰. 2004. 酸性橙II废水催化铁内电解法脱色研究. 化工环保，24(6)：391～395

刘剑平. 2005. 偶氮染料的催化铁内电解法降解研究. 同济大学环境科学与工程学院硕士学位论文

刘烈炜，卢波兰，吴曲勇等. 2004. 化学置换镀铜研究进展. 材料保护，37(12)：36～38

刘文杰，李治龙. 1998. 活性炭、活化煤、石油焦对 LAS-Na 的吸附研究. 塔里木农垦大学学报，10(2)：25～29

刘霞，马鲁铭，李平等. 2005. 一种污水处理单元化填料或滤料装置. 中国：200520045030.0

刘现明，徐学仁，张笑天等. 2001. 大连湾沉积物中的有机氯农药和多氯联苯. 海洋环境科学，20(4)：40～44

刘秀晨，安成强，崔作兴等. 2002. 金属腐蚀学. 北京：国防工业出版社

刘永辉，张佩芬. 1993. 金属腐蚀学原理. 北京：航空工业出版社

刘永淞. 1995. 污水可生化性评价. 中国给水排水，11(5)：36～38

刘雨，赵庆良，郑兴灿. 2000. 生物膜法污水处理技术. 北京：中国建筑工业出版社

刘志刚. 2007. 污水可生物降解性评价方法研究. 油气田环境保护，17(4)：23～26

卢毅明. 2007. Cu/Fe 内电解法反应表面的研究及新型反应床的开发. 同济大学环境科学与工程学院硕士学位论文

陆预锷. 1992. 电极过程原理和应用. 北京：高等教育出版社

马淳安. 2002. 有机电化学合成导论. 北京：科学出版社. 83～164

马鲁铭，王红武，高廷耀等. 2005. 曝气催化铁内电解污水强化一级处理方法. 中国：200510028836.3

门百兴，汤洁，何岩. 2003. 松嫩平原西部农田径流中有机氯农药的分布特征. 环境科学，24(2)：82～86

闵乐. 2006. 催化铁内电解法生产性试验和使用镀铜电极的研究. 同济大学环境科学与工程学院硕士学位论文

帕特森 J. W. 1993. 工业废水处理手册. 汪大翚译. 北京：化学工业出版社

裴婕，刘毅慧，陈景文等. 2004. 纳米级 Fe^0 与普通 Fe^0 还原降解偶氮染料的比较. 环境化学，23(2)：229～230

祁梦兰. 1994. 我国合成洗涤剂生产废水治理技术研究. 中国环境科学，14(4)：296～301

祁士华，游远航，苏秋克等. 2005. 生态地球化学调查中的有机氯农药研究. 地质通报，24(8)：704～709

钱国坻，范秉宪，刘红蕾等. 1993. 极谱法对酸性染料还原性的研究. 染料工业，30(5)：5～10

钱国坻. 1988. 染料化学. 上海：上海交通大学出版社. 74～88

钱易，王施. 2000. 利用人工神经网络预测芳香化合物的生物可降解性. 环境化学，19(1)：48～52

秦冰，陈东辉，陈亮等. 2004. TTC-脱氢酶活性测定方法的改进. 中国环境生态网环境基础篇，http://www.eedu.org.cn/Article/academia/experi/200407/2118.html

曲宗波，王绪友. 2005. 偏铝酸钠作为煤矿灭火凝胶促凝剂技术可行性探讨. 煤矿现代化，2：74～75

全燮，刘会娟，杨凤林等. 1998. 二元金属体系对水中多氯有机物的催化还原脱氯特性. 中国环境科学，18(4)：333～336

全燮，杨凤林. 1989. 铁屑（粉）在处理工业废水中的应用. 工业水处理，9(6)：7～10

石晶. 2007. 催化铁内电解法混凝作用及拓展——化学除磷与去除表面活性剂的研究. 同济大学环境科学与工程学院硕士学位论文

孙必鑫. 2006. 生物法/催化铁内电解法工艺处理精细化工废水的研究. 同济大学环境科学与工程学院硕士学位论文

天津大学物理化学教研室. 1983. 物理化学（下册）. 北京：高等教育出版社. 1～23

涂传青. 2006. 金属铁与电解法还原难降解有机物反应机理和影响因素的研究. 同济大学环境科学与工程学院博士学位论文

王飞越，陈雁飞. 1994. 有机物的结构—— 活性定量关系及其在环境化学和环境毒理学中的应用. 环境科学进展，2(1)：26～51

王积涛，胡青眉，张宝申等. 1993. 有机化学. 天津：南开大学出版社. 535

王菊思，赵丽辉，匡欣等. 1995. 某些芳香化合物生物降解性研究. 环境科学学报，15(4)：407～414

王军，张高勇. 1997. 表面活性剂/洗涤剂的世界趋势和国内发展探讨. 日用化学工业，(1)：32～36

王连生. 2004. 有机污染化学. 北京：高等教育出版社. 792～830

王咏梅，林朝阳，李克安. 1997. 紫外光谱多元线性回归法同时测定硝基苯与亚硝基苯和苯胺. 理化检验——化学分册，33(1)：16～17

韦朝海，邓志毅，周秀峰等. 2007. 生物气射流内循环厌氧流化床中复杂化工废水的催化还原过程. 化工学报，58(12)：3139～3146

魏宝明. 1984. 金属腐蚀理论及应用. 北京：化学工业出版社

魏东斌，胡洪营，平本正兴等. 2003. 氯代芳香族化合物电化学还原特性的测定及 OSPR 研究. 环境科学，24(2)：19～22

文峰，范莉，尹辉等. 2005. 岷江成都段有机物污染调查. 环境监测管理与技术，17(3)：22～25

乌锡康，金青萍. 1989. 有机水污染治理技术. 上海：华东化工学院出版社

吴德礼，马鲁铭. 2005a. 催化还原技术处理水溶液中氯代有机物的实验研究. 工业水处理，1：21～24

吴德礼，马鲁铭，王铮等. 2005b. 零价金属及其化合物降解污染物的研究进展. 环境科学动态，2：32～35

吴德礼，王红武，马鲁铭. 2006. Ag/Fe 催化还原体系处理水体中氯代烃的研究. 环境科学，27(9)：1802～1808

吴德礼，王红武，马鲁铭. 2007. 氯代烃的结构特性对其还原脱氯反应速率的影响. 同济大学学报（自然科

学版)，35(4):496～500

吴德礼. 2005. 催化 Fe⁰ 还原降解水中氯代有机污染物的试验研究. 同济大学环境科学与工程学院博士学位论文

吴双成. 1994. 钢铁零件酸性光亮镀铜前预镀工艺的选择. 材料保护，27(5)：31～32

吴唯民，Nye J，Hickey R F 等. 1995. 利用厌氧颗粒污泥处理氯代有机有毒物. 应用与环境生物学报，1(1):50～60

吴祖望. 1999. 21 世纪初中国染料工业展望. 染料工业，36(5):1～2, 41

夏文香，李金成，张志杰. 1999. 可生化性试验与评价方法研究. 上海环境科学，18(1):26～28

肖华. 2005. Fe-Cu 内电解处理几种难降解污染物的研究. 同济大学环境科学与工程学院硕士学位论文

肖锦，汪晓军，王红. 1994. 混凝-不完全厌氧-接触生物氧化法处理高浓度有机废水技术. 工业水处理，14(5):20～22

肖鑫，龙有前，郭贤烙等. 2003b. 钢铁件快速化学浸铜工艺研究. 腐蚀与保护，(3):115～118

谢凝子，邱罡，张二华等. 2005. Pd/Fe 双金属对 1,2,4-三氯苯的催化脱氯. 广东化工，32(11):54～55, 65

徐文国，王丹，朱丽等. 2005. 氯代苯酚类化合物毒性的构效关系研究. 内蒙古工业大学学报，24(2):101～104

徐文英，高廷耀，周荣丰等. 2005. 氯代烃在铜电极上的电还原特性和还原机理. 环境科学，26(4):51～54

徐文英，周荣丰，高廷耀等. 2003a. 混合化工废水处理工艺的研究. 给水排水，29(5):52～55

徐文英，周荣丰. 2003b. 催化铁内电解法处理难降解有机废水. 上海环境科学，22(6):402～405

徐新华，刘永，卫建军等. 2004. 纳米级 Pd/Fe 双金属体系对水中 2,4-二氯苯酚脱氯的催化作用. 催化学报，25(2):138～142

徐燕莉. 2004. 表面活性剂的功能. 北京：化学工业出版社

许志诚，洪义国，罗微. 2006. 厌氧条件下希瓦氏菌腐殖质还原对偶氮还原的影响. 微生物学报，46(4):591～597

严瑞瑄. 2003. 水处理剂应用手册. 北京：化学工业出版社

杨惠芳等. 1993. 水污染防治及城市污水资源化技术. 科学出版社. 42～49

杨小敏，朱建如，陈明. 2006. 食品中多氯联苯的污染及其控制. 公共卫生与预防医学，17(3):39～40

姚培芬. 2007. 难降解有机物的高级化学氧化技术. 河北化工，30(10):24～26

叶张荣，马鲁铭. 2005. 铁屑内电解法队活性艳红 X-3B 脱色过程的机理研究. 水处理技术，31(8):65～67

叶张荣. 2004. 催化铁内电解法功能拓展及作用机理研究. 同济大学环境科学与工程学院硕士学位论文

郁亚娟，黄宏，王斌等. 2004. 淮河(江苏段)水体有机氯农药的污染水平. 环境化学，23(5):568～572

曾小勇. 2006. 催化铁内电解与生物膜法耦合处理工业废水试验研究. 同济大学环境科学与工程学院硕士学位论文

查全性. 2002. 电极过程动力学导论(第三版). 北京：科学出版社

张超杰，周琪，吴志超等. 2005. 氟苯酚好氧生物降解性能及其与化学结构的相关性研究. 环境化学，24(6):638～641

张亨. 2001. 多氯联苯性质、危害及降解方法. 中国氯碱，6(6):28～29

张乐群，陈学民，王忠锋. 2005. 海绵铁处理洗浴废水中 LAS 的静态试验研究. 兰州交通大学学报(自然科学版)，24(4):59～62

张林生，蒋岚岚. 2000. 染料废水的混凝脱色特性及机理分析. 东南大学学报，30(4):72～76

张天彬，饶勇，万洪富等. 2005. 东莞市土壤中有机氯农药的含量及其组成. 中国环境科学，25 (Supp l):89～93

张伟玲, 张干, 祁士华等. 2003. 西藏错鄂湖和羊卓雍湖水体及沉积物中有机氯农药的初步研究. 地球化学, 31(4): 363~367

张艳. 2007. 铁内电解与生物法耦合同时脱氮除磷的研究. 同济大学环境科学与工程学院硕士学位论文

张祖麟, 洪华生, 陈伟琪等. 2003. 闽江口水、间隙水和沉积物中有机氯农药的含量. 环境科学, 24(1): 117~120

赵国玺等. 2003. 表面活性剂作用原理. 北京: 中国轻工业出版社

赵世民. 2005. 表面活性剂——原理、合成、测定及应用. 北京: 中国石化出版社

郑冀鲁, 范娟, 阮复昌. 2000. 印染废水脱色技术与理论述评. 环境污染治理技术与设备, 1(5): 29~35

郑冀鲁, 范娟, 阮复昌. 2002. 印染废水混凝脱色技术的分子结构基础. 环境污染与防治, 24(1): 23~25

郑忠, 胡纪华. 1995. 表面活性剂的物理化学原理. 广州: 华南理工大学出版社

支霞辉. 2006. 铁内电解法与生物法耦合脱氮工艺的研究. 同济大学环境科学与工程学院博士学位论文

周荣丰, 刘剑平, 高廷耀. 2005a. 酸性大红的 Fe-Cu 内电解法还原脱色及其机理. 同济大学学报(自然科学版), 33(8): 1069~1073

周荣丰, 刘剑平, 高廷耀等. 2005b. 催化铁内电解法脱色降解酸性大红 GR 废水. 工业水处理, 25(8): 33~35

周荣丰, 吴德礼, 马鲁铭等. 2005c. Fe/Cu 催化还原法处理氯代有机物的机理分析. 水处理技术, 31(5): 30~33

《水质分析大全》编写组. 1990. 水质分析大全. 重庆: 科学技术文献出版社重庆分社. 137~147

Aishah A, Jalil A. 2007. Complete electrochemical dechlorination of chlorobenzenes in the presence of naphthalene mediator. Hazardous Materials, 148: 1~5

Bonin P M L, Bejan D, Schutt L et al. 2004. Electrochemical reduction of hexahydro-1,3,5-trinitro-1,3,5-triazine in aqueous solutions. Environmental Science and Technology, 38(5): 1595~1599

Buerge I J, Hug S J. 1999. Influence of mineral surfaces on Chromium(Ⅵ) reduction by iron(Ⅱ). Environmental Science and Technology, 33(23): 4285~4291

Burrow P D, Aflatooni K, Gallup G A. 2000. Dechlorination rate constants on iron and the correlation with electron attachment energies. Environmental Science and Technology, 34(16): 3368~3371

Calder J A, Lader J H. 1976. Microbial metabolism of polycyclic aromatic hydrocarbons. Appl Environ Microbiol, 62(1): 95~101

Cornell R M. 1996. The Iron Oxides. New York: VCH Publishers

Criddle C S, Mccarty P L. 1991. Electrolytic model system for reductive dehalogenation in aqueous environments. Environmental Science and Technology, 25(5): 973~978

Deng B, Burris D R, Campbell T J. 1999. Reduction of vinyl chloride in metallic iron-water systems. Environmental Science and Technology, 33(15): 2651~2656

Erbs M, Hansen H C B, Olsen C E. 1999. Reductive dechlorination of carbon tetrachloride using iron (Ⅱ) iron (Ⅲ) hydroxide sulfate (green rust). Environmental Science and Technology, 33(2): 307~311

Eriksson Lennart, Sjoestroem Michael, Berglind Rune et al. 1993. Multirariate biological profiling of the subacute effects of halogenated aliphatic hydrocarbons. J Environ Sci Health, Part A, A28(5): 1123~1144

Eriksson Lennart, Sjoestroem Michael, Svante Wold. 1992. Rational ranking of chemicals according to environmental risk. Chemom Intell Lab Syst, (14): 245~252

Freedman D L, Gossett J M. 1989. Biological reductive dechlorination of tetrachloroethylene and trichloroethylene to ethylene under methanogenic conditions. Appl Environ Microbiol, 55(9), 2144~2151

Ge L Y, Deng H H, Wang H W et al. 2007. Comparison of extraction methods for quantifying extracellular polymers in activated sludges. Fresenius Environmental Bulletin, 16(3): 299~303

Ge L Y, Wang H W, Ma L M et al. 2006. Extraction of extracellular polymeric substances(EPS) from four kinds of activated sludge. Fresenius Environmental Bulletin, 15(10): 1252~1255

Ghauch A, Gallet C, Charef A. 2001. Reductive degradation of carbaryl in water by zero-valent iron . Chemosphere,42: 419~424

Hansen H C B, Koch C B, Nancke-Krogh H et al. 1996. Abiotic nitrate reduction to ammonium: key role of green rust. Environmental Science and Technology, 30(6):2053~2056

Hofstetter T B, Heijman C G, Gaderlein S B et al. 1999. Complete reduction of TNT and other (poly)nitroaromatic compounds under iron-reduction subsurface conditions. Environmental Science and Technology, 33(9): 1479~1487

Hozalski R M, Zhang L, Amold W A. 2001. Reduction of haloacetic acids by Fe⁰: implication for treatment and fate. Environmental Science and Technology, 35 (11): 2258~2263

Hung H M, Ling F H, Hoffmann M R. 2000. Kinetics and mechanism of the enhanced reductive degradation of nitrobenzene by elemental iron in the presence of ultrasound. Environ Sci Technol, 34(9):1758 ~ 1763

Hwang I, Batchelor B. 2002. Reductive dechlorination of chlorinated methanes in cement slurries containing Fe(Ⅱ). Chemosphere, 48:1019~1027

Kannan K, Nakata H, Stafford R. 1998. Bioaccumulation and toxic potentional of extremely hydrophobic polychlorinated biphenyl congeners in biota collected at a superfund site contaminated with Aroclor 1268. Environmental Science and Technology, 32(9): 1214~1221

Kim Y, Cooper K R. 1998. Interactions of 2, 3, 7, 8-tetra-chlorodibenzo-p-dioxin (TODD) and 3, 3′,4, 4′, 5- pentachlorobiphenyl(PCB126) for producing lethal and sub-lethal effects in the Japanese media embryos and larvae. Chemosphere, 36(2):409~418

Klausen J, Trober S P, Haderlern S B et al. 1995. Reduction of substituted nitrobenzenes by Fe(Ⅱ) in aqueous mineral suspensions. Environmental Science and Technology, 29(9): 2396~2404

Lien H L, Zhang W X. 2002. Enhanced dehalogenation of halogenated methanes by bimetallic Cu/Al. Chemosphere, 49(4): 371~378

Lin C H, Tseng S K. 1999. Electrochemically reductive dechlorination of pentachlorophenol using a high overpotential zinc cathode. Chemosphere, 39(13): 2375~2389

Ma L M , Zhang W X. 2008. Enhanced biological treatment of industrial wastewater with bimetallic zero-valent iron. Environmental Science and Technology, 42:5384~5389

Manning B A, Hunt M L, Amrhein C et al. 2002. Arsenic(Ⅲ) and Arsenic(Ⅴ) reactions with zero valent iron corrosion products. Environmental Science and Technology, 36(24): 5455~5461

Matheson L J, Tratnyek P G. 1994. Reductive dehalogenation of chlorinated methanes by iron metal. Environmental Science and Technology, 28(12) :2045 ~ 2053

Menzie C A, Potoki B B, Santodonato J. 1992. Exposure to carcinogenic PAHs in the environment. Environmental Science and Technology,26(7): 1278~1284

Merica S G, Bunce N J, Jedral W et al. 1998. Electroreduction of hexachlorobenzene in protic solvent at Hg cathodes. Journal of Applied Electrochemistry, 28: 645~651

Mohn W W, Kennedy K J. 1992. Reductive dehalogenation of chlorophenols by Desulfomonile tiedjei DCB-1.

Appl Environ Microbil, 58:1367～1370

Morgan J W, Forster C F, Evison L. 1990. A comparative study of the nature of biopolymers extracted from anaerobic and activated sludges. Wat Res, 24(6): 743～750

Nam S, Tratnyek P G. 2000. Reduction of azo dyes with zero-valent iron. Water Research , 34(6): 1837～1845

Rorjie Enniel, Eriksson Lennart, Verboom Hans et al. 1997. Predicting reductive transformation rates of halogenated alphatic compounds using different QSAR approaches. Environ Sci Pollu Res Int, 4(1):47～54

Ross N C, Spackman R A, Hitchman M L et al. 1997. An investigation of the electrochemical reduction of pentachlorophenol with analysis by HPLC. Journal of Applied Electrochemistry, 27: 51～57

Sayles G D, You G, Wang M et al. 1997. DDT, DDD and DDE dechlorination by zero-valent iron. Environmental Science and Technology, 31(12): 3448～3454

Scherer M M, Balko B A, Gallagher D A et al. 1998. Correlation analysis of rate constants for dechlorination by zero-valent iron. Environmental Science and Technology, 32(19): 3026～3033

Scott M J, Jones M N. 2000. Review——The biodegradation of surfactants in the environment. Biochimica et Biophysica Acta, 1508: 235～251

Sethunathan N, Bautista E M, Yoshida T. 1969. Degradation of benzene hexachloride by a soil bacterium. Can J Microbiol, 15: 1349～1354

Slater G F, Sherwood L B, Allen K R et al. 2002. Isotopic fractionation during reductive dechlorination of trichloroethene by zero-valent iron: influence of surface treatment. Chemosphere, 49(6): 587～596

Smith A G, Gangolli S D. 2002. Organochlorine chemicals in seafood: occurrence and health concerns. Food and Chemical Toxicology, 40(6):767～779

Sweeny K H. 1981. The reductive treatment of industrial wastewaters. II. Process applications. AIChE Symp Ser, 77(209):72～78

Wang C B, Zhang W X. 1997. Synthesizing nanoscale iron particles for rapid and complete dechlorination of TCE and PCBs. Environmental Science and Technology, 31(7) : 2154 ～ 2156

Wu F, Deng N S. 2000. Degradation mechanism of azo dye C. I. reactive red 2 by iron powder reduction and photooxidation in aqueous solutions. Chemosphere, 41:1233～1238

Yatome C, Ogawa T, Koga D et al. 1981. Biodegradibility of azo and triphenylmethane dyes by *Pseudomanas pseudomu* llei 13NA. Journal of the Society Azo Dyes and Colourists, 97: 166～168

Zhang X M, Wiegel J. 1990. Sequential anaerobic degradation of 2,4-dichlorophenol in freshwater sediments. Appl Environ Microbiol, 56(4):1129～1127